普通高等教育水利类专业"十三五"规划教材

水利工程经济

主　编　吴建华　赵雪花
　　　　李爱云　刘淑慧

黄河水利出版社
·郑州·

内 容 提 要

本书依据水利工程经济课程教学大纲的要求而编写，主要讲述水利工程经济的计算理论与计算分析方法。内容包括：绪论、水利工程的主要技术经济指标、资金的时间价值与等值换算、工程经济效果评价、水利建设项目的经济评价、综合利用水利工程投资费用分摊、水利工程项目后评价、工程经济评价与分析实例。本书与其他书不同的地方在于对项目经济评价理论及水利工程经济后评价进行了较为系统的论述。

本书可作为水利水电、农业水利、水文水资源等专业的必修课与选修课教材，亦可作为水利部门培训教材及供广大水利工作者参考。

图书在版编目(CIP)数据

水利工程经济/吴建华等主编.—郑州：黄河水利出版社，2016.2
普通高等教育水利类专业“十三五”规划教材
ISBN 978-7-5509-1369-1

Ⅰ.①水… Ⅱ.①吴… Ⅲ.①水利工程-工程经济学-高等学校-教材 Ⅳ.①F407.937

中国版本图书馆 CIP 数据核字(2016)第 030202 号

组稿编辑：李洪良 电话：0371-66026352 E-mail：hongliang0013@163.com

出 版 社：黄河水利出版社
地址：河南省郑州市顺河路黄委会综合楼 14 层 邮政编码：450003
发行单位：黄河水利出版社
发行部电话：0371-66026940、66020550、66028024、66022620(传真)
E-mail：hhslcbs@126.com
承印单位：河南承创印务有限公司
开本：787 mm×1 092 mm 1/16
印张：13.25
字数：306 千字 印数：1—2 100
版次：2016 年 2 月第 1 版 印次：2016 年 2 月第 1 次印刷

定价：36.00 元

前　言

水利工程经济是一门技术学与经济学组合交叉的学科，它是工程经济学的一个分支，是水利工程学科与工程经济学相互交叉的一门边缘学科。众所周知，工程经济学是指应用理论经济学的基本原理，研究国民经济各部门、各个专业领域的经济活动和经济关系的规律性或对非经济活动领域进行经济效益、社会效益的分析而建立的经济学科。水利工程经济学是一门应用工程经济学基本原理，研究水利工程经济问题和经济规律，研究水资源领域内资源的最佳配置，寻找技术与经济的最佳结合以求可持续发展的科学。

水利工程经济研究的问题有：对于新建工程，需要根据水利方面的技术要求、水利建设规章制度、规程规范和财务部门的有关规定，通过经济计算，对不同工程措施或方案进行经济效果的评价，为决定工程方案的优劣和取舍提供依据；另外，通过经济计算和经济效果评价，也可以用来修订水利的技术政策、规章制度、规程规范和财务规定；此外，还可以通过对已建水利工程的经济效果进行评价分析，改进现有的经营管理模式，以及制定符合实际情况的水费标准和管理办法等。

建设开发水利工程需要做好的一个重要的技术工作是大力开展水利项目的经济评价，只要发扬优良传统，实事求是、锲而不舍地战斗下去，必能完成历史赋予我们的任务，使水利事业沿着正确道路胜利前进，为国家富强、民族振兴大业作出应有的贡献。

本书依据水利工程经济课程教学大纲的要求而编写，主要讲述水利工程经济的计算理论与计算分析方法。包括：绪论、水利工程的主要技术经济指标、资金的时间价值与等值换算、工程经济效果评价、水利建设项目的经济评价、综合利用水利工程投资费用分摊、水利工程项目后评价、工程经济评价与分析实例等。本书与其他书不同的地方在于对项目经济评价理论及水利工程经济后评价进行了较为系统的论述。本书中部分引用了我国水利工程有关科研单位、高等院校及设计单位的科研成果，作者在此一并致谢！还要感谢关心和支持本书出版的太原理工大学水利学院的朋友们！

全书共 8 章。其中，第一章、第五章及第八章由吴建华编写，第二章及第四章由刘淑慧编写，第三章及第六章由李爱云编写，第七章由赵雪花编写，全书由吴建华教授统一定稿。

由于水利工程经济优化的范围及内容相当广泛，受作者知识的局限性，书中难免有错误和遗漏之处，欢迎读者提出批评、建议，我们也希望了解你们在实际运行中的经验，以便共同学习和提高。

编　者

2015 年 12 月

目　录

第一章　绪　论

第一节　水利工程经济概述

我国位于亚洲东部，地势西高东低，季风气候明显，降水季节集中，年际变化很大，地区分布不均。东南沿海地区年降水量约为 1 800 mm，西北内陆地区不足 200 mm。水资源主要来自大气降水，年总量平均为28 100 亿 m^3，居世界第六位。雨热同步的气候条件、江河的丰沛水资源及江河中下游的广大冲积平原，都给中华民族的繁衍发展创造了有利条件，但水土资源的开发也伴随着与水、旱灾害的斗争。人口的增长又增加了对水土资源开发的压力，至 20 世纪 80 年代，因人口众多，我国人均占有水资源量仅为世界人均值的 1/4。特别是水资源与土地资源的分布不相协调，南方水多而耕地少，北方水少而耕地多，如长江及其以南地区，江河径流量占全国总径流量的 83%，但耕地只占全国耕地的 33%；长江以北地区，耕地占全国耕地的 67%，但江河径流量仅占全国总径流量的 17%。这些都成为今后发展的制约因素。

水利在我国有着重要地位和悠久历史。历代有为的统治者，都把兴修水利作为治国安邦的大计。传说早在约公元前 21 世纪，大禹主持治水，平治水土，疏导江河，三过家门而不入，一直为后人所崇敬。至春秋战国时期，中国已先后建成一些具有相当规模的水利工程，其中淮河的芍陂和期思陂等蓄水灌溉工程，华北的引漳十二渠灌溉工程，沟通江淮和黄淮的邗沟和鸿沟运河工程，以及赵、魏、齐等国修建的黄河堤防工程，都是这一时期的代表性水利工程。战国末期，秦国国力殷实，重视水利，统一中国后，生产力更有较大发展。四川的都江堰、关中的郑国渠（郑白渠）和沟通长江与珠江水系的灵渠，被誉为秦代三大杰出水利工程。国家的昌盛，使秦汉时期出现了兴修水利的高潮。汉武帝瓠子堵口、东汉王景治河等都是历史上的重大事件。在甘肃的河西走廊和宁夏回族自治区、内蒙古自治区的黄河河套地区，也都兴建了引水灌溉工程，隋唐至北宋 500 余年间，是中国水利的鼎盛时期，其间社会稳定、经济繁荣，水利工程遍及全国各地，技术水平也有所提高。隋朝投入巨大人力，建成了沟通长江和黄河流域的大运河，把全国广大地区通过水运联系起来，对政治、经济、文化的发展产生了深远影响。唐代除大力维护运河的畅通，保证粮食的北运外，还在北方和南方大兴农田水利，包括关中的三白渠、浙江的它山堰等较大的工程共 250 多处。唐末以后，北方屡遭战乱，人民大量南迁，使南方的农田水利迅速发展。太湖地区的圩田河网、滨海地区的海塘和御咸蓄淡工程，以及利用水力的碾、水碓等都有较大的发展。此时期水利法规、技术规范已经出现，如唐《水部式》、宋《河防通议》等。从元明到清中期，中国水利又经历了 600 年的发展。元代建都北京，开通了京杭运河。黄河自南宋时期夺淮改道以来，河患频繁，明代大力治黄，采用“束水攻沙”，固定黄河流路，修建高家堰，形成洪泽湖水库，“蓄清御黄”保证漕运。这些措施对明清的社会安定和经济发展起了很大作用,但也为淮河水系留下严重的后患。在长江中游,强化荆江大堤,并发展洞庭湖的圩垸,促进了两湖地区的农业生产。珠江流域及东南沿海的水利建设也有很大发展。但从整体而论,自16世纪下半叶起,中国水利事业的发展已趋缓慢。清末至民国时期,内忧外患频繁,国家无力兴修水利,以致河防失修、灌区萎缩、京杭运河中断,水利处于衰落时期,但是海禁渐开,西方的一些科学技术传入中国,成立了河海工程专门学校等水利院校,培养水利技术人才;各地开始设立雨量站、水文站、水工试验所等;研究编制了《导淮工程计划》《永定河治本计划》等河流规划。在这一期间也修建了一些工程,如1912年在云南建成了石龙坝水电站,20世纪20年代修建了珠江的芦苞闸,30年代修建了永定河屈家店闸、苏北运河船闸和陕西的关中八惠灌溉工程等。但在全国范围内,水、旱灾害日益严重,整治江河、兴修水利已成为广大人民的迫切要求。

1949年新中国的成立从根本上改变了上述灾难局面,迈进有史以来建设规模最大、效益最显著的时期。

一、主要建设成就

(一)修堤建库,泄蓄兼筹,抗洪减灾,保障人民生命财产安全和社会稳定

经60余年的治理,全国修建和加固了江河湖泊防洪堤26万km,海塘8 000 km,建成大、中、小型水库8.5万座,全国主要江河初步形成了由堤防、河道整治、水库及滞洪、分洪区组成的7大江河防洪体系,初步控制了其常遇洪水,联合预测预报、防汛调度、洪泛区管理和抢险救灾等非工程性防护体系,保护了3 300万hm^2耕地,600多座城市以及重要工矿、交通等的安全,减轻了洪灾损失。

(二)发展灌溉,增产粮食,解决12亿人口温饱问题

共兴建万亩[1]以上灌区5 600多处,打机井400万眼,修建了大量水库、水塘,水窖。全国有效灌溉面积由1949年的1 600万hm^2(2.4亿亩)增加到5 333万hm^2(8亿亩);除涝面积累计达2 000万hm^2(3亿亩),占易涝面积的82%;改良盐碱地533万hm^2(8 000多万亩),占盐碱地总面积的71%;发展节水灌溉,目前达1 520万hm^2(2.28亿亩),包括喷、滴、微灌等现代化技术;全国农田灌溉总体格局基本形成,目前全国农业用水约4 100亿m^3/年。农田水利工程的建设极大地增强了抗旱抗涝能力,像黄淮海平原,历史上是大雨大灾、小雨小灾、不雨旱灾的重灾区,现已成为米粮仓。水稻、小麦、棉花产量持续增加,全国粮食产量已达到6.21亿t,使我国以占世界7%的耕地养活了占世界22%的人口,回答了"谁来养活中国人"的问题。据研究预测,在21世纪中国人口达16亿高峰时,中国人也能养活自己。

(三)保障工业、城市用水,提高人民生活水平,促进城市化建设

我国修建了大批供水水源及输水工程,满足了工矿企业和城市的供水需求,包括北京、天津、大连、青岛、西安、深圳、香港等缺水城市的用水。同时,乡镇及农村供水事业也得到巨大发展。目前,全国工业和城市年用水量约为1 500亿m^3,其中工业用水约1 100亿m^3,城市用水在300亿m^3以上。全国农业、工业及城市的总供水量约为5 600亿m^3/年

---

[1] 1亩=1/15 hm^2。

(1949 年约为 1 000 亿 m^3),人均综合年用水量约为 460 m^3,比 1949 年增加 1 倍以上,为我国的经济发展和社会稳定创造了条件。

(四)水电迅猛增加成为我国能源的重要组成部分

中国水能资源丰富,理论蕴藏量为 6.76 亿 kW,可开发资源为 3.78 亿 kW,年发电量 19 200 亿 kWh,均居世界首位。1949 年,全国水电装机仅 36 万 kW,发电量 12 亿 kWh,且主要为日本占领东北时修建的丰满等水电站。经过艰苦努力,全国水电装机达 7 935 万 kW,年发电量 2 431 亿 kWh,占全国总装机的 24.8%,占全国总发电量的 17.8%,居世界第二及第三位,其中大型水电站(25 万 kW 以上)及小型水电站(2.5 万 kW 以下)各占1/3多,其余为中型水电站。在建的大中型水电站容量达 4 620 万 kW,三峡水电站装机 1 820 万 kW,是世界上最大的水电站,已于 2003 年开始投产。中国已成为世界水电大国。水电的大开发不仅提供了重要的能源,而且有力地缓解了燃煤引起的污染问题(每年 2 430 亿 kWh 的水电相当于少燃原煤 1.2 亿 t);同时,还促进了航运、旅游、水产等的发展。大型水电站同时兼有防洪、灌溉、供水等综合功效。

(五)其他

全国累计治理水土流失面积 78 万 km^2,其中黄河流域 16.6 万 km^2,保护了国土资源,减轻了河道、水库的淤积。20 世纪 70 年代以来,黄河入河泥沙每年平均减少 3 亿 t。通过疏浚、炸礁、建闸等措施,发展内河航运,目前内河通航里程达 10 万 km,长江被誉为黄金水道。

改革开放以来,在法治、管理、筹资等方面进行了许多改革。1988 年颁布《中华人民共和国水法》,以后又陆续颁布《中华人民共和国水土保持法》《中华人民共和国防洪法》《水污染防治法》《河道管理条例》《取水许可证制度》等,逐步走上依法治水的轨道。水利工程投资集中,过去实行由中央投资、农民投劳的单一模式,现发展为中央、地方、集体、个人共同投入,全社会办水利的新格局。资金来源多样化,除财政拨款外,可利用政策性优惠贷款、银行贷款、水利专项基金、以工代赈和外资等,缓解资金短缺问题,大大加快了水利建设。水资源的规划、调配、监督管理制度得到加强,运行体制也在深化改革。水资源实行有偿使用并调整水价政策,征收合理费用,有条件地走向市场经济模式,一些水利企业走上自我完善和发展的良性循环道路。

随着水利建设的大规模开展,相应的科学技术水平迅速提高,人才不断锻炼成长,从而又促进水利建设的发展。机电和金属结构的制造能力也得到加强,能自制 32 万 kW 的混流式水轮发电机组,直径超过 10 m 的转桨式机组,分包制造 55 万 kW 及 70 万 kW 的机组、500 kV 的高压电气设备以及世界上最大的压力管道、船闸闸门和普通的施工设备。水利学科中许多难题,在不少领域(如高边坡分析整治、高坝设计建设、高拱坝抗震、泥沙运动及河流动力学、岩溶地区建坝、高坝大流量泄洪消能等)都达到国际先进水平。一些外国专家在考察参观后认为,中国工程师能在任何江河上修建任何他们需要的大坝。

二、存在的问题

中国的水利事业成就举世瞩目,但也走过弯路,存在一些问题。

（一）防洪问题

尽管主要江河未出现毁灭性的洪灾，但迄今大江大河的防洪标准仍然偏低，未达规划标准，人民并未摆脱洪灾的威胁。没有形成完整而科学的防洪体系，万一发生超标准洪水，还缺乏解决方案。以长江中下游地区为例，发生特大洪水时，需依靠沿江大堤的保护、三峡等水库的拦蓄和开放必要的分洪区分洪，才能避免发生毁灭性灾害。目前的工作偏重于修堤建库，忽视分洪问题。规划的分洪区内住有数十万人，是粮棉生产基地，实际上很难下决心分洪，分洪时如何传达信息、如何组织数十万人撤退或避险，分洪后又如何补偿都是十分复杂的问题，没有如同工程建设那样受到重视和落实。现实情况甚至和“有计划的分洪”背道而驰，由于人口激增，各地都在不断围垦湖泊、洼地、荒地、滩地，建立民垸，无节制地与洪水争地，不分主次地修建各种“防洪工程”。其后果是，全国堤防已发展到 26 万 km，愈来愈长，洪水位不断抬高，造成建堤防与抬高洪水位的恶性循环。洪水位抬高的原因很多，但民垸丛立，没有及时分洪无疑是主因。由于堤防不断加高，防汛负担和风险也不断增加。每逢汛期，大量军民上堤防汛，1998 年更是百万军民投入抢险战斗，万一溃决，后果不堪设想。

上述局面的形成，应引起人们深思。实际上，要“完全消灭洪灾”是不可能的，人既要适当控制洪水，又要主动适应洪水，协调人与洪水的关系。总之，对防洪问题，要从以建设防洪工程体系为主转变为建成全面的防洪减灾工程体系，达到人与洪水协调共处。

（二）水资源的严重短缺和水资源低效利用与浪费

我国是个缺水国家。全国水资源总量约 28 100 亿 m^3，人均约 2 200 m^3，居世界第 121 位，到 21 世纪中期，将减至 1 700 m^3。水资源的分布极不均匀，如北方地区人均仅 700 m^3，其中黄淮海平原仅 500 m^3（海河流域仅 358 m^3），低于国际公认的缺水界限 1 000 m^3 及严重缺水界限 500 m^3。随着人口的不断增长，工农业生产及城市化的不断发展，水资源的开发及利用也随之剧增。特别在北方地区，黄河水资源利用率已达 67%，淮河已达 59%，而海河竟高达 90%，远远超过合理标准。水资源的过度开发，引发了湖泊干涸、河流断流、地下水超采和河口及干旱地区生态恶化等一系列问题。问题的严重性更在于，这种对水资源的过度开发是和对水资源的低效利用（甚至浪费）并存的。全国农业灌溉水的利用系数为 0.3 ~ 0.4，先进国家可达 0.7 ~ 0.8，我国落后 30 ~ 50 年。全国工业单位产值用水量是先进国家的 5 ~ 10 倍。工业用水重复利用率为 30% ~ 40%，先进国家为 75% ~ 85%。多数城市自来水管网的漏失率至少为 20%。上述现象在严重缺水地区也同样存在。例如，淮河流域的工业用水重复率仅 30%，乡镇企业甚至低至 15%，西北新疆、宁蒙灌区仍多实行大水漫灌，农业用水利用率仅 40%。黄、淮、海地区每立方米水产粮仅 1 kg，而以色列可达 2.3 kg。缺水最严重的河北各城市，现在生活水平还很低，而城市人均用水达 216 m^3，超过首尔、马德里和阿姆斯特丹。

这种现象同样发人深省。我国人民长期以来把水当作取之不尽用之不竭的免费资源，只知利用，不知爱护；只讲开发，不讲节约；只重形式，不重实效。在计划经济时代，这种情况更普遍。这是完全不符合可持续发展要求的，是难以为继的。

（三）污染加剧，水质下降

我国的工业化远未完成，而环境污染和生态恶化已相当严重。除大气污染外，水环境的污染是最严重的问题。实际上,目前我国的江河、湖泊乃至海域已普遍受到污染,且呈发展趋势。据不完全统计,全国废、污水年排放总量为624亿m^3,绝大部分未经处理或处理未达标准就排入江河、湖泊、水库,或直接用于灌溉。在全国约10万km的评价河段中,Ⅳ类以上的污染河段占47%。北方辽、黄、海、淮等流域,污水与地表径流之比最高达1:6。全国湖泊约有75%以上水域严重污染。对全国118座城市调查显示,64%的城市地下水严重污染,33%的城市地下水轻度污染。工业结构的不合理和粗放型发展模式,特别如化工、造纸、矿冶企业是重要污染源。乡镇企业兴起后,更增加了无数点污染源。使用大量污水和化肥的农田则是广大的面污染源。一些水库、湖泊则成为污染富集库。城市方面,由于污水处理率太低(1997年城市用水总量508亿m^3,废水处理量仅47.4亿m^3),大量污水直接排放,短期内没有得到遏制的趋势。随着建设规模的不断扩大,国力持续增长后,应该把生态环境问题提到必要的高度。这样做一定能减少许多目前的棘手问题。

(四)其他问题

除上述三大类问题外,还存在一些问题,如:

(1)水利工程建设规模虽大,但多属于“粗放型”,不讲究配套和管理,效率低,许多工程不断老化、报废,也无人理会。

(2)以国家投入为主,经济效益差,甚至连运行费也无着落,成为政府负担,更谈不上自我发展、自我优化、形成良性循环机制。

(3)不少工程的安全标准低、工程质量差,在“大跃进”和“文革”期间修建的工程问题更多一些,建筑物出事,尤其水坝和水库的事故,将造成下游生命财产的严重损失。

(4)修建水库时,对移民安置工作不够重视,只补偿,不安排好迁移后的安居和发展条件,有的连补偿费也不足,造成移民的痛苦和社会的不安定。

(5)修建水利工程时轻视对环境的影响,对不利影响的消除和补救做得不够。

(6)内河通航条件虽有重大改善,但总的来讲,对这种优越的交通手段重视不够。如长江的通航量还不及美国密西西比河的一条支流田纳西河的通航量。各部门间的协调也不好,有时建坝影响通航,有时建了很大的通航建筑物长期不发挥作用。

(7)水电取得了巨大进展,但已利用的水能仅为可利用水能的12%。今后待开发的水电位于西南部,条件更为复杂,加快水电建设面临一系列挑战。

三、21世纪中国水利事业的展望

对我国来说,21世纪是重要的时期。在21世纪前半段,我国将实现第三步战略发展规划,由小康走向中等发达国家行列,在这一伟大的历史时期,水利事业担负着艰巨的任务,面临严峻的挑战。扼要来讲,新一代的水利工程师们要完成以下任务。

(一)妥善解决大江大河防洪问题

大江大河及有关大城市的防洪标准,应提高到适当标准(一般应能抗御百年一遇洪水),并在遇到超标准特大洪水时,也有应对措施,不致造成毁灭性灾难。从工程角度讲,仍依赖于泄、蓄、分兼施,以泄为主的综合措施。在“泄”方面要继续加高加固江河湖泊大堤,消除隐患和行洪道内违章障碍物。某些民垸要平掉,把行洪空间还给洪水,学会与洪水共处，在一定洪水位下，使大堤安全确有保证。

（二）治理黄河

把黄河的事情办好，对于入黄泥沙，要通过科学调度，尽量使之输送入海，研究采取泄放人工洪水、挖深河口产生溯源冲刷等措施，适当降低悬河高程。辅以吸、挖方式，将泥沙堆堤后或引至两岸利用，以求黄河的长治久安。我国如能在21世纪解决好黄河问题，将是震惊世界的成就。

（三）合理调配水资源

我国的水资源总量居世界第六位，人均占有量仅为世界平均水平的1/4。加之水资源时空上分布不均的特点，使得我国区域性缺水变得非常严重。据统计，全国669座城市中有400座水利供水不足，110座严重缺水；在32个百万人口以上的特大城市中，有30个长期受缺水困扰；在46个重点城市中，45.6%的城市水质较差；14个沿海开放城市中有9个城市严重缺水，北京、天津、青岛、大连等城市缺水最为严重。随着国民经济的快速发展和对水资源需求的增加，开发水利工程的数量和规模将会越来越大。未来10～15年将是我国全面建设节水型社会的关键时期，但随着国民经济的快速发展和用水量的急剧增加，水资源紧张局势也会不断加剧。因而，开发建设大规模的水利工程已经成为不争的现实。

中国许多地区水资源严重短缺，约束着经济发展和人民生活的提高，而且破坏生态环境，如北方地区，特别是黄、淮、海流域。在这些地区，首先要立足于节水和本流域水资源的合理开发、配置和利用，全面建成节水型社会，做到节流与开源并举而以节流为先，开发与保护并重而以保护为先。在此前提下，适当进行跨流域调水。

（四）狠抓节水治污，保护及改善生态环境

过去的发展往往以浪费资源和破坏生态环境为代价，这种做法，在21世纪不可再继续。水利工作必须把节水治污、保护和改善生态环境放在首要位置。

中国全年供水规模从1949年的约1 000亿 m^3 增加到20世纪末的约5 600亿 m^3。在21世纪，人口、经济、城市化等仍将持续增加和发展，用水规模也还将增加。据专家们分析预测，即使大力控制，到2050年全国工农业及城市、农村生活用水量也要达到7 300亿 m^3，加上生态环境用水量，可能需8 000亿 m^3。而全国全部可利用的水量为8 000亿～9 500亿 m^3，已接近极限，形势严峻。唯一的出路是厉行节约，建设节水型社会。在全部用水中，农业用水始终占最大比例。所以，必须从粗放型农业转变为节水高效的现代灌溉农业和现代旱地农业，要科学用水，控制灌溉水量，在基本上不增加农业用水的条件下，增加农作物产量（粮食要由5亿t提高到7亿t），满足16亿人口的农产品需要。要采取多种措施，水利方面要提高水的利用效率，使每立方米水的平均粮食产量由1.1 kg提高到1.5～1.8 kg。为此，要全面发展节水灌溉，以改进地面灌溉为主，井渠结合，防渗减蒸（发），适当发展喷灌技术。在新的世纪里，乘万象更新之势，中国需要进行一场全国全民性的节水、治污、拯救生态环境的大战斗，使环境有明显和迅速的变化，走上良性循环，适应自然与可持续发展的道路。这需要提高全民意识，制定政策，落实措施，加大投入，严格监督并坚持下去，才能有收效。

（五）大力开发水能资源，为提供清洁能源和改善环境做贡献

充分开发西部水电，通过全国联网，为东部供电，即所谓“西电东送”，这和“南水北调”一样是我国重大政策之一，是新世纪我国将实现的一项伟大工程。西部大水电多位于荒芜地区，移民及淹没损失较少，是一大优点，但仍需十分重视移民工作。

上述宏伟工程的进展需要做好的一个重要技术工作是大力开展水利项目的经济评价，只要发扬优良传统，实事求是地做好此项工作，必能完成历史赋予我们的任务，使水利事业沿着正确道路胜利前进，为国家富强、民族振兴大业做出应有的贡献。

四、水利工程经济概述

水利工程经济是一门技术学与经济学组合交叉的学科，它是工程经济学的一个分支，是水利工程学科与工程经济学科相互交叉的一门边缘学科。众所周知，工程经济学是指应用理论经济学的基本原理，研究国民经济各部门、各个专业领域的经济活动和经济关系的规律性或对非经济活动领域进行经济效益、社会效益的分析而建立的经济学科。水利工程经济学是一门应用工程经济学基本原理，研究水利工程经济问题、经济规律和水资源领域内资源的最佳配置，寻找技术与经济的最佳结合以求可持续发展的科学。

水利工程经济研究的问题有：对于新建工程，需要根据水利方面的技术要求，水利建设规章制度、规程规范和财务部门的有关规定，通过经济计算，对不同工程措施或方案进行经济效果的评价，为确定工程方案的优劣和取舍提供依据；另外，通过经济计算和经济效果评价，也可以用来修订水利方面的技术政策、规章制度、规程规范和财务规定；此外，还可以通过对已建水利工程的经济效果的评价分析，改进现有的经营管理模式，以及制定符合实际情况的水费标准和管理办法等。

所谓经济评价，即从经济的角度出发，采用经济分析方法，对建设项目的经济合理性和可行性进行全面的分析比较。水利工程一般都有投资额度大、建设工期长等特点。而资金毕竟是有限的，如何有效地使用投资，获得既定的效益目标，就需要对水利建设工程进行经济方面的合理性和财务方面的可行性研究，也就是水利工程的经济评价。工程经济评价的目的在于最大限度的避免风险，提高投资效益，即如何以较省的投资较短的时间获得较大较稳定的产出效益。经济评价是对计算期内项目的投入和产出等诸多经济因素进行调查、预测、计算、论证、优选方案的一系列过程。它是项目建议书和工程可行性研究的组成部分和重要内容，也是项目决策科学化的重要手段。水利工程项目的经济评价一般包括国民经济评价与财务评价。

水利工程经济评价是建立在项目经济评价理论及工程经济学的理论基础之上的。项目经济评价理论的基本思想是根据项目对国民收入的增长来评价项目的价值。工程经济学是“从经济角度选择工程项目的最佳方案的原理与方法”，它的核心内容是对项目进行经济效益和费用的计算，然后根据计算结果来进行多方案的比选或制订项目运营计划等。无论是水利工程国民经济评价还是财务评价，都与工程经济学的最终目的一致，就是要确保有限资源得到正确的选择和合理的使用，或者挑选最佳的决策实施方案。

第二节 项目经济评价理论的发展

项目经济评价理论的发展大致经历了 4 个阶段，即早期阶段（20 世纪 30 年代以前）、中期阶段(20 世纪 30 ~ 60 年代)、后期阶段(20 世纪 60 ~ 70 年代)、新方法论的发展阶段(20 世纪 70 年代以后)。

(1)在早期阶段,投资项目的评估理论来自西方传统经济学,它强调的是利润动机。"成本—效益"分析法在这一时期渐渐兴起。富兰克林首先提出了"成本—效益"分析法的雏形,17 世纪 40 年代中期,法国工程师杜比(Jules Dupuit)发表题为"公共工程项目效用的度量"一文,文中提出了"消费者剩余"这一概念,概念的含义用几何图形来表达。根据这一概念理论,他提出了公共项目的评价标准,即公共项目的净生产量乘以相应的市场价格所构成的社会效益下限加上消费者剩余。

(2)在中期阶段,项目经济评价的发展主要体现在效益评估法的应用中。这一时期,资本主义国家加大了公共项目的支出,增加了对福利设施和工程建设项目的投资,从而使以福利经济学为理论依据的"费用—效益"分析法得到了很好的发展。

(3)后期阶段是"费用—效益"分析法朝着更加精密的方向发展的阶段,这种方法也逐渐从公共项目向工农业领域延伸。同时,也在发展中国家得到了广泛的推广应用。但这种方法在应用发展中也逐渐暴露出一些问题,如在实际经济活动中,并不存在评价中所设想的完全竞争的市场环境,而且消费者剩余的价格很难确定。

(4)所谓新方法论,是指经合组织(OECD)于 1968 年提出的《工业项目手册》以及工发组织(UNIDO)于 1972 年发表的《项目评估指南》,还有在此基础上 UNIDO 和 IDCAS(阿拉伯国家工业发展中心)于 1980 年提出的"增值法"的《工业项目评价手册》。新方法论中,把世界价格以各种外汇及其等同的单位作为价值标准,而不是传统的以国内市场价格作为价值衡量基础,然后通过影子价格进行调整;同时,重视生产效益和社会分配效应;还包括宏观、微观两个方面的评价,是更广泛、全面的经济分析方法。

增值法则是"对发展中国家国民收益分析的一种计算方法,是一种统一的、较简单的,易于理解的逐步计算的方法",其基本思想是根据项目对国民收入的增长来评价项目的价值。

第三节　国内水利工程经济评价发展概况

我国水利建设的历史悠久,有许多水利工程在世界上也很著名,这些工程对当时社会和经济的发展有着重要的作用。早在 2 000 多年前,位于我国四川的都江堰水利灌溉工程就进行了粗略的工程经济计算,在计算中考虑了工程的所费(稻米若干石)和所得(灌溉农田若干亩)。在近代,冀朝鼎编著的《中国历史上的基本经济区与水利事业的发展》于 20 世纪 30 年代问世,这也是中国分析论证水利经济的第一部著作。在 50 年代编制的《扬子江三峡计划初步报告》中,设计者对工程的投资进行了分摊偿还的计算,还按当时欧美的方法计算了工程的水利、灌溉、航运、防洪、发电、游览等效益。

新中国成立后,我国开始大规模建设水利工程,在进行工程规划、设计、施工以及后续运营管理中,遇到了若干工程经济问题。1950 ~ 1955 年,政府强调水利规划和工程设计文件中必须进行技术经济论证,技术经济书面报告成为审批工程文件的重要组成部分。制定于 1956 年的中国科学发展规划中,包含了一部分技术经济的内容。1954 ~ 1957 年,一些地方水务部门也开展了水利技术经济问题的研究。一些设计单位设立了动能经济、综合经济专业，以开展规划设计方案的技术经济比较和综合经济分析工作。1950 年末至 1970 年，我国过分强调经济服从政治，以至于 20 世纪 60 年代中期国家科学技术委员会制定的技术经济学科发展规划未能付诸实践。不重视经济分析，不计算经济效果，使得这一时间修建的水利工程“建设成绩很大，浪费也很大”。

这一阶段经济评价主要是采用苏联的技术经济原理和方法，采用抵偿年限法或计算支出法，这两种方法在我国基本建设投资全部由财政拨款时期，对建设项目的决策曾起到积极的作用。

党的十一届三中全会制定了以经济建设为中心的方针，强调经济建设要实事求是，讲求经济效果。建设项目经济评价和水利项目综合经济评价的理论与实践都得到了重视，并且逐步引进了西方发达国家动态经济分析的理论方法，规定了建设项目经济评价是项目建议书和可行性研究报告的重要组成部分。

1979 年，国家决定试行项目投资由财政预算拨款改为银行贷款。同年，国家科学技术委员会下达了“可行性研究与经济评价”的研究课题。

1980 年，中国水利经济研究会成立，提出要普及水利经济科学知识，结合水利建设实际，大力开展重要水利经济问题的调查研究，逐步形成具有中国特色的水利经济学科。

1982 年，国务院发展中心召开“新建和改建项目的经济评价讨论会”，探讨了理论方法，对今后项目评价工作提出了建议，促进了方法的逐步实施。

1983 ~ 1985 年，国家计划委员会、国家水利电力部、国务院以及水利水电工程管理局先后颁布了《建设项目可行性试行管理办法》《水利经济计算规范》《水利工程水费核定、计收和管理办法》《水力发电工程经济分析暂行规定》。这些规范性文件对水利水电工程经济分析的内容、方法作了全面规定，但对财务分析内容和方法未作规定。

随后的 1987 年，国家计划委员会又发布了《关于建设项目经济评价工作的暂行规定》《建设项目经济评价方法》《建设项目经济评价参数》《中外合资经营项目经济评价方法》4 个文件，至此，各部门建设项目经济评价的基本原则和基本方法得到了统一。3 年后，国家计划委员会、建设部调整发布了《建设项目经济评价方法与参数》，并在随后的 1993 年和 2006 年分别对其进行了修订和改进。

1994 年，水利部水利水电规划设计总院对原《水利经济计算规程》进行了修订，修订后更名为《水利建设项目经济评价规范》（SL 72—94）。《水利建设项目经济评价规范》（SL 72—94）包括国民经济评价和财务评价。

2006 年，国家发展和改革委员会与建设部修订并发布了《建设项目经济评价方法与参数》（第三版），借鉴了世界银行、亚洲开发银行和英国财政部等机构发布的经济评价指导手册和研究成果，细化并补充了财务费用流和效益流的识别和估算方法，财务评价较之前也有很大的调整。

我国对水利工程经济评价的研究虽然起步较晚，基础较薄弱，但通过引进国外先进成果，并结合我国的水利建设项目和经济体制，近 30 年来，发展较快。某些理论和方法形成了自己的特点，如既从宏观上研究水利事业在国民经济中的地位和作用，又研究水利工程项目经济评价的理论和方法。

第四节　国外水利工程经济评价发展概况

国外水利工程经济分析的方法,按是否考虑资金的时间价值,将其分为动态经济分析与静态经济分析两大类,动态经济分析以美国为代表,静态经济分析以苏联为代表。以美国为代表的国家在进行项目经济分析时,重点考虑时间因素,从单利计算发展到按复利计算,甚至在有些决策中还考虑"连续复利"的计算方法。苏联在20世纪60年代之前,是按照完全静态的分析方法对项目进行分析的,60年代后,开始考虑工程在施工期由资金积压所引起的经济损失,并规定时间对资金影响的年标准换算系数为0.08,但在工程建成后,维持运行的年运行费、效益等仍没有考虑时间的影响。

一、美国水利工程经济评价发展概况

在19世纪初,美国衡量项目经济评价的基本准则是效益超过费用。后来,美国国会逐步强调判别工程的基本准则是要有一个有利的效益与费用比值。1930年格兰特编著了《工程经济学原理》一书,书中采用复利计算的方法,首次系统地阐述了动态经济评价方法。1936年国会通过的《洪水控制法案》规定在兴建河道整治和防洪工程时,工程效益应超过工程费用。至此,美国陆军工程师团在编制工程特别是大型工程的规划设计文件时,必须做出效益费用分析的报告。

20世纪40年代中期,联邦河流流域委员会效益费用分会在美国成立,4年后,由该分会提出的《河流流域工程经济分析的方法建议》问世。其中规定,工程的基本目标为获得最大的经济净收益。对工程方案选择的目标主要有两点:①最好地利用经济资源,做到净效益最大,而不是效益费用比或其他最大;②对工程的每一个独立部分,应该结合整个工程考虑,使每一部分对工程的整体效果都要更为经济有利。这部书是美国水利经济发展史上的一个里程碑,其提出的方案比选原则标准和许多经济计算方法,至今仍在使用。

在20世纪60年代初期,由美国内务部、农业部、陆军部等共同起草的《水土资源工程评价的新标准和准则》问世,比《河流流域工程经济分析的方法建议》更具体。提出的工程项目规划目标为:①全面改善水土资源条件,促进国家的经济发展;②保护国家自然资源;③工程布局要注意地区平衡,发展全国的每一块地区;④提高全体人民的福利水平。

20世纪60年代末颁布了《国家环境政策法》,该法规中强调了环境保护在水资源工程评价中的重要地位。

20世纪70年代初,《水土资源规划的原则和标准》由水资源理事会提出,后经总统批准生效。该标准中强调了社会福利和地区经济发展这两个目标。编制规划的目标在于:从满足人民需要出发,快速发展经济和保护环境并重,建立分析资料系统,在工程方案确定前,考察工程计划对地区发展和社会福利等各方面的影响,为各种方案的比较提供基础。

20世纪70年代末,再次修订了该标准,强调在水资源规划中,对环境有益且经济有效的工程要优先施工;静态投资中要包括环境投资;计算工程费用和效益时,要用新准则和新方法。在此基础上,美国水资源理事会于一年后提出了《水资源规划中,国家经济发展效益和费用评估程序》,规定了项目具体的评估方法和评估步骤。

1982年底,美国水资源理事会提出并通过了新的《水土资源开发利用的经济和环境原则与准则》,替代了之前提出的标准。它的主要目标是促进国民经济的发展和环境保护,并着重指出:水土资源规划应以兴利除害为目标;所谓促进国民经济发展是促进以货币表示的、全国的商品和劳务(含服务行业)净产值的增加。

二、苏联水利工程经济评价发展概况

苏联在早期阶段,遵循"资金利率"的概念,并将资金利率编进国家建设基本计划。多方案比较时,考虑资金的时间价值,将工程投入运行的年份作为计算的基准年。此外,还指出工程投资要考虑报酬,报酬与基建投资的比值称为经济效率系数,该系数由国家的资金数量和国民经济的年增长速度决定。苏联国家计委曾规定该系数值为6%,这一方法一直使用到1930年前后。

到20世纪30年代中期,有人提出"资金利率"属于资本主义经济的范畴,鉴于当时苏联仍旧是社会主义制度,因此对之前规定的算法做了很大的修改,修改后的内容以劳动量作为价值的主要尺度。经济评价的方法不考虑资金的时间价值。在方案比较中,主要考虑的是在都满足国民经济发展需要的前提下,比较它们的总劳动消耗量。当时也有人提出了用各种指标体系对方案进行综合经济分析,如劳动生产率、资金占有量、成本、产品质量等。

20世纪50年代初期,在对方案进行比选时,采用了抵偿年限法(Compensational Period Method)和年折算费用最小法(Minimum Annual Conversion Cost Method)。所谓抵偿年限,就是不同方案节约的年运行费,抵偿投资增加额所需的回收年限,也就是两个方案的投资差额与所节约的年运行费用的比值,即

$$T_{ok} = \frac{K_2 - K_1}{u_1 - u_2} = \frac{\Delta K}{\Delta u} \tag{1-1}$$

其中 K_1、K_2——第一方案、第二方案的投资,并假设 $K_2 > K_1$;

u_1、u_2——第一方案、第二方案的年运行费,一般在满足国民经济要求的条件下,如果 $K_2 > K_1$,则 $u_2 < u_1$。

当 T_{ok} 小于某标准抵偿年限 T_k 时,则认为第二方案比第一方案有利。

年折算费用最小法,是指方案的年运行费用和年折算投资之和最小,其中年折算投资等于方案投资除以标准抵偿年限,即年折算费用:

$$P = u + \frac{K}{T_k} \tag{1-2}$$

式中 u、K——某方案年运行费和投资;

T_k——某标准抵偿年限。

当某个方案的年折算费用 P 最小时,即认为该方案最有利。

此阶段,国家无偿拨付经济建设所需资金,不考虑利息,更不考虑资金的时间价值,也就是说,方案的比较采用的是静态经济分析方法。国家的生产建设资金被各部门无偿地使用,致使大量固定资产和流动资金积压浪费,给施工进度造成了影响,国家遭受重大的经济损失。

1960 年颁布了《新的基本建设投资经济计算典型方法》。新方法中,将投资利率纳入新建工程在施工期要考虑的范围,至此,苏联的工程资金变为有偿使用,从银行贷款成为了基本建设所需资金的来源,并按期计取利息。这次改革经过多年试行,取得了较好的成果。基于新典型方法,1969 年,国家计划委员会、建设委员会以及科学院联合发布《确定投资经济效果的标准方法》,其中规定了投资效果系数和年标准换算系数。1972 年,土壤改良和水利部制定《确定灌溉、排水和牧场水利投资经济效益规程》,规定把资金的计算支出、抵偿年限和总经济效益系数作为工程方案比选的标准。

1977 年,苏联国家计划委员会和科学院颁布了新技术经济效果计算的基本方案和指南——《在国民经济中采用新技术发明和合理化建议的经济效果计算方法》。1980 年,又颁布了《确定投资经济效果的标准方法》(第 3 版)。新方法要求分期投放投资,若年运行费随时间发生变化,还要考虑时间换算因子。

1988 年 11 月 10 日,国家计划委员会批准颁布了《苏联投资效果的计算方法》(第 4 版),其中规定在编制计划各阶段均要计算投资的效果。计算时,还要计算总的经济效果,即产出效益与投资之比。在向经济核算及自筹资金过渡,大大扩大企业和地区管理权力的背景下,以综合国民经济为基础进行效果计算。计算中既要考虑投资的总和,还要考虑由此而得到的经济与社会效果。在此情况下,对费用和效益的计算中都需要考虑资金的时间价值。

第五节　水利工程经济课程的内容和意义

一、中国水利工程建设和运行的特点

水利工程是为了合理开发利用水资源而兴建的工程,其服务对象与其他工程相比有影响面广、建设规模大、工期长、投资额度大、工程技术复杂等特点。基于水利工程本身的这些特点,其经济特点有:

(1)工程建设的影响范围大。按水利工程的服务对象,可分为防洪工程、农田水利工程、水力发电工程、航道与港口工程、水利排水工程等。其中,水利工程项目是缓解区域性缺水主要采取的工程措施。在引水过程中,需要兴建管道、建设多级泵站、设立办公维护点,因而其建设涉及范围较广。同时,水利工程在水利建设过程中,还要分为农业灌溉用水、工业用水以及生活用水,因而涉及的对象群体范围也较广。

(2)工程建设的投资额度大。水利工程建设项目属于国家投资的公共建设项目,也是基础性建设,其静态投资额一般都会达到上亿元,特别是对一些大型的水利工程,会有高达几百亿元的投资。如此巨大的投资额度对国民经济有着举足轻重的影响,在进行经济评价时,尤其要考虑投资效果的好坏以及对国民经济的影响。

(3)工程的建设期长,寿命期长。由于水利工程规模大,工程技术复杂,因而其具有较长的建设期。作为开发利用水资源、造福人类社会的水利工程,要求水利工程必须具有较长的寿命期。建设期长,寿命期长,会使得工程建设受物价的影响大,这对于工程建设的投资来说,建设期利息的负担会很重。同时,使用寿命长也要求工程要在运行期具有一

定的经济效益以维持工程的正常运行。经济评价的目的是要确保工程在运行期间维持运行的经济效益产出。

(4)工程建成后在运行期的季节性。水利工程的建设离不开水资源,而水资源的量往往会受到引水区域、季节变换以及自然灾害的影响。如在枯水期,水利工程能不能保障工程的预期取水量,保障工程的水利用率等均需要在工程经济评价中进行考虑。

(5)有些大型水利工程的水库淹没损失大,对库区农业经济影响大,移民任务艰巨。

(6)很多大型水利工程具有综合利用效益,可以同时承担防洪、防凌、治涝、发电、灌溉、航运、城镇及工业供水等中的两项以上的国民经济任务。

(7)工程建成投产后,不仅直接经济效益很大,而且间接经济效益也很大。

(8)由于工程技术比较复杂、投资集中、工期长,因此不确定性因素较多。

(9)大型水利工程的建设对社会经济发展影响深远,许多效益和复杂的影响不能用货币表示,甚至不能定量计算。

二、水利工程经济课程的基本内容

水利工程经济评价包含了国民经济评价和财务评价两部分内容。国民经济评价主要是从国家的角度出发,来宏观地判断水利工程项目对国民经济发展的影响,通过现金流的分析,计算出经济净现值(*NPV*)、内部收益率(*IRR*)及经济效益费用比(*ECBR*)来判断项目是否符合国民经济发展的需要。而财务评价则是从财务核算的角度出发,依据现行的财税制度和价格体系,对项目的效益费用进行计算,还要对项目的清偿能力、盈利能力等做出分析。

水利工程的影响范围大、工期长,经济效益涉及因素多,而评价的结果往往会受到很多因素的影响,如工期、投资、收益的变动以及自然灾害等,很多数据都难以测定,大都来自测算和估算,难以定量。因此,还需要对项目的经济评价做出不确定性分析。在确定影响因素变化的幅度后,计算对项目经济评价指标的影响以及其敏感程度。通过对项目的敏感性分析,得出其敏感性因素的临界值,对工程建设及未来运行的风险规避提供借鉴依据。也就是说,在水利工程建设项目的经济评价中,存在着许多不确定性。为了使评价结果更加真实可靠,有必要在经济评价中进行相应的不确定性分析。水利工程经济课程的基本内容见图 1-1。

三、水利工程经济研究的意义

经济评价为水利工程建设项目决策提供重要的依据,同时水利工程经济评价也是项目建议书和可行性研究报告的重要组成部分。其目的是满足国民经济发展的要求,在市场需求预测和工程技术方案研究的基础上,对拟建项目工程造价和生产效益进行预测,分析建设项目的财务可行性和经济合理性。水利工程经济评价的目的在于最大限度地规避风险,提高投资效益,以求用最少的投资,较短的时间,获得较大的产出。

从国民经济的宏观管理来看,经济评价可使社会的有限资源得到最好的利用,发挥资源的最大效益,促进经济的稳定发展。通过经济评价,对比选方案进行合理的排队和取舍,促进资源的合理配置。

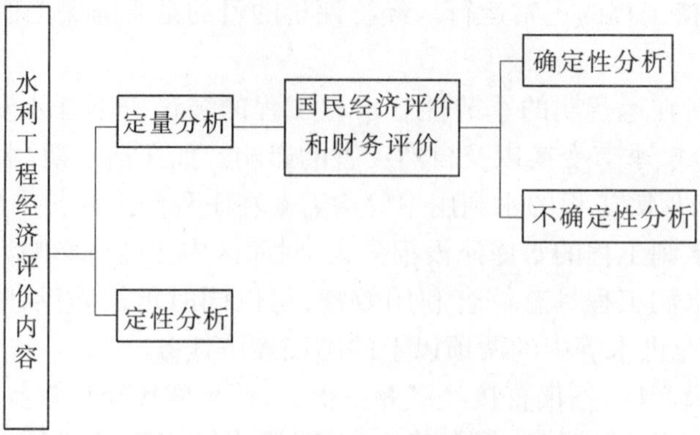

图 1-1　水利工程经济课程的基本内容

现阶段,水利工程的设计理论和施工技术都日渐成熟,优选的设计方案、规范的施工管理和大型机械化作业都为水利工程建成后的技术目标奠定了优良的基础。在市场经济的大背景下,不仅要求工程建设要又快又好,而且要更省。因而水利工程的经济评价就成为了水利工程项目建议书和可行性研究报告中不可缺少的一部分。相比设计理论与施工技术的日臻成熟,关于项目的投资及效益分析的经济评价便成了工程建设中的薄弱环节。

水利工程一般都由国家投资兴建,大都不以盈利为目的。现阶段对其经济评价的研究主要是国民经济评价和财务评价,并以国民经济评价为主。评价方法有静态评价法和动态评价法,并以动态评价法为主。国民经济评价主要用于多方案比选中,以及在一定投资额度下,评价项目本身是否经济合理。评价指标主要有净现值(*NPV*)、内部收益率(*IRR*)及投资回收期(P_t)。而水利工程给周围环境带来的改善或破坏,对当地经济的发展、当地人就业等的影响并未能做出评价。就评价本身而言,估算资金的存在、敏感性分析的不彻底也给项目经济评价结果造成了一定的影响。

在我国社会主义市场经济条件下,研究拓展水利工程的经济评价,对水利工程做出全面、准确的经济评价是水利建设项目和方案比选的重要依据,也对水利工程和国民经济的发展有着积极的意义。但也不能唯经济而独断,还应把拟建工程的技术、经济与社会环境、政治联系起来,进行综合评价,统筹考虑,以达到最优效果,选出最佳方案。

四、水利工程经济评价的方法

从工程经济学发展而来的水利工程经济学,其工程评价的方法也沿用了工程经济学中评价的有关方法,总结如下。

(一)定量、定性相结合的分析方法

定量分析即水利工程经济评价中的国民经济评价和财务评价。但是水利工程建设项目属于基础设施、基础产业,其影响范围要比其他工程大,而且涉及水资源的多变性,从国民经济、费用、效益等资金角度分析是远远不够的,再加上其对人文、生态环境的影响难以量化,因此就需要结合定性分析的方法,来对其做出综合的经济评价。

(二)主目标优化与多目标协调相结合的方法

水利工程的建设牵涉很多部门,以柳林县薛家坪提黄灌溉工程为例,沉沙池的地点选在了黄河岸边,而整个工程的建设地点大多是现有公路无法到达的,在修建此工程时,除

建基本的水利设施外，还需要另建公路和办公人员的办公楼等。所以一个大型的水利工程往往会涉及河道、土地、地质、公路等相关部门，其经济效益也是由参与的各部门的经济效益组成的，亦是各部门经济效益平衡协调的结果。但制订的工程方案往往不能照顾到各个部门，只能是从国民经济整体出发，选择总体效益最佳的方案。对于综合水利工程而言，往往会确定一个或两个主导目标，如柳林县薛家坪提黄灌溉工程便是以工业水利和农业灌溉效益作为主导目标。多方案比选时，主目标优化与多目标协调相结合的方法尤为适用，通过优化、协调平衡，可以从宏观上拟订合理方案，并通过计算分析筛选出综合效益最大和主目标最优的方案。

（三）总体评价和分项评价相结合的方法

总体评价和分项评价相结合的方法是从建设工程的整体和分项出发，作出综合的评价。大型水利工程往往会涉及多个部门乃至多个地区，这种情况下就要首先从工程整体的角度出发，计算其总的效益和总的费用，作出总体的评价。而后将效益、费用根据实际情况分摊到各地区或部门，做出分项的经济评价，以研究工程对各个地区或部门的经济效益。

（四）逆向反证法

逆向反证法主要应用于大型水利建设工程，譬如三峡工程之类。由于大型水利工程涉及的社会、经济及技术问题复杂，在对其进行综合评价时往往会有不同的看法。因而在对大型水利工程进行综合分析评价时，要从与正面结论不同的反面入手，通过研究相反的意见，不同的方案、措施，来证明原方案的合理性，或从反面汲取“营养”，补充完善原方案，若发现问题，也可在原方案的基础上，结合从反面汲取的“营养”，修正原方案，以避免决策失误给国民经济带来损失，这便是逆向反证法。

（五）多维经济评价方法

大型水利工程建设涉及技术、经济、社会等多方面的问题，因此对大型水利工程应实行多维经济评价方法，要在充分研究工程本身费用和效益的基础上，高度重视工程与地区、流域、国家社会经济发展的相互影响，从微观、宏观上分析与评价大型水利工程建设对行业、地区（或流域）甚至全国社会经济发展的作用和影响。

五、目前我国水利建设项目常用的经济评价方法

（1）动态分析与静态分析相结合，以动态分析为主。现行方法强调考虑时间因素，利用复利计算方法将不同时间内效益费用的流入和流出折算成同一时间点的价值，为不同方案和不同项目的经济比较提供了相同的基础，并能反映出未来时期的发展变化情况。

强调动态指标并不排斥静态指标。在评价过程中可以根据工程阶段和深度要求的不同，计算静态指标，进行辅助分析。

（2）定量分析与定性分析相结合，以定量分析为主。经济评价的本质要求是通过效益和费用的计算，对项目建设和生产过程中的诸多经济因素给出明确、综合的数量概念，从而进行经济分析和比较。现行方法采用的评价指标力求能正确反映生产的两个方面，即项目所得（效益）和所费（费用）的关系。但是一个复杂的建设项目，总会有一些经济因素不能量化，不能直接进行数量分析，对此则应进行实事求是、准确的定性描述，并与定量

分析结合在一起进行评价。

(3)全过程经济效益与阶段性经济效益分析相结合,以全过程分析为主。经济评价的最终要求是要考察项目计算期的经济效益。现行方法强调把项目评价的出发点和归宿点放在全过程的经济分析上,采用了能够反映项目整个计算期内经济效益的内部收益率、净效益等指标,并以这些指标作为项目取舍时在经济方面的依据。

(4)宏观效益分析与微观效益分析相结合,以宏观效益分析为主。对项目进行经济评价,不仅要看项目本身获利多少,有无财务生存能力,还要考察项目的建设和经营(运行)对国民经济有多大的贡献以及需要国民经济付出多大代价。现行方法经济评价的内容包括国民经济评价和财务评价。国民经济评价与财务评价结论均可行的项目,应予以通过;反之,应予以否定。国民经济评价结论不可行的项目,一般应予否定。对某些国计民生急需的项目,如国民经济评价结论好,但财务评价不可行的项目,可进行“再设计”,必要时可提出采取经济优惠措施的建议。

(5)价值量分析与实物量分析相结合,以价值量分析为主。项目评价中,要设立若干价值指标和实物指标。现行方法强调把物资因素、劳动因素、时间因素等量化为资金价值因素,在评价中对不同项目或方案都用可比的同一价值量进行分析,并据以判别项目或方案的可行性。

(6)预测分析与统计分析相结合 ,以预测分析为主。进行项目经济评价,既要以现有状况水平为基础,又要做好有根据的预测。现行方法强调,进行经济评价,在对效益费用流入流出的时间、数额进行常规预测的同时,还要对某些不确定性因素和风险做出估计,包括敏感性分析和概率分析。

第六节　水利项目建设的基本程序

一、建设项目的特点

“项目”一词,是一个极其普遍和广泛使用的概念。世界银行对项目的定义,是根据发放贷款用途加以解释的:项目(Project),一般指同一性质的投资(如设有发电厂和输电线路的水坝),或同一部门内同一系列有关或相同的投资,或不同部门内的一系列投资(如城市项目中市区内的住房、交通和供水等)。项目还可以包括中间金融机构贷款,为它的一般业务提供资金;或向某些部门的发展计划发放贷款。项目通常既包括有形的(如土木工程的建设和设备的提供),也包括无形的(如社会制度的改进、政策的调整和管理人员的培训等)。

根据我国对投资项目的有关规定并参照世界各国有关投资项目管理资料,可知构成投资项目的主要条件及其特点有:

(1)在一个总体设计或总概(预)算范围内,由几个互有内在联系的单项工程所组成,建成后在经济上可以独立核算的、行政上可以统一管理的建设单位。

(2)有明确的建设目标和任务,即有设计规定的产品品种、生产能力目标和工程质量标准,有竣工验收和投产使用的标准,有工期目标,有投资目标。

(3)一般具有建筑工程和设备安装工程等有形资产;而有些项目除具备有形资产外,还有购买商标、商誉、技术专利、技术许可证等形成的无形资产。

(4)一般是一次性的。建设任务完成,则投资结束,项目撤销。

(5)在投资建设过程中都必须依次经过项目成立、可行性研究、评价、决策、设计、项目实施、竣工投产、总结评价、资金回收等阶段。

在我国,按照现有的投资计划管理体制,投资项目可以分为两类:

第一类称为基本建设项目,简称基建项目,它构成我国投资项目的主要部分,一般是指在一个或几个施工场地上,按照一个总体设计进行施工的各个单项工程的总体。在我国一般以一个企业、一个事业单位或一项独立项目工程作为一个建设项目,如一个工厂、一条铁路等都可以分别构成一个建设项目。

建设项目是一个完整的概念,在一个总体设计范围内,分期分批进行建设的若干单项工程均算作一个建设项目。建设项目按性质可分为新建、扩建、改建、恢复、迁建等项目;按项目规模可分为大、中、小型项目;此外,还可以按隶属关系、管理关系和行业等进行划分。

建设项目对整个国家宏观经济的影响和促进作用是显而易见的。在一定时期内,要建多少个项目,建什么样的项目,规模多大以及选址都应和国家产业政策、行业和区域规划、生产力布局等相适应。建设项目确定得是否合理与正确,不仅关系到投资的规模、方向、比例及效果,也直接关系到宏观经济目标的最终实现。

第二类是设备更新和技术改造项目,简称更新改造项目,是指对原有企业进行设备更新或技术改造的项目,是我国投资项目的另一个重要组成部分,它和基建项目投资合起来构成全社会的固定资产投资。更新改造与基本建设的主要区别在于:基本建设属于固定资产的外延扩大再生产,而更新改造属于固定资产的内涵扩大再生产。

二、项目的建设程序

我国现行建设项目的程序大致包括四大步骤和八大内容。

四大步骤是投资决策、设计、建设、验收。八大内容包括提出项目建议书、进行可行性研究、经过可行性研究论证,根据最优方案编制初步设计、技术设计、施工图设计、准备并组织施工、生产准备、竣工验收。建设项目程序如图1-2所示。下面具体讨论项目建设程序的主要阶段。

(1)项目建议书。是企事业单位根据国家经济发展长远规划和行业、地区发展规划,结合资源条件和市场预测等,在调查研究、收集资料、综合分析项目建设的必要性和合理性的基础上提出的。它是拟建项目的轮廓设想,主要申述项目申报的理由及主要依据、项目的市场需求、生产建设条件、投资概算和简单的经济效益和社会效益情况。项目建议书需经各级计划部门汇总、平衡、审批,项目建议书获批准即为立项,意味着可以着手进行前期工作。

(2)可行性研究。是投资前期工作的中心环节,是项目决策的依据。可行性研究的目的是论证项目是否适合建设、技术上是否可靠、经济上是否合理。可行性研究内容包括选定建设地点、研究建设条件,以及分析生产成本和利润、预测投资收益等。可行性研究

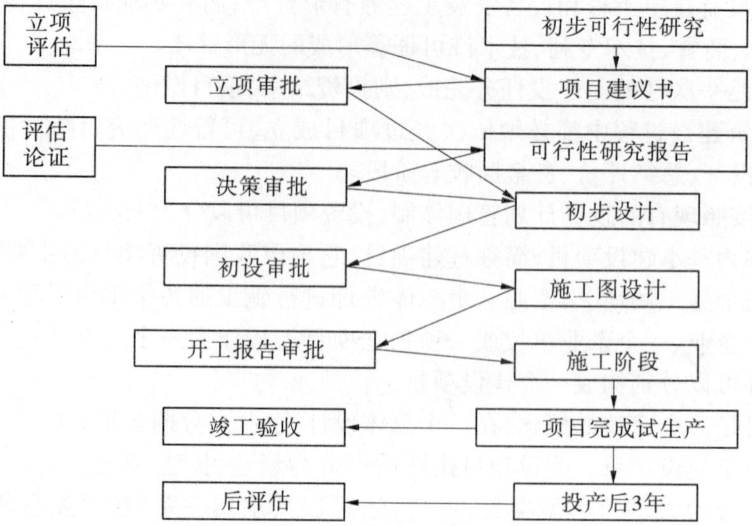

图 1-2　项目建设程序

报告在批准的项目建设书的基础上编制。

(3)设计。主要包括初步设计和施工图设计。初步设计是项目可行性研究的继续和深化,是对项目各项技术经济指标进行全面规划的重要环节。初步设计一般包括设计概论、建设规模与产品方案、总体布局、工艺流程及设备选型、主要设备清单和材料、主要技术经济指标、主要建筑物、公用辅助设施、劳动定员、“三废”处理、占地面积及征地数量、建设工期计划、总投资概算等文字说明及图纸。

(4)施工准备。施工准备工作的目的是保证施工建设顺利进行,防止疏忽和遗漏,避免施工建设期间停工带来损失。施工准备的主要内容有:设备和原材料的定购和采购,编制施工组织设计和施工图预算,建筑工程的招标以及征地、拆迁、辅助性临时房屋建设等。

(5)生产准备。建设单位要根据建设项目或主要单项工程生产技术的特点,有计划地做好各项生产准备工作。生产准备工作一般包括:按计划要求培训管理人员和工人,组织生产人员参加主要设备和工程的安装、调试,在投产前熟悉工艺流程和操作技术。

(6)竣工验收,投入生产。竣工验收是全面考察建设成果、检查设计和施工质量的重要环节。按照设计要求检查施工质量,及时发现问题并解决,以保证投资项目建成后达到审计要求的各项技术经济指标。竣工验收须编制工程决算,一般采取先单项工程逐个验收,后整体工程验收的程序,验收合格后应及时办理固定资产交付使用的转账手续。

第二章　水利工程的主要技术经济指标

技术经济指标是表明国民经济各部门、各企业、各工程项目对设备、原材料、资金、劳动力、土地等资源的利用及其效果的指标，它反映生产的技术水平、管理水平和经济效益水平。水利工程技术经济指标是反映和衡量水利建设工程项目或经营管理单位各项技术政策、方案、措施、生产活动及经济效果的优劣尺度。它可以用实物量或货币量来表示，也可以用绝对值和相对值来表示。现介绍在水利工程经济评价中常用的几个技术经济指标。

第一节　商品的价值与价格

一、价值

对商品价值概念的描述有两种观点，即劳动价值观和效用价值观。劳动价值观认为商品的价值是由生产该商品的社会必要劳动时间决定的。价值是凝结在商品中的具体劳动和一般的、无差别的人类劳动（抽象的人类劳动）的结合。具体劳动创造商品的使用价值，抽象劳动形成商品的交换价值。价值是商品交换的共同基础。

根据对价值规律的分析，产品价值 S 等于生产过程中被消耗的生产资料价值 C、必要劳动价值 V 和剩余劳动价值 M 三者之和，可用式(2-1)表示，即

$$S = C + V + M \tag{2-1}$$

所消耗的生产资料价值 C，就是转移到产品中的物化劳动的价值，其中包括厂房、机器设备等固定资产的损耗值（财务核算中的折旧费）和原料、燃料、材料等流动资产的消耗值（在财务核算中为生产运行费用的一部分）；必要劳动价值 V 就是指劳动者及其家属所必需的生活资料的消耗费用，也就是支付给劳动者的工资（在财务核算中为生产运行费用的另一部分）；剩余价值 M 是指企业上交给国家的税金和利润以及企业留成利润中用于扩大再生产的那部分资金。第一部分 C 和第二部分 V 之和，就是产品成本 F；第二部分 V 和第三部分 M 之和为国民收入（净产值）N，可用式(2-2)及式(2-3)表示，即

产品成本

$$F = C + V \tag{2-2}$$

国民收入或净产值

$$N = V + M \tag{2-3}$$

目前，各国多采用国内生产总值 GDP 和国民生产总值 GNP 衡量一个国家经济发展水平和生活水平。国内生产总值 GDP 和国民生产总值 GNP 均包括物质生产部门的净产值、非物质生产部门的净收入和固定资产折旧三部分。GDP 统计国境范围内的生产总值，不论是否是本国国民的生产总值；后者限于统计本国国民的生产总值，不论是否在本国境内的生产总值。一个时期以来，不少国家用美元计算国内生产总值 GDP，并且以它

的多少来衡量一个国家现代化的程度和经济发展的水平。按人口平均的国民生产总值GNP,是当今世界上流行的一种衡量一个国家或一个地区的生产水平、生活水平的方法。

效用价值观认为商品的价值主要取决于消费者从商品消费中所获得的满足程度。这是一种主观价值观,取决于消费者个体的主观感受。效用价值观广泛应用在市场经济及商品经济分析中。

二、价格

价格是价值的货币表现,是商品与货币的交换比率。产品的市场价格由于供求关系的影响,经常围绕着价值而自发地上下波动。当供过于求时,它降低到价值以下;反之,则上升。可见,在供求不一致的条件下,产品价格与价值是不一致的。但这种价格与价值的背离现象,并不否定价格是以价值为基础的。此外,价格的变化还与货币本身价值的变动有关。在经济计算中涉及的价格种类很多,可分为现行价格、不变价格、影子价格、财务价格、市场价格等,现分述如下。

(一)现行价格

现行价格指现实经济生活中正在执行着的市场价格。用现行价格计算的总产值、净产值和利润等指标,可以反映企业和整个国民经济的现实经营状态。当水利工程进行财务评价时应采用现行价格。

(二)不变价格

不变价格又称为固定价格或可比价格,是指国家规定的为计算各个时期产品价值指标所统一采用的某一时期的平均价格。在反映不同时期产品产值的变动时,用不变价格计算价值量指标,可消除价格变动的影响,便于正确比较不同时期的生产水平和经济水平、计算年增长率和平均增长速度等统计指标,进行历史的对比。根据实际需要的核算特点,不变价格的确定有两种方式:一是以基准年商品的现行价格作为该时期的不变价格;二是直接规定不变价格,即在基准年中确定某一时点(如某一天)的一揽子商品(具有代表性的一批商品)的价格为该时期的不变价格。新中国成立后,国家统计局曾先后7次制定了全国统一的产品不变价格。从1949~1952年统一采用1950年6月各企业的平均出厂价格,1953~1957年统一采用1952年不变价格,从1958~1970年统一采用1957年不变价格,从1971~1980年统一采用1970年不变价格,1981~1990年统一采用1980年不变价格,1991~2000年统一采用1990年不变价格,从2001年开始使用2000年的工业品出厂价格。

随着知识结构的更新和高科技产业的发展,产品更新换代加速,需要更新基准年份以保持不同年份之间具有较好的可比性,因而需要形成新的不变价格。

(三)影子价格

影子价格指用线性规划方法计算出来反映资源最优使用效果的价格,又称最优计划价格。影子价格理论上是运用系统工程中线性规划的对偶规划的最优解或解拉格朗日乘子得到。资源配置与资源价格互为对偶问题,如果原问题为资源最优配置问题,则其对偶问题的最优解即是资源的影子价格。求线性规划或解拉格朗日函数,就是在一定的约束条件下求极值。对一个企业或整个国民经济来说,劳动产品、自然资源、劳动力都不是无限的,因而最优的计划应该是充分利用这些有限的资源以取得最大社会经济效益的计划。解最优计划的线性规划模型的对偶模型可以得到一组影子价格。这种影子价格反映劳动产品、自然资源、劳动力的最优使用效果。自然资源的影子价格,反映了自然资源的稀缺程度。资源越是稀缺,其影子价格越高;可以充分满足需要的资源,其影子价格为零。

影子价格被广泛地用于投资项目和进出口活动的国民经济评价中。由于现行价格往往受各类因素的干扰而偏离其质的规定性,用它评价经济效果可能使结果失真,因而需要借助影子价格排除现行价格的不合理成分。这类影子价格视计算的不同需要而有不同的计算方法和不同的经济内容,常见的有:边际成本、扣除进出口关税影响的国际市场价格、考虑了税收和补贴的市场价格等。在建设项目的经济评价中,影子价格、影子工资、影子汇率等都是重要参数,国家计划委员会对许多重要货物都已制定了影子价格并定期调整发布,对各类建设项目进行国民经济评价时可采用。

(四)财务价格

财务价格指以现行价格体系为基础的预测价格,即最有可能发生的价格,财务评价时应采用财务价格。一般地,财务盈利能力分析中应采用基于基准年物价总水平的预测价格,只考虑各年相对价格的变化,不考虑物价总水平的变动因素,即不考虑通货膨胀或通货紧缩因素的影响。清偿能力分析时则需要考虑物价总水平的变动因素,即采用考虑通货膨胀或通货紧缩因素影响在内的财务预测价格。

《水利建设项目经济评价规范》(SL 72—2013)征求意见稿规定,在进行财务盈利能力分析时应采用实价,即在计算期内各年采用的预测价格,应是在基准年(一般定在工程建设期初)物价总水平的基础上预测的,只考虑各年相对价格的变化,不考虑物价总水平的变动因素;但在进行项目清偿能力分析时应采用时价,即还要考虑物价总水平的变动因素,用时价进行财务预测、编制损益表、资金来源与运用表以及资产负债表,这样可以比较客观地描述项目在计算期内各年当时的财务状况,使财务清偿能力分析的结果具有说服力,用时价编制的资金筹措计划,才能满足项目实际投资的需要。

(五)市场价格

供给与需求这两种社会因素的相互作用决定着某种商品一定时期的成交价格,即供求关系决定价格,价格反过来又影响供求关系。市场价格就是在市场上形成的、由市场供求情况决定的价格,它具有不断趋向均衡和相对持久的特性。

政府对商品采用不同税收和补贴政策,都会使商品价格及供需关系发生变化,因此在某些情况下,政府可以通过对商品征税和补贴的办法,对商品的价格和销量进行适当的控制和调整。如通过征税来控制国外商品的输入,以保护国产商品的发展。同样,为了增加外汇收入,可以采取补贴,扩大商品的出口额。

另外,市场商品价格的变化,除受到供求关系、税收和补贴影响外,还受到垄断、竞争和国家经济政策等因素的影响。

第二节　市场价格的形成

对于市场上的任何商品,需求与供给这两种社会力量的相互作用都决定着该商品一定时期的成交价格,即市场价格,而价格则为参与市场的消费者和生产者提供可以作为行动决策的信号,从而又影响供给与需求,即供求关系决定价格,价格反过来又影响供求关系。几乎所有的经济问题,都可以归结为既定的目标与实现目标的多种可能手段之间进行选择的问题,因此如果用需求代表要达到的目的,供给代表满足目的的手段,则几乎所有的经济问题都可归结为需求与供给之间的关系问题。

一、需求及需求曲线

(一)需求及其规律

消费者在某一特定时间内,在每一价格水平上愿意而且能够购买的商品数量就是需求。它有别于人类无限多样化的需要,需求概念同时涉及两个变量:商品的销售价格,与该价格相应的人们愿意并且有能力购买的数量。

商品价格与商品需求量之间存在着相对确定的关系,可以用需求曲线来表示。需求曲线是一条自左上方向右下方倾斜的曲线,被称为“需求曲线的下倾法则”。如图2-1所示,横坐标 *OQ* 代表数量,纵坐标 *OP* 代表价格,*D* 代表需求曲线,这就是需求规律。社会上的任何一种商品,当它的价格十分昂贵时,能够买得起的消费者总是少数,随着价格的下降,一方面增加了购买这种商品的新消费者,另一方面原有消费者购买的数量也将进一步增加。

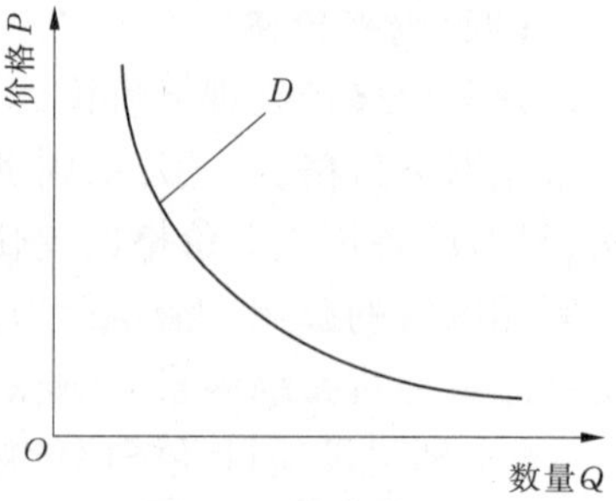

图2-1　需求曲线

事实上,商品价格与需求量之间的关系还受到许多其他因素的影响。因此,商品需求曲线的下倾法则,仍然受到一定条件的限制。只有在不受任何条件影响的自由市场经济情况下,才能反映出这种价格与需求的普遍规律。

(二)需求曲线的变动

任何一种商品的需求曲线,都不会是固定不变的,由于受到社会各种因素的影响,在不同的条件下,可能发生向上、向下移动的变化,甚至发生形状的改变。当价格不变时,由于其他因素变化所引起需求量的变化称为需求变动。需求变动是整条需求曲线的位移或改变,表明了一种需求规律的变化(见图2-2(a))。其他因素不变,由价格变化所引起的需求量的变化称为需求量变动。需求量变动是同一条需求曲线上的点的位移,表明了一种需求数量随价格变化而变化的规律(见图2-2(b))。

需求曲线上移大致有下列几个原因:

(1)社会人口的增长,扩大了对商品总需求的增长,这是需求增长的根本原因。人类社会人口的增长速度不断加快,对社会商品需求量的要求也随之增长。

(2)国家经济的发展,相应地提高了人民的生活水平,增加了收入,这必然会促进对商品需求量的增长。目前,世界各国经济发展的速度尽管有所差别,但总的来说都呈现发展的趋势。

(3)科学技术的进步,有可能生产出满足人们需要的各种商品,这大大地扩大了需求量。

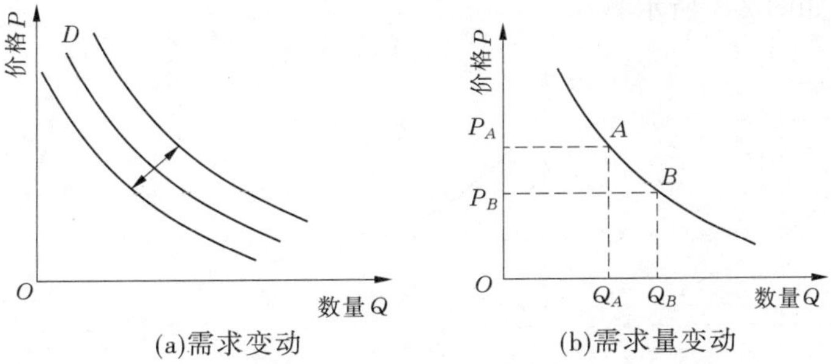

图 2-2　需求曲线的变动

(4)替代产品价格的变化,有可能引起需求量的改变,当某种商品能找到较便宜的替代原料,降低生产成本从而降低产品价格时,就会使需求量扩大。

(5)生产技术和工艺的改进,提高了产品的质量,降低了生产成本,将会大量增加销售量。

同样,需求曲线下降也有类似的几个原因:

(1)经济衰退,收入减少,社会购买力下降,对商品的需求将普遍下降。

(2)由于人们爱好的变化,对某些商品的需求量会急速下降。

(3)商品质量差,式样、品种单调,落后于先进生产技术水平,在市场上没有竞争能力,需求量就会下降。

(4)可替代商品价格的下降会使原有的商品在竞争中失败等。

(三)需求弹性

商品的价格与商品需求的关系虽然呈现下倾法则,但对于不同类型的商品,可能存在不同的倾斜程度,反映出价格变化对需求量存在不同程度的影响。在经济上称为需求弹性。弹性(系数)就是一个变量对另一个变量的微小变化(百分比)而作出的反应

$$E = \frac{\Delta Y/Y}{\Delta X/X} \tag{2-4}$$

需求的价格弹性(一般直接称需求弹性 E_d)是在其他因素不变时,由于商品价格变化引起的需求量的变化

$$E_d = \frac{\text{需求量变动的百分比}}{\text{价格变动百分比}} = \frac{\Delta Q/Q}{\Delta P/P} = \frac{\Delta Q}{\Delta P}\frac{P}{Q} \tag{2-5}$$

式中　E_d——需求的价格弹性(系数);

Q——市场对商品的需求量;

P——商品的市场价格。

在离散的情况下,式(2-5)中的 P、Q 取为相邻离散点的平均值

$$E_d = \frac{\Delta Q/\frac{Q_1+Q_2}{2}}{\Delta P/\frac{P_1+P_2}{2}} = \frac{\Delta Q}{\Delta P}\frac{P_1+P_2}{Q_1+Q_2} \tag{2-6}$$

需求的价格弹性是用来定量分析价格变动所引起需求量的变化量的一个概念。对不同商品,需求的价格弹性不同。根据弹性系数绝对值的大小,需求的价格弹性基本上可以

分为以下几类（如图 2-3 所示）：

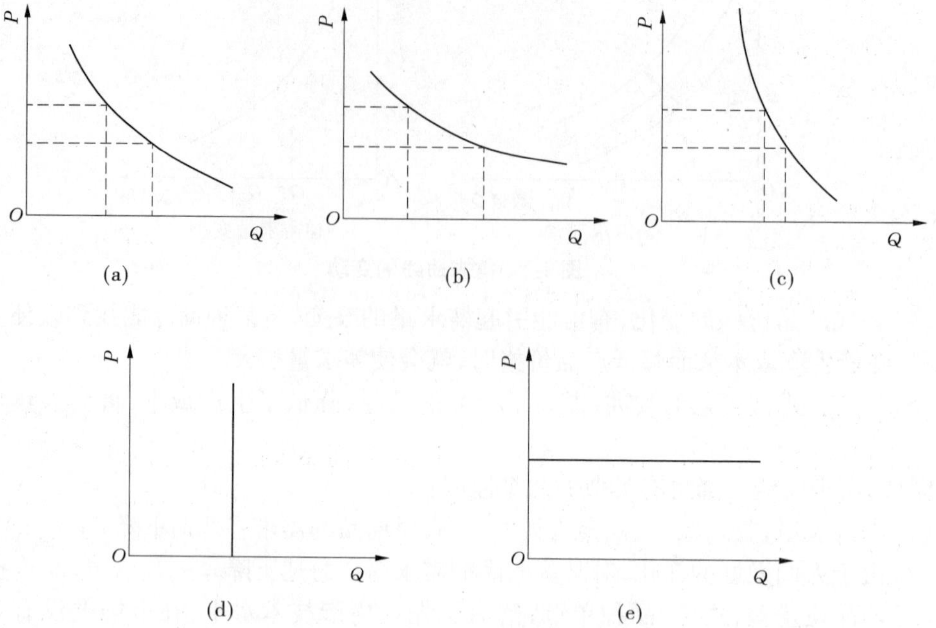

图 2-3　不同需求曲线示意图

（1）$|E_d| = 1$，称为单位弹性（如图 2-3（a）所示）。它的特点是需求量的相对变化等于价格的相对变化，即相对价格变动 1% 所引起的需求量的变化等于 1%。

（2）$0 < |E_d| < 1$，称为缺乏弹性（如图 2-3（b）所示）。它的特点是需求量的相对变化小于价格的相对变化，即相对价格变动 1% 所引起的需求量的变化小于 1%。

（3）$1 < |E_d| < \infty$，称为富有弹性（如图 2-3（c）所示）。它的特点是需求量的相对变化大于价格的相对变化，即相对价格变动 1% 所引起的需求量的变化大于 1%。

（4）$|E_d| = 0$，称为完全无（缺乏）弹性（如图 2-3（d）所示），即价格的变动不影响需求量，也即价格对需求不起作用。例如，当某种商品的价格低到不再是确定购买量的因素的情况下，需求就会成为完全无弹性。

（5）$|E_d| = \infty$，称为完全弹性（如图 2-3（e）所示）。表示在既定价格下，需求量可以任意变动，或者说如果涨价便没人买（在买方市场垄断下才会出现）。在商品的定价完全超出市场价格时，就有可能会成为完全弹性的。

其中（4）、（5）属于非正常情况。一般商品的需求的价格弹性会处在（1）、（2）、（3）范围内。

需求的价格弹性，一方面与商品的性质有关，那些社会广泛需求的生活必需品的需求量大且比例稳定，它的需求价格弹性系数就小；相反，消费者对奢侈品的需求量小且不稳定，其需求的价格弹性系数就大。另一方面，它也反映出社会的富裕和贫困的程度。一般地说，富裕社会的弹性系数较小，贫困社会的弹性系数较大。

对同一种商品，价格越高，弹性越大，即低价时是缺乏弹性，高价时是富有弹性，如图 2-4所示。影响需求价格弹性的因素如下：

(1)替代品越多,需求弹性越大。所以把一种商品的范围限定得越窄,它的替代品越多,弹性也越大。

(2)替代品的相近程度越高,弹性越大,有完全相似的替代品时,是完全弹性的(各厂家的同种产品即是这种情况,单个厂商只能按既定价格卖出他愿意销售的任何数量)。

(3)商品在购买者家庭预算中所占比例越小,需求弹性也越小。

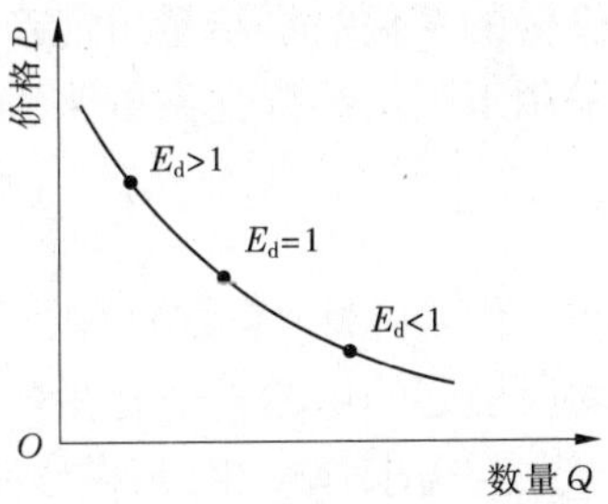

图 2-4　价格与价格弹性关系

(4)一种商品的用途越多,其需求弹性越大(多种用途变化)。

二、供给及供给曲线

(一)供给及其规律

以上讨论的商品价格与社会需求量的关系表明,商品价格的高低,对消费者购买产品数量的多少有很大影响。同样,商品价格的高低,对于生产者或经营者愿意提供商品的多少也有很大的影响。这是因为任何一个生产者或经营者,从事生产或经营商品最终的目标都是为了获得合理的利润。如果在商品的生产和经营活动中无利可图甚至亏损,任何生产企业或经营单位都会在市场经济的竞争中遭到失败。生产者或经营者在某一特定时期中,每一个价格水平上,愿意并且能够出售的商品量称为供给。在产品成本一定的条件下,产品的市场价格越高,产品的供应者可能获得的利润就越多,供应者愿意提供商品的数量也越多;相反,价格降低将会减少供应者的利润,所以随着价格降低,生产者愿意生产的产品数量不断减少,直至停止生产。为了表明商品生产者愿意生产产品数量的多少与价格的关系,同样可以用供给曲线表示。供给曲线是一条向右上方倾斜的线,如图 2-5 所示。

(二)供给曲线变动

影响供给的其他因素不变,只是商品本身的价格变动引起的供给量的变动称为供给量变动,表现为在同一条线上的移动。商品本身的价格不变,其他因素变动所引起的供给量的变动称为供给变动。例如技术进步使供给曲线右移,生产要素价格水平变化引起供给曲线的左移或右移。供给变动表现为供给曲线的移动,如图 2-6 所示。

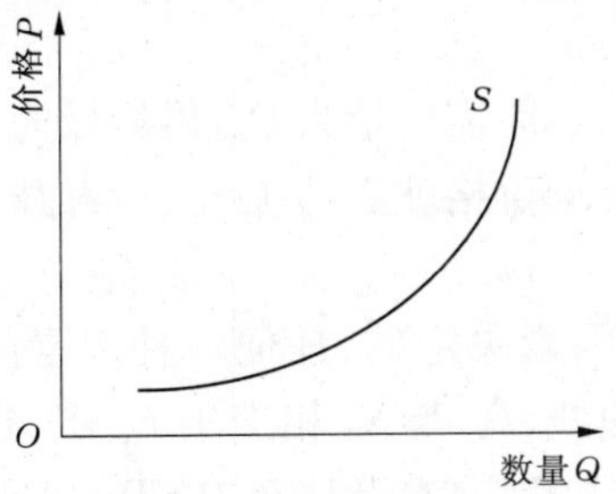

图 2-5　供给曲线

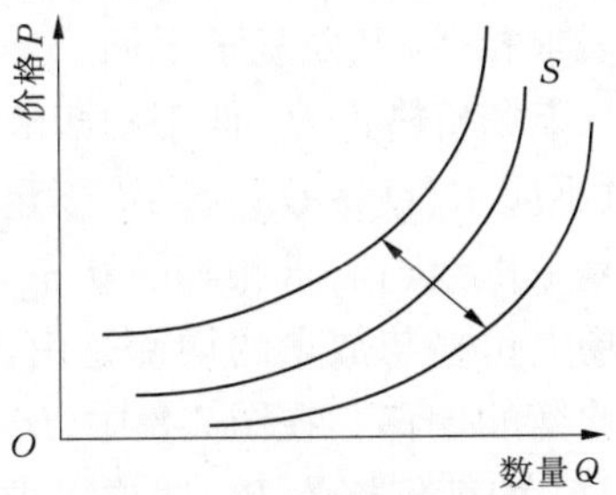

图 2-6　供给曲线的变动

(三)供给弹性

根据供给曲线向上倾斜的法则,各种商品也可能有不同的向上倾斜度,它反映出商品

价格的变化对供给量可能产生不同程度的影响，这在经济学上称为供给弹性。相应也可采用下列供给弹性系数来表示，即

$$E_s = \frac{\text{供给量变动的百分比}}{\text{价格变动百分比}} = \frac{\Delta Q/Q}{\Delta P/P} = \frac{\Delta Q}{\Delta P}\frac{P}{Q} \tag{2-7}$$

供给弹性(系数)反映了价格变动引起的供给量的变动程度，是用来定量分析价格变动所引起的供给量变化量的一个概念。

与需求弹性相似，供给弹性系数也分5种情况，但常出现的只有富有弹性或缺乏弹性这两种情况。对不同厂商，影响商品供给弹性大小的因素，就长期来说是比较复杂的，取决于内部条件和外部条件的变化，但在较短时间内，主要取决于商品生产的难易程度。一般来说，劳动密集型产品生产规模变动容易，供给弹性就大；资本密集型产品生产规模变动困难，供给弹性就小。对同一厂商，影响供给弹性的因素主要有分析时期的长短、生产成本和供应能力。

消费者个人的需求曲线水平相加得市场需求曲线，单个生产者的供给曲线水平相加得市场供给曲线。

三、市场均衡价格

通过上述的供给与需求的讨论，我们发现需求和供给都与市场价格变化有直接关系，当供给的数量和需求的数量相等时，价格将在某个价位下稳定下来，不再有变动的趋势，称为市场达到均衡状态。这种使得需求量恰好与供给量相等的价格，称为均衡价格，与均衡价格相应的供(需)量称为均衡产(销)量或均衡交易量。由于市场中存在供给与需求两方面竞争力量的作用，存在着自我调节的机制，均衡是市场的必然趋势，也是市场的正常状态，因此均衡价格是一种能够持久的价格。

在图2-7中，横坐标OQ代表数量，纵坐标OP代表价格，D代表需求曲线，S代表供给曲线，D与S两曲线相交于E_0点，这时需求等于供给，均衡数量为Q_0，均衡价格为P_0。

均衡价格是通过市场供求关系的自发调节而形成的。由于供求的相互作用，一旦市场价格背离均衡价格，则有自动恢复均衡的趋势。

如果市场价格为P_1，高于均衡价格P_0，即$P_1 > P_0$，这时需求量为Q_1，供给量为Q_2，$Q_2 > Q_1$，供过于求($Q_2 - Q_1$为供给过剩部分)。市场价格就必然下降，一直下降到P_0，这时候供给与需求相等，又恢复了平衡。

如果市场价格为P_2，低于均衡价格P_0，即$P_2 < P_0$，这时需求量为Q_4，供给量为Q_3，$Q_3 < Q_4$，即供不应求($Q_4 - Q_3$为供给不足部分)。这样，市场价格就必然上升，一直升到P_0，这时又恢复了供给与需求相等的状态。

市场上价格与数量的均衡是由需求与供给两种因素决定的，任何一种因素的变化都会引起均衡的偏移。在图2-8中，D_0是原来的需求曲线，D_0与S_0相交于E_0点，定出均衡数量为Q_0，均衡价格为P_0，如果需求量增加，需求曲线D_0向右上移至D_1，D_1与S_0相交于E_1，定出均衡价格为P_1，$Q_1 > Q_0$，$P_1 > P_0$，说明由于需求的增加，均衡数量增加了，均衡价格上升了。如果需求量减少，需求曲线D_0向左下方移至D_2，D_2与S_0相交于E_2，定出均衡价格为P_2，$Q_2 < Q_0$，$P_2 < P_0$，说明由于需求的减少，均衡数量减少了，均衡价格下降了。

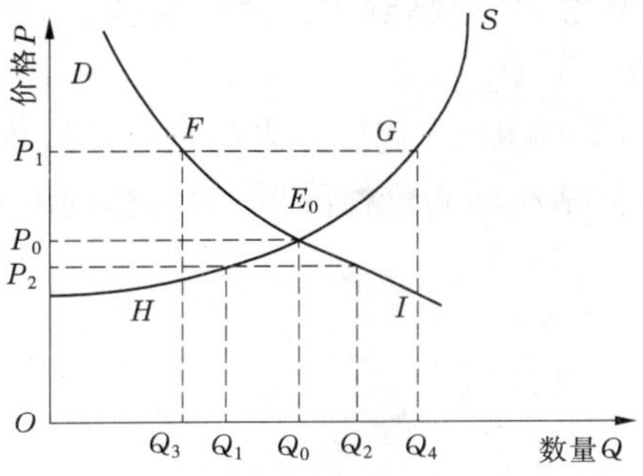

图 2-7　均衡价格

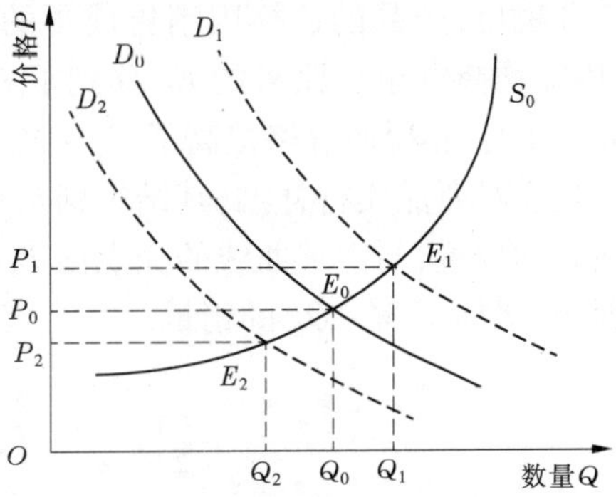

图 2-8　需求变化对均衡价格的影响

关于供给的变化对均衡的影响可以作类似的分析。在图 2-9 中,供给增加时,S_0 移至 S_1,这时新的均衡数量为 Q_1,均衡价格为 P_1,$Q_1 > Q_0$,$P_1 < P_0$,说明由于供给的增加引起均衡数量增加和均衡价格下降;供给减少时,S_0 移至 S_2,这时新的均衡数量为 Q_2,均衡价格为 P_2,$Q_2 < Q_0$,$P_2 > P_0$,说明由于供给的减少引起均衡数量减少和均衡价格上升。

政府为了调控市场,往往会定出物价上限或下限。这时需要采取有关措施,才能维持政府规定的价格,可结合图 2-10 来说明。

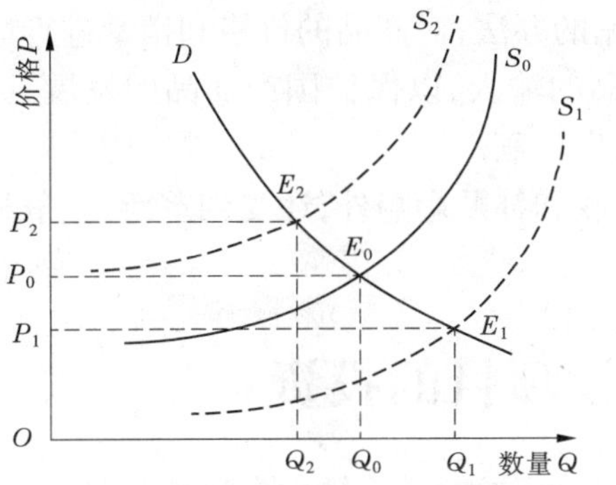

图 2-9　供给变化对均衡价格的影响

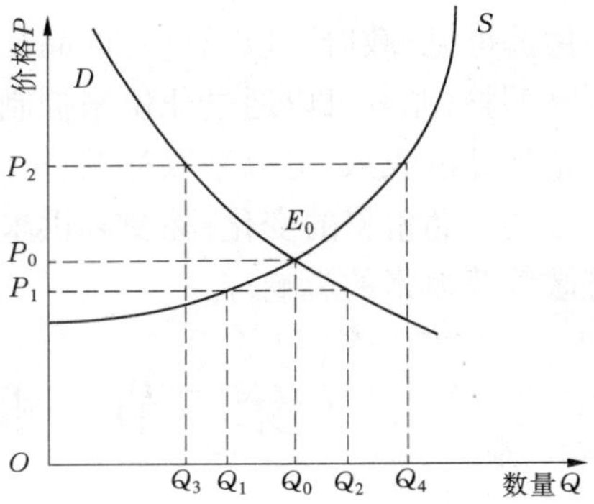

图 2-10　控制物价下限或上限造成供求平衡的破坏

如果政府为了控制物价上涨而规定商品的最高价格不高于 P_1,$P_1 < P_0$,即物价上限低于均衡价格,这时,$Q_2 > Q_1$,即需求大于供给,$Q_2 - Q_1$ 为供给不足量。为了维持这种价格上限,政府会采用配给制或进口商品。如果政府规定物价下限 $P_2 > P_0$,即物价下限高于均衡价格,这时 $Q_3 < Q_4$,供给大于需求,$Q_3 - Q_4$ 为供给过剩量。为了维持这种物价下限,政府就要收购过剩产品,用于储备、出口和支援。

四、税金和补贴对价格的影响

在某些情况下,商品的价格会受到政府的干涉,最明显的是利用税收和补贴的手段,来人为地调整商品价格。政府对商品采用不同税收和补贴政策,都会使商品价格及供需关系发生变化,如图 2-11 所示。在没有征税和补贴之前,供给曲线与需求曲线分别为 S 和 D,它们的均衡价格点为 E_0,相应价格为 P_0,销售量为 Q_0。

征税后，产品的价格因销售成本的增加而提高，这时供给曲线向上移动到了 T 的位置，供需均衡点也从原来的 E_0 移到了 H，均衡价格由 P_0 提高到 P_H，销售量则由 Q_0 减少到 L。可见，征税使价格提高了 P_H-P_0，销售量减少了 Q_0-L。

政府对商品实行补贴，其结果则与征税产生的影响相反，它使原来的供给曲线由 S 下移到 L 的位置，与需求曲线的交点由 E_0 移到 K。补贴使均衡价格降低，销售量则由 Q_0 增加到 M，增加了 $M-Q_0$ 的销量。

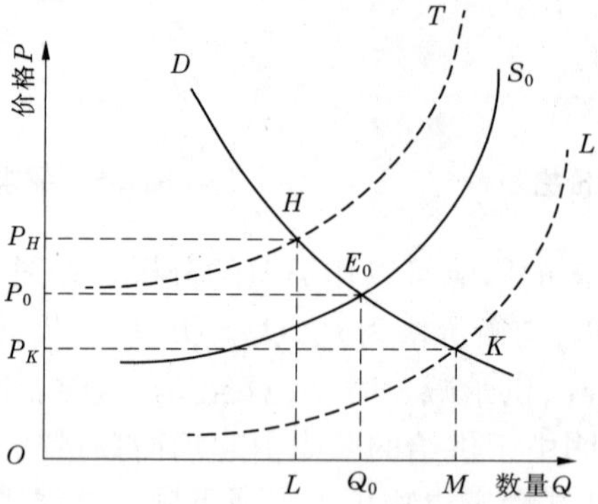

图 2-11　税金和补贴对价格的影响

由此可见，政府可以通过对商品征税和补贴的办法，对商品的价格和销量进行适当的控制和调整，尤其可以通过征税来控制国外商品的输入，以保护国产商品的发展。同样，为了增加外汇收入，可以采取补贴，扩大商品的出口额。

市场商品价格的变化，除受到供求关系、税收和补贴影响外，还受到垄断、竞争和国家经济政策等因素的影响。

第三节　水利建设项目的投资

广义的投资是指人们的一种有目的的经济行为，即以一定的资源投入某项目，来获取所期望的报酬。所投入的资源可以是资金，也可以是人力、技术或其他资源。本书所指的投资是狭义的投资，专指资金。

一、工程总投资

工程总投资是指工程项目全部完成、达到设计要求时所付的全部资金，既可以是货币资金，也可以是人力、技术或其他资源，一般包括建设投资、流动资金、建设期利息以及固定资产投资方向调节税，如图 2-12 所示。

水利建设项目的总投资包括固定资产投资和建设期利息。其工程费用主要包括建筑工程费、机电设备及安装工程费、金属结构及安装工程费、临时工程费和建设占地及水库淹没处理补偿费。目前，水利建设项目暂缓征收固定资产投资方向调节税。

项目建成投产后最终形成固定资产、无形资产和递延资产。

固定资产指使用期限超过一年，单位价值在规定标准以上，并且在使用过程中保持原

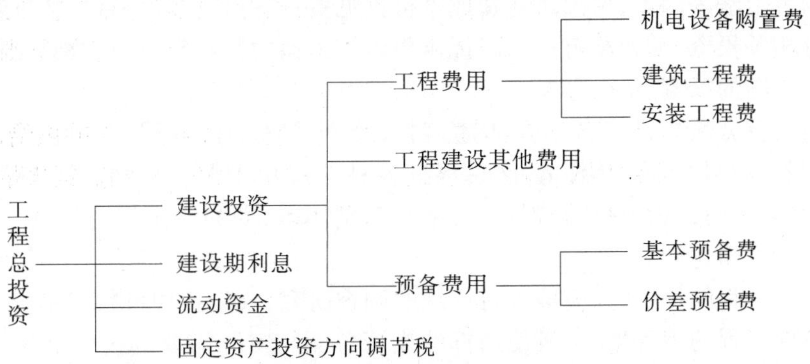

图 2-12　工程总投资构成图

有物质形态的资产，包括房屋及建筑物、机器设备、运输设备、工具器具等。有些资产虽然多次使用但不满足使用期限和规定价值两个条件的，称为低值易耗品。

无形资产指企业长期使用，能为企业提供某些特权或利益但不具有实物形式的资产，如专利技术、商标权等。

递延资产指集中发生但不能全部计入当年损益，应当在以后年度内分期摊销的费用。包括开办费、租入固定资产的改良支出等。

二、固定资产投资

固定资产投资是指建设和购置固定资产所需资金的总和，包括水利建设项目达到设计规模所需的由国家、企业、个人以各种方式投入的主体工程和配套工程的全部建设费用。

（一）固定资产投资的构成

水利工程投资主要是固定资产的投资，其内容一般包括下列各项：

（1）前期工作及施工管理费用，包括勘测、规划、设计、试验、招标、施工及管理人员工资和各项行政费用等。

（2）占地和淹没、浸没损失的赔偿费和拆迁费，包括工程的永久性占用土地和施工时的临时性占用土地、淹没土地、房屋、工矿、企业、铁路、道路、电信及其他经济资源和设施的赔偿费与拆迁费，水库库底的清理费，库区周围的防护费，移民的迁移安置费和生产开发费用等。

（3）临时性工程的投资，包括导流工程、围堰工程、临时道路和桥梁、临时房屋和电信设备线路等费用。

（4）永久性工程的投资，包括各项水利工程的建筑物，如坝、溢洪道、水闸、渠系建筑物、灌排沟渠、堤、护岸、船闸、水电站厂房、水工隧洞、房屋、道路、桥梁以及为管理所必需的观测及通信等建筑物的建设费用。

（5）机电设备和金属结构的购置和安装费，包括机电设备和金属结构（如水轮机、水轮发电机、水泵、电动机、闸门启闭机、金属闸门、钢管道、各种钢结构等）的购置费和安装费等。

（6）其他投资，包括预备费和不可预见费等。考虑施工期间可能发生的自然灾害、各种意外和物价上涨等因素，列出预备费或不可预见费，以造价的某一百分数估算。有时还包括一部分相关投资，例如给有关部门提供用以扩大动力和燃料供应、改善交通运输条件或生态环境所需的投资。

一般的计算方法是针对各个具体建筑物，分别计算工程各部分（如混凝土、土石方等）的工程量、材料以及用工数量，然后根据各种工程单价及工资，计算工程的总价格。再加施工管理费、施工设备折旧费以及其他各项费用等，即为该工程的总基本建设投资。在初步估算时可简化计算。

计算一个工程的投资时，应该进行详细的调查研究，收集各种材料的单价、施工定额，确切估算各项工程的工程量，尽量使估算的投资总额与实际需要的投资额相近。要特别注意为获得工程的批准而在估算过程中有意压低投资的现象。

（二）固定资产的几个相关概念

（1）固定资产原值（Original Value of Fixed Assets）：是指固定资产净投资、建设期内贷款利息、投资方向调节税三项之和，扣除无形资产价值和其他资产价值之后的价值。

（2）固定资产净投资（Net Investment of Fixed Assets）：也称为固定资产的造价，是指在水利工程投资中扣除净回收余额、应该核销和转移的投资之后的价值。

（3）应该核销和转移的投资（Logout and Divertion Investment）：例如施工单位转移费、子弟学校经费、劳保支出、停缓建工程的维修费等，水利工程完工后移交给其他部门或地方使用的工程设施的投资，例如铁路专用线、永久性桥梁、码头及专用的电缆、电线等投资。

（4）固定资产折旧（Depreciation of Fixed Assets）：在生产过程中，固定资产虽能保持原来的实物形态，但其价值逐年递减，随磨损程度以折旧形式逐渐地转移到产品的成本中去，并随着产品的销售而逐渐地获得补偿。这种随固定资产损耗而发生的价值转移称为固定资产折旧。

（5）固定资产净值（Net Fixed Assets）：是指固定资产原值减去历年已提取的折旧费累计值后的余值，也称固定资产某一时间的账面余额，它反映固定资产的现有价值。为了了解固定资产的新旧程度，常用成新率表示，即固定资产成新率等于固定资产净值与原值的比值。

（6）固定资产重置价值（Reset Value of Fixed Assets）：在许多情况下，由于各种原因，固定资产净值往往不能反映当时的固定资产真实价格，需要根据社会再生产条件和市场情况对固定资产的价值进行重置价值的评估，重新评估所确定的固定资产价值称为重估价。固定资产重估价值，应根据资产原值、净值、新旧程度、重置成本、获利能力等因素进行评估。

（7）固定资产残值（Residual Value of Fixed Assets）：是指固定资产在经济寿命期末（在折旧年限末）报废清理时可以回收的废旧材料、零部件等的价值在扣除清理等费用后的剩余价值。

（三）与年限有关的概念

（1）物理使用寿命（Physical Life）。自然界中任何一种物质（设备、机械、建筑物以及房屋建筑等），在使用的过程中因使用受到的各种损耗及因自然界的各种破坏因素的侵蚀,使它们逐渐失去正常的功能,直至失去全部功能,这时它们只能报废。这样的全过程所持续的时间,就称为物理使用寿命。

(2)技术寿命(Technological Life)。在科学技术迅速发展的时代,产品设备的更新期愈来愈短,尤以机械、电子产品的更新期更短。对于某种设备,如果从功能或经济效益来衡量,它仍有使用价值,但因新技术的发展而制造出的同类新设备,它的高效、快速能创造出更多的经济效益。这样,必然会将原来的设备淘汰。那么,设备被淘汰是因技术的改进或创新所造成的,故称这种使用时间为技术寿命。

(3)经济寿命(Economic Life)。任何一种物质,在实际使用的过程中,总是通过不断的维护和修理来保持它的正常工作,甚至还需更换各类零部件。这就是说,为保持设备或各种建筑物的正常功能,在日常的维护中,必须耗费一定的维护、修理费用。随着这些设备、建筑物的磨损和受损的程度愈来愈严重,相应需要消耗的费用也就愈来愈多。随着设备、建筑物使用年限的增加,平均每年摊还的折旧费是减少的,但平均每年需花费的年运行费是逐渐增大的。通常把设备、建筑物等年均费用最低值对应的使用年限,称为经济寿命。

技术寿命对水利工程的影响不大,水利工程经济计算期的选择,主要是由工程的主要建筑结构和大型设备来决定的。因为一项工程中的主要建筑结构失去作用,其他次要的部分即使完好无损,它也不会再产生什么经济效益。大型水利工程的计算期一般采用50年,甚至更长;对中小型工程要短些,一般为20~30年。

水利工程中,有些设备的经济寿命比所规定的工程的经济计算期短(金属结构、水力发电机组的经济寿命往往只有20年左右),对这些设备就要考虑投入更新费用;而对一些在工程建设中使用的施工机械设备,在工程建成后仍可继续使用的,按折价出售值进行回收。

表2-1列出了常见水利工程及设备的一般经济寿命。水利工程的计算期包括建设期、运行初期和正常运行期(经济寿命)。

表2-1　各类水利工程及设备的经济寿命　(单位:年)

工程及设备类别	经济寿命	工程及设备类别	经济寿命
防洪、治涝工程	30~50	机电排灌站	20~25
灌溉、城镇供水工程	30~50	输变电工程	20~25
水电站(土建部分)	40~50	火电站	20~25
水电站机组设备	20~25	核电站	20~25
小型水电站	20		

(四)固定资产折旧

固定资产在使用过程中要经受两种磨损,即有形磨损和无形磨损。有形磨损是指由生产因素或自然因素(外界因素和意外灾害等)引起的磨损。无形磨损是由于技术进步使修建同等工程或生产同种设备的成本降低,从而使原工程的固定资产价值降低;或者由于出现新技术、新设备从而引起原来效率低的、技术落后的旧设备贬值甚至报废等。固定资产的磨损所引起的价值损失,可在经济寿命期内通过提取折旧费的方式予以补偿。固定资产在使用过程中,一方面其实物形态上的价值是逐年递减的;另一方面以折旧基金形式所积存的价值则逐年递增,直到固定资产达到经济寿命,此时所积存的全部折旧基金便可用来更新固定资产,进行再生产。

折旧费的计算方法很多,按折旧速度分有均匀折旧法、加速折旧法、慢速折旧法。在实际工作中,较常用的方法有直线折旧法、工作小时折旧法、余额递减折旧法(或称固定百分率法)及年数和折旧法,见表2-2。

表2-2 固定资产折旧方法分类

分类	折旧方法	考虑时间价值
均匀折旧法	使用年限折旧法 工作小时折旧法	不考虑
加速折旧法	余额递减折旧法 年数和折旧法	不考虑
慢速折旧法	偿债基金折旧法 年金折旧法	考虑

(1)直线折旧法(Linear Depreciation Method)。直线折旧法是目前最常用的计算方法,或称均匀折旧法,假设固定资产净值随使用年限的增加而按比例直线下降,因而每年的折旧费相同。年折旧费计算公式如下:

$$f = \frac{\text{固定资产原值} - \text{期末净残值}}{\text{折旧年限}\ T} \tag{2-8}$$

式中,期末净残值指期末回收的残值减去清理费用后的余额,一般占原值的3%~5%。各类固定资产的折旧年限由财政部统一规定。

实际工作中常用折旧率计算固定资产折旧费。年折旧率的计算公式为

$$d = \frac{\text{年折旧费}}{\text{固定资产原值}} \times 100\% = \frac{1 - \text{净残值率}}{\text{折旧年限}} \tag{2-9}$$

(2)工作小时折旧法(Working Hours Depreciation Method)。因为在一年中有的设备工作时数多,有的设备工作时数少,将设备的使用年限用实际的工作时数表示则反映实际的情况。其计算公式为

$$\text{单位工作小时折旧额} = \frac{\text{固定资产原值} - \text{期末净残值}}{\text{总工作小时数}} \tag{2-10}$$

年折旧费:

$$f = \text{单位工作小时折旧额} \times \text{年工作小时数} \tag{2-11}$$

(3)余额递减折旧法(Declining Balance Depreciation Method)。余额递减折旧法又称固定百分率法。余额递减折旧法的原理是在不考虑固定资产净残值的条件下,取一固定折旧率 d,年折旧费为年初固定资产净值乘以固定折旧率 d。年折旧费计算公式为

$$f = \text{固定资产净值} \times \text{固定折旧率} \tag{2-12}$$

当固定折旧率 d 取为直线折旧率的 2 倍时,即 $d = 2/T$,这时称为双倍余额递减折旧法(Double Declining Balance Depreciation Method)。

利用这一方法计算折旧费，各年的折旧费不等，早期大、后期小，这样可以尽快回收投资。同时，因为固定资产在使用过程中效能逐渐降低，早期的效能高，提供的经济效益也大，以后效能逐年降低，所提供的经济效益也逐年减少。所以，前几年分摊的折旧费应高于后几年。这一方法有利于较快地回收资金，有利于设备的更新，其缺点是计算比较麻烦。

(4)年数和折旧法(Year Number Summation Depreciation Method)。年数和折旧法也是尽快回收资金的一种折旧方法。年折旧率等于年初剩余使用年限除以使用年限总和，其计算公式为

$$\text{年折旧率} = \frac{\text{年初剩余使用年限}}{\text{使用年限总和}} \times 100\% \tag{2-13}$$

$$\text{年数总和} = 1 + 2 + 3 + \cdots + N = \frac{N(1+N)}{2} \tag{2-14}$$

$$\text{年折旧率} = \frac{\text{折旧年限} - \text{固定资产已使用年数}}{\text{折旧年限} \times (\text{折旧年限} + 1) \div 2} \times 100\% \tag{2-15}$$

$$\text{年折旧费} = (\text{固定资产原值} - \text{期末净残值}) \times \text{当年折旧率} \tag{2-16}$$

余额递减折旧法与年数和折旧法均属于加速折旧法。

【例2-1】 某工厂购进一台机器，购买费用为80万元，残值为购买费用的5%，设备预计使用10年，试分别用直线折旧法、双倍余额递减折旧法与年数和折旧法求前5年每年应提取的折旧费。

解：残值　$L = 80 \times 5\% = 4$(万元)

1. 直线折旧法

年折旧费

$$f_1 = f_2 = f_3 = f_4 = f_5 = \frac{80 - 4}{10} = 7.6(\text{万元})$$

2. 双倍余额递减折旧法

固定折旧率　$d = 2/10 = 0.2$

年折旧费　$f_1 = 80 \times d = 80 \times 0.2 = 16(\text{万元})$

$$f_2 = (80 - 16) \times d = 64 \times 0.2 = 12.8(\text{万元})$$

$$f_3 = (64 - 12.8) \times d = 51.2 \times 0.2 = 10.24(\text{万元})$$

$$f_4 = (51.2 - 10.24) \times d = 40.96 \times 0.2 = 8.19(\text{万元})$$

$$f_5 = (40.96 - 8.19) \times d = 32.77 \times 0.2 = 6.55(\text{万元})$$

3. 年数和折旧法

第1年：$d_1 = \frac{10 + 1 - 1}{10 \times (10 + 1) \div 2} \times 100\% = 18.18\%$

$$f_1 = (80 - 4) \times 18.18\% = 13.82(\text{万元})$$

第2年：$d_2 = \frac{10 + 1 - 2}{10 \times (10 + 1) \div 2} \times 100\% = 16.36\%$

$$f_2 = (80 - 4) \times 16.36\% = 12.44(\text{万元})$$

第3年：$d_3 = \frac{10 + 1 - 3}{10 \times (10 + 1) \div 2} \times 100\% = 14.55\%$

$$f_3 = (80 - 4) \times 14.55\% = 11.06(\text{万元})$$

$$\text{第 4 年}: d_4 = \frac{10 + 1 - 4}{10 \times (10 + 1) \div 2} \times 100\% = 12.73\%$$

$$f_4 = (80 - 4) \times 12.73\% = 9.67(\text{万元})$$

$$\text{第 5 年}: d_5 = \frac{10 + 1 - 5}{10 \times (10 + 1) \div 2} \times 100\% = 10.91\%$$

$$f_5 = (80 - 4) \times 10.91\% = 8.29(\text{万元})$$

以上讨论的是固定资产折旧计算方法。无形资产一般采用直线折旧法在规定的期限内平均摊销，没有规定期限的按照不少于 10 年的期限平均摊销。其他资产一般也是采用直线折旧法在规定的期限内平均摊销（不计残值），没有规定期限的按照不少于 5 年的期限平均摊销。

三、流动资金与流动资产

流动资金是指企业生产经营活动中，在固定资产运行初期和正常运行期内多次的、不断循环周转使用的那部分资金，其实物形态就是流动资产。流动资金主要指用于维持企业正常生产所需购买燃料、原材料、备品备件和支付职工工资等的周转资金，从运行初期前的货币形态到生产过程变成实物形态，再到销售过程又变成货币形态，如此不断地周而复始。流动资金一般包括自有流动资金和流动资金借款两部分，后者规定不应超过流动资金总额的某一比例，其相应支付的借款利息可列入产品的成本费用中。流动资金在项目投产前即开始安排，在运行初期按投产规模比例增加，在项目正常运行期末即其经济寿命结束时收回。

流动资产是指在一年内或超过一年的一个营业周期内变动或耗用的资产。按其形态有货币、存货、应收及预付款、短期投资等。流动资产的货币表现即流动资金。加快流动资金的周转速度，可以节约流动资金，使固定资产得到更有效的利用。

四、建设期和部分运行初期的借款利息

建设期借款的利率是根据借款的资金来源不同进行加权平均后计算得出的。国外贷款则按协议规定计算，引进外资的汇率按国家规定执行。

建设期借款的利息计算方法有个假设前提，即借款自年初至年末陆续支用，平均起来就是当年借款均在当年年中支用，故按半年计息，其后年份按全年计息，以公式表示如下

$$\text{建设期每年应计利息} = (\text{年初借款本息累计} + \text{本年借款额}/2) \times \text{年利率} \quad (2\text{-}17)$$

一般情况下，水利建设项目在运行初期主体工程已基本建成，但可能有些尾工，如水电站机组正在陆续安装投产发电，故在运行初期既有固定资产投资，又有产品（水库供水和水电站发电）的销售收入。因此，《水利建设项目经济评价规范》（SL 72—2013）规定，运行初期的借款利息应根据不同情况分别计入固定资产总投资或项目总成本费用。在具体计算时，将当年还款资金（水、电产品销售后的净收入）出现小于当年应付借款利息之后这段时间内发生的借款利息，计入项目固定资产总投资；将当年还款资金出现大于当年应付借款利息之后这段时间内发生的借款利息，计入项目总成本费用。

需要说明的是，固定资产投资方向调节税是根据国家的产业政策和项目经济规模，对项目的固定资产投资额实行差别税率征收的一种税。税率分别为0、5%、10%、15%和30%五档。目前，国家对水利建设项目部征收固定资产投资方向调节税。

五、更新改造投资

更新改造投资是指工程用于固定资产更新和技术改造的专用投资，是保证工程固定资产在新技术基础上进行简单再生产的资金。在水利建设项目经济计算期内，工程项目中有些机电设备和其他一些设备，由于磨损、腐蚀、老化等原因，维修费用逐渐增多，事故隐患逐渐增加，为了维持原有功能，保证安全运行，一些设备经过运行规定年限后必须进行更换；另外一些设备由于科学技术的不断进步，运行一段时间后显得陈旧落后，有时也需要更新。在工程经济计算期内，这些设备更换或更新有时不止一次、两次，完全根据具体情况而定。

第四节　年运行费和年费用

一、年运行费

年运行费指维持水利建设项目正常运行每年所需支付的各项费用，包括材料费、燃料及动力费、修理费、工资及福利费、工程管理费、库区基金、水资源费、固定资产保险费及其他费用等。

（一）材料费

材料费指水利工程及设施在运行维护过程中自身需要耗用的各种原材料、原水、辅助材料、备品备件。可参照邻近地区近3年同类水利建设项目统计资料分析计算。电站缺乏资料时可按2～5元/kWh计算。

（二）燃料及动力费

燃料及动力费主要是水利工程运行过程中的抽水电费、北方地区冬季取暖费及其他所需的燃料费等。抽水电费根据泵站特性、抽水水量和电价等计算确定，取暖费和其他费用可根据邻近地区近3年同类水利建设项目统计资料分析计算。

（三）修理费

修理费主要包括工程日常维护修理费用和每年需计提的大修费基金等。工程修理费根据不同工程类别，按照固定资产价值的一定比例计取。大修理是指对固定资产的主要部分进行彻底检修并更换某些部件，其目的是恢复固定资产的原有性能，每次大修理所需的费用多、时间长，每隔几年才进行一次，为简化计算，通常将所需的大修理费总额平均分摊到每年。大修理费每年可按一定的大修理费率提取，每年提取的大修理费积累几年后集中使用。大修理费率一般为固定资产原值的1%～2%。

材料费、燃料及动力费和修理费这些与工程修理维护有关的费用，统称为工程维护费。

（四）工资及福利费

工资及福利费是指水利工程生产、经营、销售部门职工获得的各种形式的报酬及其他相关支出，包括职工工资、奖金、津贴、补贴等各种货币报酬、工会经费、职工教育经费、住房公积金、医疗保险费、养老保险费、失业保险费、工伤保险费、生育保险费等社会基本保险费。

工程管理人员的数量应符合国家规定的定员标准。人员工资（含奖金、津贴和补贴）按当地统计部门公布的独立核算工业企业（国有经济）平均工资水平的 1 ~ 1.2 倍测算，或参照邻近地区同类工程运行管理人员工资水平确定。

职工福利费、工会经费、职工教育经费按照国家统一规定的 14%、2% 和 1.5% 比例计提。社会基本保险费和住房公积金等按当地政府规定的比例确定。职工福利费、工会经费、职工教育经费、住房公积金等社会基本保险费的计提基数按照核定的相应工资标准确定。

缺乏资料时，可参考如下计提比例：福利费 14%，工会经费 2%，职工教育经费 1.5%，养老保险费 20%，医疗保险费 9%，工伤保险费 1.5%，生育保险费 1%，职工失业保险基金 2%，住房公积金 10%。计提基数是核定的相应的工资标准。

（五）工程管理费

工程管理费主要包括水利工程管理机构的差旅费、办公费、咨询费、审计费、诉讼费、排污费、绿化费、业务招待费、坏账损失等。可根据邻近地区近 3 年同类水利建设项目统计资料分析计算。缺乏资料时，可按工资及福利费的 1 ~ 2 倍计算。

（六）库区基金

库区基金是指水库蓄水后，为维护库区安全、岸坡及改建设施维护需要的费用。该项费用为风险费用，一般难以预计。根据国家现行规定，发电项目按 0.001 ~ 0.008 元/kWh 计算。

（七）水资源费

水资源费根据取水口所在地县级以上水行政主管部门确定的水资源费征收标准和多年平均取水量确定。

（八）其他费用

其他费用指水利工程运行过程中发生的除职工薪酬、直接材料外的与供水生产经营活动直接相关的支出，包括工程观测费、水质监测费、临时设施费等，可参照类似项目近期调查资料分析计算。缺乏资料时，可直接查用《水利建设项目经济评价规范》（SL 72—2013）中的有关费率标准。

（九）固定资产保险费

固定资产保险费为非强制性险种，有经营性收入的水利工程在有条件的情况下可予以考虑，保费按与保险公司的协议确定。在未明确保险公司或保险公司没有明确规定时，可按固定资产价值的 0.25% 计算。

年运行费可按上述 9 项费用之和求出，也可按式（2-18）求出

$$\text{年运行费} = \text{固定资产原值} \times \text{年运行费费率} \tag{2-18}$$

式中，年运行费费率可参考表 2-3 所列的数据。在项目投产运行初期各年的年运行费可按各年投产规模比例求出。

表 2-3　水利建设项目年运行费费率统计值

项目	水库工程		灌区工程	水闸工程	堤防工程	泵站工程
	土坝型	混凝土和砌石坝型				
年运行费费率	2% ~3%	1% ~2%	2.5% ~3.5%	1.5% ~2.5%	2% ~4%	5% ~7.5%

二、年费用

在水利建设项目经济分析中，费用是指工程项目在建设期、运行初期（投产期）和正常运行期（生产期）所发生的费用支出，主要包括固定资产投资、更新改造投资、流动资金和各年的年运行费等。所有费用可以用经济计算期（包括建设期、运行初期和正常运行期）内的总值表示，称为总费用，其计算公式见式（2-19），也可以将总费用折算为每年的平均支出值，称为年费用。静态经济分析中的年费用计算公式见式（2-20），动态经济分析中的年费用计算公式见式（2-21）。

总费用 ＝ 折算到基准点各年费用现值之和　(2-19)

年费用（静态）＝ 年基本折旧费 + 年运行费　(2-20)

年费用（动态）＝ 资金年回收值 + 年运行费

＝（固定资金十流动资金）× 资金年回收因子 + 年运行费　(2-21)

式中　资金年回收因子——本利年摊还因子；

资金年回收值——本利年摊还值。

第五节　成本、税金和利润

一、成本

成本是构成产品价格的基本因素。产品价格不变，降低成本，就相应增加了利润。产品成本是衡量企业经营管理水平的一个综合指标。

（一）总成本费用

水利工程项目总成本费用包括项目在一定时期内为生产、运行以及销售产品和提供服务所花费的全部成本和费用，即包括年运行费（经营成本）、折旧费、摊销费和利息净支出，其中年运行费（经营成本）包括职工工资及福利费，材料费、燃料及动力费，工程维修费，库区及水源区维护建设费和其他费用等。因此，总成本费用构成如下

总成本费用 ＝ 生产成本 + 销售费用 + 管理费用 + 财务费用　(2-22)

总成本费用 ＝ 年运行费（经营成本）+ 折旧费 + 摊销费 + 利息支出 + 其他费用　(2-23)

摊销费是指无形资产和递延资产在使用过程中因价值消耗而转移到成本费用中的费用。一般不计残值，从受益之日起，在一定期间分期平均摊销。

（二）生产成本

一般来说，产品的生产成本是指在一定时期内企业为生产该产品所须支出的全部费

用，包括年折旧费、年运行费（经营成本）、保险费、借款利息等。产品的销售成本则由生产成本和销售费用组成。而销售费用是指产品在销售过程中所需包装、运输、储存及管理等费用。例如对电力部门来说，售电成本是由发电成本和供电成本两部分组成，分别由发电厂和供电局的折旧费与年运行费等部分计算得出的。此外，在成本中还应计入保险费。参加保险的投保人（或法人）根据规定向保险人（保险公司）缴付保险费。保险分为自愿保险和强制保险两种，洪水保险一般属于强制保险。在水利方面，我国已开始推行防洪保险和工程财产保险。投保时，应根据规定由投保人与保险公司签订合同，并按期缴纳保险费。投保人应制定维护安全的有关规定，保险公司有权对被保险的财产的安全情况进行检查。保险金额是指被保险对象发生意外事故受到损失时，保险人负责赔偿的最高金额，通常不能超过保险标的实际价值。保险费率是保险公司根据标的危险性的大小、可能发生损失的概率、损失率的大小和经营费用的多少确定的。如果发生保险事故，保险公司按合同规定对事故造成的损失给予赔偿，或者在合同届满时承担付给保险金的责任。参加保险的水利工程，在进行财务评价时应将保险费计入成本中。

流动资金分为自有流动资金和流动资金借款（按规定不应超过总额的70%）两部分，流动资金借款须每年付息，支付的利息列入产品成本中。

（三）几个相关概念

（1）固定成本。是指在一定的时间和范围内，不随产量的变动而变动的成本。如折旧费、职工工资及福利费等。

（2）可变成本。是指在一定的时间和范围内，随产量的变动而变动的成本。如材料费、燃料及动力费、工程维修费等。

（3）沉入成本。是指以往已经发生的但与当前决策无关的费用。沉入成本往往容易影响决策人的决策方向。其实决策人应考虑的是未来可能发生的费用及可能带来的效益。而不应该受已经发生的费用的影响。

（4）机会成本。是指当有限资源用作某种用途因而失去潜在的利益或者为了完成某项任务而放弃了完成其他任务所造成的损失。例如，某水库可以向工业部门供水，也可以向农业部门供水，但总的供水量是有限度的，如果由于城市和工业的发展而必须增加工业供水量，那就必须减少农业用水量，相应减少的农业收益及其受到的损失，就是增加工业供水量的机会成本；或者采取替代措施，例如开发地下水资源而额外增加的费用，也可以认为是所增加的工业供水量的机会成本。

值得一提的是，劳动力、土地的影子价格也常以其机会成本表示。使用机会成本的概念可以比较准确地反映从社会观点看把有限的资源用于某项经济活动的代价，从而促使人们比较合理地分配和使用资源。但是，机会成本的概念没有说明成本或费用的本质是什么，而且由于被放弃的活动可以是多种的，确定机会成本时往往有主观任意性，容易引起争议。

二、税金

国家为了实现其职能，按照法律规定，向经营单位或个人无偿征收货币或实物，称为税金，对国家而言可称为税收。税收是取得财政收入的一种方式，具有强制性、无偿性和固定性等特点。税收不仅是国家取得财政收入的主要渠道,也是国家对各项经济活动进行宏观调控的重要杠杆。

我国工业企业应当缴纳的税有10多种,水利工程管理单位根据国家规定应缴纳增值税、销售税附加、所得税等。其中,增值税为价外税,销售价格内应不含增值税款。

增值税按销售额计算。由于水利项目可以扣减的进项税额非常有限,一般可按销售收入计算增值税。目前,财政部规定增值税率电力为17%,自来水为13%,小水电为6%,水利农业供水工程免交增值税,水利城市工业供水工程尚无明文规定。由于增值税是价外税,既不计入成本费用,又不计入销售收入,故进行财务分析时可不考虑增值税,增值税仅作为计算销售税附加的基础。

销售税附加包括城市维护建设税和教育费附加,以增值税税额为计算基数。按现行规定,城市维护建设税根据纳税人所在地区计算,市区为7%;县城和镇为5%;农村为1%。教育费附加为3%。

企业所得税现按销售利润总额的33%计征。

三、利润

利润是指商品按照市场价格或规定价格,实现销售收入后扣除销售成本和税金后的余额。利润是劳动者为社会创造的价值,是用来发展生产,改善人民物质、文化生活的基础,也是国家财政收入的重要组成部分。计算公式如下

$$\text{销售收入} = \text{商品销售量} \times \text{商品价格} \tag{2-24}$$

$$\text{销售利润} = \text{销售收入总成本} - \text{销售税金} \tag{2-25}$$

$$\text{税后利润} = \text{销售利润} - \text{所得税} \tag{2-26}$$

按照国家规定留取部分税金后利润由企业使用,称为利润留成,利润留成作为企业生产发展基金、职工福利基金和职工奖励基金等3种专用基金。

利润是反映企业生产管理水平的一个重要指标。企业对税后利润具有分配使用权,除国家另有规定外,税后利润的分配顺序如下:

(1)弥补年度亏损。项目若发生亏损,在5年内均可用所得税前的利润弥补,若5年内仍不足弥补,则必须先缴纳所得税,再用所得税后的利润弥补。

(2)提取盈余公积金。盈余公积金分为法定盈余公积金和任意盈余公积金两种。法定盈余公积金按照所得税后利润扣除以前年度亏损后的10%提取。法定盈余公积金达到注册资本金的50%后可不再提取。任意盈余公积金可按照本企业的章程提取。

企业以前年度亏损未弥补完,不得提取法定盈余公积金。在法定盈余公积金未提足前,不得提取任意盈余公积金。

(3)提取公益金。公益金按照所得税后利润扣除以前年度亏损后的5%提取。在法定盈余公积金未提足前,不得提取公益金。

(4)向投资者分配利润。企业以前年度未分配的利润可以并入本年度向投资者分配,但在提取盈余公积金、公益金之前,不得向投资者分配利润。

(5)偿还借款本息。所得税后利润扣除以上各项就形成未分配利润。未分配利润、历年累积的折旧费和摊销费等均可用于偿还借款本息。

除上述投资、效益和有关的主要财务指标外，水利工程还经常使用如下实物指标：

(1)反映工程效益的指标。例如防洪、治涝面积，灌溉耕地面积，水电站装机容量及年发电量，城市、工业年供水量等。

(2)反映水库淹没损失的指标。例如淹没耕地数、迁移人口数、淹没交通线类型及里程，以及单位人口迁移安置费、单位耕地赔偿费等。

(3)反映主要材料消耗的指标。例如钢材、木材、水泥等主要建筑材料的总消耗量及其相应单位消耗指标，例如每立方米混凝土的三材用量、每万元投资的三材占用量等。

(4)反映工程量、劳动力及工期的指标。例如土石方量的开挖、填筑量，混凝土浇筑量，总工日及高峰劳动力，工程开始发挥效益的时间及总工期等。

(5)单位综合技术经济指标。例如电站单位千瓦投资、单位电能投资、单位电能成本、单位库容投资、单位灌溉面积投资等。

第六节　工程效益

人们从事任何一项经济活动，一方面要投入一定量的人力、物力、财力；另一方面也将相应地得到一定量的劳动成果，如各种劳动产品或减少损失(如洪灾损失)等。为了便于区分和应用，在经济分析中，一般将前者即经济活动中的劳动“消耗”“投入”称为费用，而把后者即经济活动中“劳动成果”“产出”称为效益。

水利工程效益(Hydraulic Project Benefit)是指项目给社会带来的各种贡献和有利影响的总称。它以有无水利工程建设项目对比所增加的利益或减少的损失来衡量。水利工程效益是评价水利工程有效程度及其建设可行性的重要指标。

一、水利工程效益的特点

水利工程的效益与其他工程的效益相比，具有以下几方面的特点。

(一)随机性(Randomicity)

水利工程的对象是治水和用水，因此它的效益受水文现象随机性的影响很大。如防洪效益，当遇不到大洪水时就很小，当遇到大洪水时就很大；再如发电效益，遇上丰水年，发电量多，效益大，遇上枯水年，发电量少，效益小；灌溉工程，遇干旱年效益就大，风调雨顺年份，灌溉效益就小。所以，水利工程的效益不是(也不能)用某一年指标来代表，而需引入系列的概念，用多年平均指标来代表。但是，由于多年平均的概念有时会淡化工程的作用，所以有时还必须在计算水利工程多年平均效益的基础上，对某些特殊年份的效益进行单独计算。如计算大型水利工程的防洪效益时，若仅计算其多年平均防洪效益，就难以反映工程在防御特大洪水，减免国民经济财产损失方面的地位和作用，此时就需要计算在某些大洪水(特别是某些特大洪水)条件下的防洪效益，以客观地反映工程的经济效益。再如供水效益，除计算多年平均效益外，还应计算设计年效益和特枯年效益。

(二)复杂性(Complexity)

水利工程往往是综合利用工程，具有多方面的综合利用效益。如防洪、发电、航运、供水、灌溉、旅游等效益中的两项或多项，同时给国民经济带来多方面的好处。但由于各部门对水利工程的要求和获得的效益是很复杂的,有时一致,有时矛盾,有时交叉。因此,计算水利工程效益应兼顾不同专业、部门和地区的特点,并划清各功能效益计算的范围,避免遗漏和重复计算。

(三)可变性(Variability)

水利工程在运行的不同时期,同一水文年型和价格水平的效益也不是恒定的,往往随时间推移而变化,如防洪效益,随着国民经济的发展,防洪保护区内的工农业生产也随之发展,在同一频率洪水条件下现在遭受损失远较将来遭受的损失小,即随时间的推移,防洪效益随之增大;再如航运效益,也是随经济的发展,运量的增大,随时间的推移逐步增大。与上述情况相反,也有些效益是随时间推移而逐步减少的。例如,由于泥沙淤积而使水库有效库容逐年减小,效益也随之降低;随着上游地区工农业生产发展用水量增加后,也可能使下游水利工程的一些效益减小。但也有由于上游水库兴建,调节流量增加,而使下游水利工程的发电、航运等效益增大的。所以,为了反映水利工程效益随时间变化的特点,在效益计算中要依据工程的特点研究效益的变化趋势和增长的速率。

(四)社会性(Sociality)

水利是国民经济的基础产业和基础设施,工程建成后,将对国家和地区的社会经济发展产生深远的影响,其效益渗透在国民经济各部门和人民生活的各个方面,能用货币表示经济效益的比例相对较小,能计为本部门、本单位的财务效益更小。特别是防洪工程,主要是社会效益。因此,对于水利工程效益计算,除用货币进行定量计算外,对一些难以用货币表示的效益应当用实物指标表示,不能用实物指标表示的效益则用文字加以定性描述。

二、水利工程效益的分类

工程效益分类的方法很多,从对水利工程综合经济分析与评价的角度来说,大体可以分为以下五类。

(一)功能效益与综合效益(Functional Benefit and Comprehensive Benefit)

按项目在国民经济中的不同作用和功能,将水利工程效益分为防洪(防凌、防潮)效益、治涝(治碱、治清)效益、灌溉效益、城镇供水效益、乡村生活供水效益、水力发电效益、航运效益、水土保持效益、环境保护效益、牧区水利效益、渔业效益、水利旅游效益、滩涂开发效益和由上述效益中两项以上效益组成的综合效益等。

(二)直接效益与间接效益(Direct Benefit and Indirect Benefit)

按项目涉及的时空边界范围,将水利工程效益分为直接效益和间接效益。直接效益是指水利工程建成后可以增加的各类产品或增加的经济价值。如水力发电、工农业供水可获得的经济效益,修建防洪、治涝工程可减免的洪、涝灾害损失等。间接效益又称外部效益,是指项目为社会做出贡献而本身并没有得到的那部分效益。如工程建成后由于工农业增产而发展工农业产品和农副产品加工所获得的净收益(有的地方称为"次生效益");因修建工程而增加的机械、原料、材料和服务行业的净收益(有的地方称为"诱发效益")等。

(三)有形效益与无形效益(Tangible Benefit and Intangible Benefit)

按项目效益可定量计算和不可定量计算的情况,将水利工程效益分为有形效益与无形效益。有形效益是指可以用货币或实物指标表示的效益，如防洪效益中可以减免的国民经济损失（可用货币表示）和人口伤亡（可用实物指标表示）。无形效益是指不能用货币和实物指标表示的效益，如水利工程建成后促进地区综合经济和教育事业的发展，促进社会安定和国防安全，提高国际威望等。在对水利工程进行效益分析时，无论有形效益还是无形效益，都应全面加以论证分析。对于不能用具体指标表达的无形效益，可以用文字加以详细明确的描述，以便对水利工程效益进行全面、正确的评估。

（四）国民经济效益与财务效益（National Economic Benefit and Financial Benefit）

按项目效益的核算单位，将水利工程效益分为国民经济效益（又称经济效益）和财务效益。国民经济效益是指站在国家角度（国民经济整体角度）计算的水利工程效益，如防洪减免的国民经济损失和可增加的土地开发利用价值、工农业供水可增加的国民经济效益等。财务效益是指站在项目核算单位角度计算的水利工程效益，如工农业供水的水费收入、水力发电的电费收入、防洪保护费收入等。

应该指出的是：由于水利工程的行业特点，水利工程国民经济效益和财务效益计算的途径和方法不同，效益额相差悬殊，如工农业供水的国民经济效益，按供水项目向工矿企业、居民和农、林、牧等提供生产、生活、灌溉用水可获得的效益计算；而财务效益则按供水水价计算。据长江中游地区已建成的 8 座水利工程的实际资料分析，水力发电工程的财务收入为其经济效益的 34.2%，灌溉工程的财务收入为其经济效益的 3.5%，防洪工程的财务收入为 0；防洪、发电、灌溉三个部门综合起来计算，财务效益为其经济效益的 12.6%。

（五）正效益和负效益（Positive Benefit and Negative Benefit）

按项目对国民经济发展的作用和影响，将水利工程效益分为正效益和负效益。水利工程建成后，对社会、经济、环境带来的有利影响，称为正效益；对社会、经济、环境造成的不利影响，称为负效益。例如某水库建成蓄水后，由于水体的巨大压力，可能诱发地震；有些水库蓄水后产生大面积浅水区，导致疟蚊滋生繁殖或者钉螺面积扩大，形成血吸虫病的流行区。修建水库，总要淹没农田、城镇、矿藏、交通干线或文化古迹等，造成资源的损失；发展灌溉工程，可能需要大量引水，如无相应的配套排水措施，可能引起灌区地下水位上升，导致土壤盐碱化和沼泽化等负效益。在水利工程效益分析中，不仅要计算正效益，也要考虑负效益，以便对水利工程进行全面正确的评估。

三、主要效益指标

（一）货币型指标

货币型指标均可定量化，包括经济净现值、财务净现值、经济内部收益率、财务内部收益率、经济评价类指标和电站单位千瓦投资、单位电能投资、单位电能成本、单位库容投资、单位灌溉面积投资等单位综合技术经济指标。

（二）效能型指标

效能型指标主要包括反映工程效益的指标，例如防洪、治涝面积，灌溉耕地面积，水电站装机容量，城市、工业年供水能力等。

（三）实物型指标

实物型指标是以实物表示的效益指标，如水电站年发电量、航运货运量增加量、工业供水量和城镇生活供水量、淹没耕地数、迁移人口数、淹没交通线类型及里程，以及单位人口迁移安置费、单位耕地赔偿费等。

复习思考题

1. 什么叫价值？什么叫价格？两者之间有何关系？

2. 产品成本、税金、利润、国民收入、国民生产总值之间存在什么关系？

3. 在什么情况下采用现行价格、不变价格、影子价格？如何确定某一货物的影子价格？影子价格与机会成本之间的关系如何？

4. 什么叫投资、总投资、净投资、造价？固定资产投资与基本建设投资、更新改造投资有何区别？试举例说明。

5. 水利建设项目总投资包括哪几项？

6. 什么叫固定资产原值、净值、重置价值？固定资金与流动资金的区别是什么？试举例说明。

7. 为什么要进行折旧？直线折旧法和余额递减折旧法各有什么特点？

8. 如何确定经济寿命（也称经济使用年限）或折旧年限？它与实际使用年限的区别是什么？

9. 投资、年运行费、年经营成本、大修理费、折旧费、资金年回收值（本利年摊还值）与年费用之间的关系如何？

10. 什么是机会成本？试举例说明。

11. 产品的成本、税金、利润与销售收入、工程效益之间的关系如何？

12. 设某项固定资产原值为 10 000 元，使用寿命为 5 年，残值按固定资产原值的 10% 计算，试分别用直线折旧法、双倍余额递减折旧法、年数和计算法计算各年的折旧额和固定资产账面值，并绘制不同年份的固定资产折旧后的账面值占原值百分比的变化曲线，比较各种不同折旧方法的折旧速度。

13. 某社区为开发新井已用去 5 万元，但还没有得到水。地质顾问估计再花 5 万元保证可以得到供水，但认为也许只要再花 4 万元就可满足需要目标。几千米外有一泉水可作为替代水源，从该处用 4 万元可取得等量供水送至社区，你认为应选择哪个方案，为什么？

14. 对政府兴建的水电站工程，有人认为应包括下列各项费用：（1）工程基建投资的利息；（2）根据估计的工程寿命用直线法计算出的折旧费；（3）每年提存准备偿还基建投资之用的偿债基金，应在第 50 年终了时刚好凑足该项基建投资（如工程寿命小于 50 年，则应在工程寿命年限终了）；（4）如果工程靠借债筹资，应包括每年支付的债息和偿还的债款；（5）所有实际支出工程年运行和维修费用。你认为年费用包括上述项目的总和是否恰当，并说明理由。

第三章　资金的时间价值与等值换算

第一节　现金流量

一、现金流量的概念

在工程经济分析中，把投资项目作为一个独立系统，现金流量则反映该项目在寿命周期内流入或流出系统的现金活动。通常，对流入系统的货币收入叫现金流入（*CI*），对流出系统的货币支出叫现金流出（*CO*），并把某一个时点的现金流入与现金流出的差额叫净现金流量（*NCF*）。工程经济分析的任务就是要根据所考察系统的预期目标和所拥有的资源条件，分析该系统的现金流量情况，选择合适的技术方案，以获得最佳的经济效果。现金流量的内涵和构成随工程经济分析的范围和经济评价方法的不同而不同。在对工程项目进行财务评价时，使用从项目的角度出发，按现行财税制度和市场价格确定的财务现金流量。在对工程项目进行国民经济评价时，使用从国民经济角度出发，按资源优化配置原则和影子价格确定国民经济效益费用流量。

二、现金流量图

对于一个经济系统，其现金流量的流向（支出或收入）、数额和发生时点都不尽相同，为了正确地进行经济效果评价，我们有必要借助现金流量图来进行分析。所谓现金流量图，就是一种反映经济系统资金运动状态的图，即把经济系统的现金流量绘入一时间坐标图中，直观清晰地表达某项工程各年投入的费用和取得的收益，避免计算时发生错误，如图 3-1 所示。

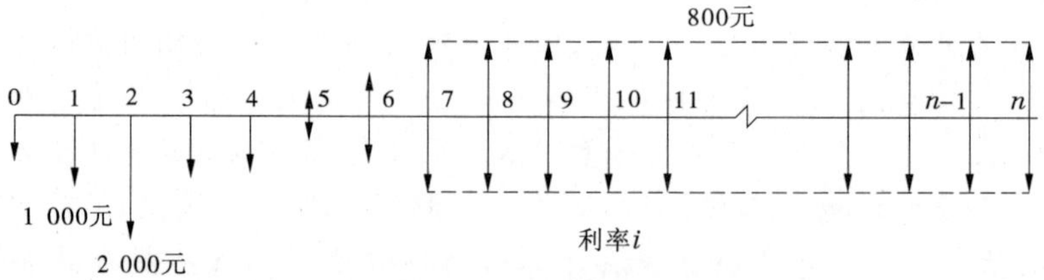

图 3-1　现金流量图

现以图 3-1 为例说明现金流量图的作图方法和规则：

（1）图中横坐标表示时间，时间的进程方向为正，轴上每一刻度表示一个时间单位，通常是年（计息周期），根据实际情况也可以是季、月或日等。

（2）相对于时间坐标的垂直箭线代表不同时点的现金流量，在横轴上方的箭线表示现金流入，即表示效益；在横轴下方的箭线表示现金流出，即表示费用或损失。

（3）现金流量的方向（流入与流出）是对特定的系统而言的。贷款方的流入就是借款方的流出，反之亦然。通常工程项目现金流量的方向是针对资金使用者的系统而言的。

（4）在现金流量图中，箭线长短与现金流量数值大小本应成比例，但由于经济系统中各时点现金流量的数额常常相差悬殊而无法成比例绘制，故在现金流量图绘制中，箭线长短只是示意地体现各时点现金流量数额的差异，并在各箭线上方（或下方）注明其现金流量的数值。

（5）箭线与时间轴的交点即为现金流量发生的时点。

从上述几点可知，要正确绘制现金流量图，必须把握好现金流量的三要素，即现金流量的大小（资金数额）、方向（资金流入与流出）和作用点（资金的发生时点）。正确标定现金流量的收支时间十分重要，如果标定的不对，则计算结果必然错误。因此，在进行经济分析时，应该首先绘制正确的现金流量图，然后进行计算。

三、计算基准年

在工程规划设计中所进行的经济比较，要求根据等价的原则，将不同时期的投资费用和经济效益折算到同一个时间，以此来进行各方案的经济比较。对于工程项目，一般情况是，投资在施工时期投入，效益则在工程投入后才能产生。为了进行比较就必须有共同的时间基础，因此须引入计算基准年的概念。即为解决费用和效益在时间上不一致的问题，在工程经济分析及计算中，需要把不同时间的投资、费用和效益都折算到同一个时间水平，这个时间水平称为计算基准年。通常以其年初作为计算的基准点，相当于资金流程图中的坐标轴原点。

第二节　资金的时间价值

资金的时间价值是现代财务管理的基础观念之一，因其非常重要且涉及所有理财活动而被称为理财的“第一原则”。

一、资金的时间价值的含义

资金是商品货币经济中劳动资料、劳动对象和劳动报酬的货币表现，是国民经济各部门财产和物资的货币表现。资金属于商品经济范畴的概念，在商品经济条件下，资金是不断运动着的。资金的运动伴随着生产与交换的进行，生产与交换活动会给投资者带来利润，表现为资金的增值。从投资者的角度看，资金的时间价值是指一定量资金在不同时点上价值量的差额，也称为货币的时间价值。资金在周转过程中会随着时间的推移而发生增值，使资金在投入、收回的不同时点上价值不同，形成价值差额。

在日常生活中会发现，一定量的资金在不同时点上具有不同价值，现在的一元钱比将来的一元钱更值钱。例如我们现在有 1 000 元，存入银行，银行的年利率为 5%，1 年后可得到 1 050 元，于是现在的 1 000 元与 1 年后的 1 050 元相等。因为这 1 000 元经过 1 年的时间增值了 50 元，这增值的 50 元就是资金经过 1 年时间的价值。同样，企业的资金投到生产经营中，经过生产过程的不断运行，资金的不断运动，随着时间的推移，会创造新的价值,使资金得以增值。因此,一定量的资金投入生产经营或存入银行,会取得一定利润和利息,从而产生资金的时间价值。

资金的时间价值是企业筹资决策和投资所要考虑的一个重要因素,也是企业估价的基础。

二、资金的时间价值产生的原因

资金的时间价值产生的前提条件,是由于商品经济的高度发展和借贷关系的普遍存在,出现了资金使用权与所有权的分离。资金的所有者把资金使用权转让给使用者,使用者必须把资金增值的一部分支付给资金的所有者作为报酬,资金占用的金额越大,使用的时间越长,所有者所要求的报酬就越高。

按照马克思的劳动价值理论,资金的时间价值产生的源泉并非表面的时间变化而是劳动者为社会劳动而创造出来的剩余价值。因为如果将一大笔钱放在保险柜里,随着时间的变化不可能使资金增值,而是必须投入周转使用,经过劳动过程才能产生资金时间价值。马克思的剩余价值观揭示了资金时间价值的源泉——剩余价值。资金需求者之所以愿意以一定的利率借入资金,是因为因此而产生的剩余价值能够补偿所支付的利息。根据剩余价值观点,资金具有时间价值是有条件的,即资金必须用于周转使用,作为分享剩余价值的要素资本参与社会扩大再生产活动。

因此,资金的时间价值的概念可以表述为:资金作为要素资本参与社会再生产活动,经过一定时间的周转循环而发生的增值,这种增值能够给投资者带来更大的效用。

对于资金的时间价值也可以理解为:如果放弃资金的使用权利(投资、储蓄等),就不能用于现期消费,牺牲现期消费是为了能在将来得到更多的消费,因此资金的时间价值体现为放弃现期消费的损失所应给予的必要补偿。

三、资金的时间价值的表现方式

资金的时间价值在商品货币经济中有两种主要表现形式:一种是将现有资金存入银行,可以取得利息;一种是将现有资金用于生产建设,可以取得利润。

资金的时间价值可用绝对数(利息)和相对数(利息率)两种形式表示,通常用相对数表示。资金的时间价值的实际内容是没有风险和没有通货膨胀条件下的社会平均资金利润率,是企业资金利润率的最低限度,也是使用资金的最低成本率。

由于资金在不同时点上具有不同的价值,不同时点上的资金就不能直接比较,必须换算到相同的时点上才能比较。因此,掌握资金的时间价值的计算就很重要。资金的时间价值的计算包括一次性收付款项和系列收付款项(年金)的终值、现值。

四、资金的时间价值的计算

资金的时间价值的计算方法与复利方式计息的方法完全相同,因为利息就是资金的时间价值的一种重要表现形式,而且通常用利息作为衡量资金的时间价值的绝对尺度,用利率作为衡量资金的时间价值的相对尺度。

(一)利息与利率

1. 利息

在借贷过程中,债务人支付给债权人的超过原借款本金的部分,就是利息,即

$$I = F - P \tag{3-1}$$

式中 I——利息;

F——还本付息总额;

P——本金。

在工程经济分析中,利息常常被看成是资金的一种机会成本。这是因为如果一笔资金投入到某一个工程项目中,就相当于失去了在银行产生利息的机会,也就是说,使用资金要付出一定的代价,当然投资于项目是为了获得比银行利息更多的收益。从投资者的角度看,利息体现为对放弃现期消费的损失所作的必要补偿,比如资金一旦用于投资,就不能用于现期消费,而牺牲现期消费又是为了能在将来得到更多的消费。所以,利息就成了投资分析中平衡现在和未来的杠杆,投资这个概念本身就包含着现在和未来两方面的含义。事实上,投资就是为了在未来获得更大的回收而对目前的资金进行某种安排,很显然,未来的回收应当超过现在的投资,正是这种预期的价值增长才能刺激人们从事投资。因此,在工程经济学中,利息是指占用资金所付出的代价或者是放弃近期消费所得的补偿。

2. 利率

在经济学中,利率的定义是从利息的定义中衍生出来的,也就是说,在理论上先承认了利息,再以利息来解释利率。在实际计算中,正好相反,常根据利率计算利息,利息的大小用利率来表示。

利率就是在单位时间内(如年、半年、季、月、周、日等)所得利息与借款本金之比,通常用百分数表示,即

$$i = \frac{I_t}{P} \times 100\% \tag{3-2}$$

式中 i——利率;

I_t——单位时间内的利息;

P——借款本金。

用于表示计算利息的时间单位称为计息周期,计息周期通常为年、半年、季,也可以为月、周或日。

【例3-1】 某人年初借本金1 000元,一年后付息80元,试求这笔借款的年利率。

解:根据式(3-2)计算年利率为

$$(80/1\,000) \times 100\% = 8\%$$

利率是各国发展国民经济的杠杆之一,利率的高低由下述因素决定:

(1)社会平均利润率。在通常情况下,平均利润率是利率的最高界限,因为如果利率高于利润率,借款人投资后无利可图,也就不会去借款了。

(2)金融市场上借贷资本的供求情况。在平均利润率不变的情况下,借贷资本供过于求,利率便下降;反之,利率便上升。

(3)银行所承担的贷款风险。借出资本要承担一定的风险,而风险的大小也影响利率的波动。风险越大,利率也就越高。

(4)通货膨胀率。通货膨胀对利率的波动有直接影响,资金贬值往往会使实际利率无形中成为负值。

(5)借出资本的期限长短。借款期限长,不可预见因素多,风险大,利率也就高;反之,利率就低。

3. 利息和利率在工程经济活动中的作用

(1)利息和利率是以信用方式动员和筹集资金的动力。以信用方式筹集资金的一个重要特点是自愿性,而自愿性的动力在于利息和利率。比如一个投资者,他首先要考虑的是投资某一项目所得到的利息(或利润)是否比把这笔资金投入其他项目所得的利息(或利润)多。如果多,他就可能给这个项目投资;反之,他就可能不投资这个项目。

(2)利息促进企业加强经济核算,节约使用资金。企业借款需付利息,增加支出负担,这就促使企业必须精打细算,把借入资金用到刀刃上,减少借入资金的占用以少付利息,同时可以使企业自觉压缩库存限额,减少各环节占压资金。

(3)利息和利率是国家管理经济的重要杠杆。国家在不同的时期制定不同的利率政策,对不同地区不同部门规定不同的利率标准,就会对整个国民经济产生影响。如对于限制发展的部门和企业,利率规定得高一些;对于提倡发展的部门和企业,利率规定得低一些,从而引导部门和企业的生产经营服从国民经济发展的总方向。同样,资金占用时间短,收取低息;资金占用时间长,收取高息。对产品适销对路、质量好、信誉高的企业,在资金供应上给予低息支持;反之,收取较高利息。

(4)利息与利率是金融企业经营发展的重要条件。金融机构作为企业,必须获取利润。由于金融机构的存放款利率不同,其差额成为金融机构业务收入。此差额扣除业务费后就是金融机构的利润,以此刺激金融企业的经营发展。

(二)单利计算

利息计算有单利和复利之分。当计息周期在一个以上时,就需要考虑"单利"与"复利"的区别。复利是对单利而言,是以单利为基础进行计算的。所以要了解复利的计算,必须先了解单利的计算。

所谓单利,是指在计算利息时,仅考虑最初的本金,而不计入在先前利息周期中所累积增加的利息,即通常所说的"利不生利"的计息方法。其计算式如下

$$I_t = P \times i_d \tag{3-3}$$

式中 I_t——第 t 计息期的利息额;

P——本金;

i_d——计息期单利利率。

设 I_n 代表 n 个计息期所付或所收的单利总利息,则有下式:

$$I_n = \sum_{t=1}^{n} I_t = \sum_{t=1}^{n} P \times i_d = P \times i_d \times n \tag{3-4}$$

由式(3-4)可知,在以单利计息的情况下,总利息与本金、利率以及计息周期数是成正比的关系。而 n 期末单利本利和 F 等于本金加上利息,即

$$F = P + I_n = P(1 + n \times i_d) \tag{3-5}$$

式中,$(1+n\times i_d)$称为单利终值系数。

同样,本金可由本利和 F 减去利息 I_n 求得,即

$$P = F - I_n = F/(1 + n \times i_d) \tag{3-6}$$

式中,$1/(1+n\times i_d)$ 称为单利现值系数。

在利用式(3-5)计算本利和 F 时,要注意式中 n 和 i_d 反映的周期要匹配。如 i_d 为年利率,则 n 应为计息的年数;若 i_d 为月利率,n 即为计息的月数。

【例 3-2】 某人以单利方式借入 1 000 元,年利率 8%,4 年末偿还,试计算各年利息和本利和。

解:计算过程和计算结果列于表 3-1。

表 3-1　单利方式利息计算表

年末	借款本金(元)	利息(元)	本利和(元)	偿还额(元)
0	1 000			
1		1 000×8% =80	1 080	0
2		80	1 160	0
3		80	1 240	0
4		80	1 320	1 320

由例 3-2 可见,单利的年利息额都仅由本金所产生,其新生利息不再加入本金产生利息,此即“利不生利”。这不符合客观的经济发展规律,没有反映资金随时都在“增值”的概念,即没有完全反映资金的时间价值,因此在工程经济分析中单利使用较少,通常只适用于短期投资及不超过一年的短期贷款。

(三)复利计算

在计算利息时,某一计息周期的利息是由本金加上先前周期所累积利息总额来计算的,这种计息方式称为复利,也即通常所说的“利生利”“利滚利”,其表达式如下

$$I_t = i \times F_{t-1} \tag{3-7}$$

式中　i——计息期利率;

F_{t-1}——第 $t-1$ 年末复利本利和。

第 t 年末复利本利和的表达式如下

$$F_t = F_{t-1} \times (1 + i) \tag{3-8}$$

【例 3-3】 数据同例 3-2,试按复利计算各年的利息与本利和。

解:按复利计算时,计算结果如表 3-2 所示。

表 3-2　复利方式利息计算表

年末	借款本金(元)	利息(元)	本利和(元)	偿还额(元)
0	1 000			
1		1 000 × 8% = 80	1 080	0
2		1 080 × 8% = 86.4	1 166.40	0
3		1 166.40 × 8% = 93.312	1 259.71	0
4		1 259.71 × 8% = 100.78	1 360.49	1 360.49

从表 3-1 和表 3-2 可以看出,同一笔借款,在利率和计息期均相同的情况下,用复利计算出的利息金额比用单利计算出的利息金额大。由以上两例可知,两者相差 40.49 元。当本金越大,利率越高,年数越多时,两者差距就越大。当然,复利计息比较符合资金在社会再生产过程中运动的实际状况。因此,在实际中得到了广泛的应用,如我国现行财税制度规定:投资贷款实行差别利率并按复利计息。同样,在工程经济分析中,一般采用复利计息。

式(3-8)计算复利很不方便,因为资金有时间价值,所有不同时点发生的现金流量就不能直接相加或相减,对不同方案的不同时点的现金流量也不能直接比较,只有把不同时点的现金流量换算为同一时点后才能相加减或相比较,这个点称为基准点,这个过程称为资金等值计算。

资金等值计算公式即为复利计算公式。首先对基本计算公式中常用的几个符号加以说明,以便后面的讨论。

P——本金或资金的现值(Present Value),现值 P 指相对于基准点的数值;

F——本利和(Future Value),从基准点起到第 n 个计息周期末的数值,一般称为终值;

A——等额年值(Annual Value),指一段时间的每个计息周期末的一系列等额数值;

G——等差系列的相邻级差值(Gradient Value);

i—— 计息周期折现率或利率(Interest Rate),常以%计;

n——计息周期数(Number of Period),无特别说明,通常以年数计。

值得注意的是,计息周期数 n 和利率 i 必须配套使用,即计息周期为年,利率即为年利率;计息周期为月,利率则为月利率。

(四)一次支付情形的复利计算

一次支付又称整付,是指所分析系统的现金流量,无论是流入或是流出,均在一个时点上一次发生,如图 3-2 所示。一次支付情形的复利计算式是复利计算的基本公式。

一次性收付款项是指在某一特定时点上一次性支出或收入,经过一段时间后再一次性收回或支出的款项。例如,现在将一笔 10 000 元的现金存入银行,5 年后一次性取出本利和。

1. 终值计算(已知 P 求 F)

现有一项资金 P,按年利率 i 计算,n 年以后的本利和为多少?

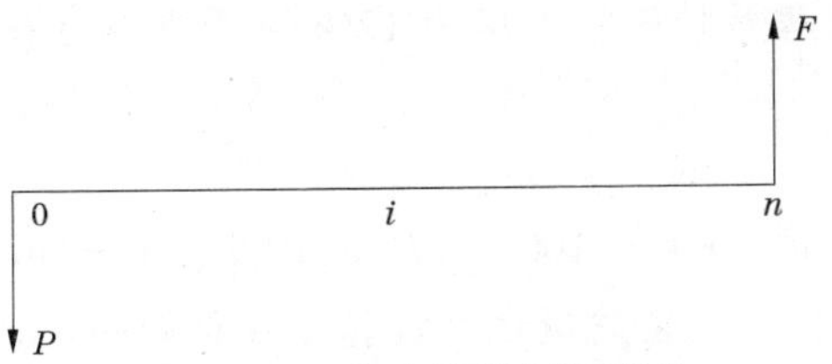

图 3-2　一次支付现金流量图

根据复利的定义即可求得本利和 F 的计算公式，其计算过程如表 3-3 所示。

表 3-3　复利法计算本利和的推导过程

计息期数	期初本金	期末利息	期末本利和
1	P	Pi	$F_1=P+Pi=P(1+i)$
2	$P(1+i)$	$P(1+i)i$	$F_2=P(1+i)+P(1+i)i=P(1+i)^2$
3	$P(1+i)^2$	$P(1+i)^2 i$	$F_3=P(1+i)^2+P(1+i)^2 i=P(1+i)^3$
⋮	⋮	⋮	⋮
$n-1$	$P(1+i)^{n-2}$	$P(1+i)^{n-2}i$	$F_{n-1}=P(1+i)^{n-2}+P(1+i)^{n-2}i=P(1+i)^{n-1}$
n	$P(1+i)^{n-1}$	$P(1+i)^{n-1}i$	$F=F_n=P(1+i)^{n-1}+P(1+i)^{n-1}i=P(1+i)^n$

由表 3-3 可以看出，n 年末的本利和 F 与本金的关系为

$$F = P(1+i)^n \tag{3-9}$$

式中，$(1+i)^n$ 称为一次支付终值系数，用 $(F/P,i,n)$ 表示，故式(3-9)又可以写成

$$F = P(F/P,i,n) \tag{3-10}$$

在 $(F/P,i,n)$ 中，括号内斜线上的符号表示所求的未知数，斜线下的符号表示已知数。整个符号 $(F/P,i,n)$ 表示在已知 i、n 和 P 的情况下求解 F 的值。为了计算方便，通常按照不同的利率 i 和计息期 n 计算出 $(1+i)^n$ 的值。

【例 3-4】　有一笔 50 000 元的借款，借期 3 年，若年利率为 8%，按复利计算，则到期应归还的本利和是多少？

解：由式(3-10)得

$$F = P(F/P,i,n) = 50\,000 \times (F/P,8\%,3) = 62\,985.60(\text{元})$$

2. 现值计算（已知 F 求 P）

由式(3-9)即可求出现值 P

$$P = F(1+i)^{-n} \tag{3-11}$$

式中，$(1+i)^{-n}$ 称为一次支付现值系数，用符号 $(P/F,i,n)$ 表示。一次支付现值系数这个名称描述了它的功能，即未来一笔资金乘上该系数就可求出其现值。在工程经济分析中，一般是将未来值折现在零期。计算现值 P 的过程叫"折现"或"贴现"，其所使用的利率常称为折现率、贴现率或收益率。贴现率、折现率反映了利率在资金时间价值计算中的作用，而收益率反映了利率的经济含义，故 $(1+i)^{-n}$ 或 $(P/F,i,n)$ 也可叫折现系数或贴现系数。式(3-11)常写成

$$P = F(P/F,i,n) \tag{3-12}$$

【例 3-5】 某水利工程对投资收益率为 12% 的项目进行投资,欲 5 年后得到 100 万元,现在应投资多少?

解: 由式(3-12)得

$$P = F(P/F,i,n) = 100 \times (P/F,12\%,5) = 56.74(\text{万元})$$

从上面计算可知,现值与终值的概念和计算方法正好相反,因为现值系数与终值系数互为倒数。在 P 一定、n 相同时,i 越高,F 越大;在 i 相同时,n 越长,F 越大。在 F 一定、n 相同时,i 越高,P 越小;在 i 相同时,n 越长,P 越小,如表 3-4、表 3-5 所示。

表 3-4　一元现值与终值的关系

i	n				
	1 年	5 年	10 年	15 年	20 年
4%	1.040 0	1.216 7	1.480 2	1.800 9	2.191 1
8%	1.080 0	1.469 3	2.158 9	3.172 2	4.661 0
12%	1.120 0	1.762 3	3.105 8	5.473 6	9.646 3
15%	1.150 0	2.011 4	4.045 6	8.137 1	16.366 5
20%	1.200 0	2.488 3	6.191 7	15.407 0	38.337 6

表 3-5　一元终值与现值的关系

i	n				
	1 年	5 年	10 年	15 年	20 年
4%	0.961 5	0.821 9	0.675 6	0.555 3	0.456 4
8%	0.925 9	0.680 6	0.463 2	0.315 2	0.214 5
12%	0.892 9	0.567 4	0.322 0	0.182 7	0.103 7
15%	0.869 6	0.497 2	0.247 2	0.122 9	0.061 1
20%	0.833 3	0.401 9	0.161 5	0.064 9	0.026 1

在工程项目多方案比较中,由于现值评价常常是选择现在为同一时点,把方案预计的不同时期的现金流量折算成现值,并按现值的代数和大小做出决策。因此,在工程经济分析时应当注意以下两点:

(1)正确选取折现率。折现率是决定现值大小的一个重要因素,必须根据实际情况灵活选用。

(2)注意现金流量的分布情况。从收益方面来看,获得的时间越早、数额越大,其现值也越大,因此应使建设项目早日投产,早日达到设计生产能力,早获收益,多获收益,才能达到最佳经济效益。从投资方面看,投资支出的时间越晚、数额越小,其现值也越小,因此应合理分配各年投资额。在不影响项目正常实施的前提下,尽量减少建设初期投资额,加大建设后期投资比重。

(五)多次支付的情形

在工程经济实践中,多次支付是最常见的支付情形。多次支付是指现金流量在多个时点发生,而不是集中在一个时点上。如果用A_t表示t期末发生的现金流量的大小,可正可负,用逐个折现的方法,可将多次现金流量换算成现值,即

$$P = A_1(1+i)^{-1} + A_2(1+i)^{-2} + \cdots + A_n(1+i)^{-n} = \sum_{t=1}^{n} A_t(1+i)^{-t} \quad (3\text{-}13)$$

或

$$P = \sum_{t=1}^{n} A_t(P/F,i,t) \quad (3\text{-}14)$$

同理,也可将多次现金流量换算成终值

$$F = \sum_{t=1}^{n} A_t(1+i)^{n-t} \quad (3\text{-}15)$$

或

$$F = \sum_{t=1}^{n} A_t(F/P,i,n-t) \quad (3\text{-}16)$$

在上面式子中,虽然那些系数都可以计算或查复利表得到,但如果n较大,A_t较多时,计算也是比较麻烦的。如果多次现金流量A_t有如下特征,则可大大简化上述计算公式。

(1)等额系列现金流量。现金流量序列是连续的,且数额相等,即

$$A_t = A = 常数 \quad (t=1,2,3,\cdots,n) \quad (3\text{-}17)$$

(2)等差系列现金流量。现金流量序列是连续的,且相邻现金流量相差同一个常数G,且现金流量序列是连续递增或连续递减的,即

$$A_t = A_1 \pm (t-1)G \quad (t=1,2,3,\cdots,n) \quad (3\text{-}18)$$

(3)等比系列现金流量。现金流量序列是连续的,紧后现金流量较紧前现金流量按同一比率j连续递增,即

$$A_t = A_1(1+j)^{t-1} \quad (t=1,2,3,\cdots,n) \quad (3\text{-}19)$$

(六)等额系列现金流量

等额系列现金流量如图 3-3 所示。

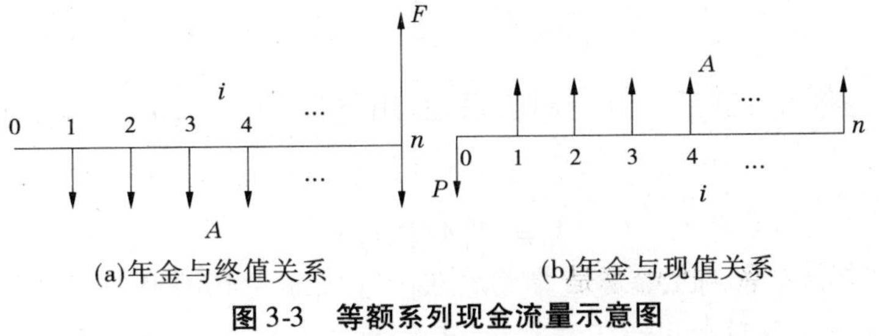

图 3-3　等额系列现金流量示意图

A为年金,发生在(或折算为)某一特定时间序列各计息期末(不包括零期)的等额资金序列的价值。

1. 终值计算(已知A求F)

由式(3-15)展开得

$$F = \sum_{t=1}^{n} A_t (1+i)^{n-t} = A[(1+i)^{n-1} + (1+i)^{n-2} + \cdots + (1+i) + 1] = A\frac{(1+i)^n - 1}{i} \tag{3-20}$$

式中，$\frac{(1+i)^n - 1}{i}$称为等额系列终值系数或年金终值系数，用符号 $(F/A,i,n)$ 表示，则式(3-20)又可写成

$$F = A(F/A,i,n) \tag{3-21}$$

【例 3-6】 某水利工程建设期为 6 年，假设每年年末向银行贷款 3 000 万元作为投资，年利率为 7%，到第 6 年年末欠银行本利和为多少？

解：由式(3-21)得

$F = A(F/A,i,n) = 3\ 000 \times (F/A,7\%,6) = 3\ 000 \times 7.253 = 21\ 460$(万元)

2. 现值计算(已知 A 求 P)

由式(3-11)和式(3-20)得

$$P = F(1+i)^{-n} = A\frac{(1+i)^n - 1}{i(1+i)^n} \tag{3-22}$$

式中，$\frac{(1+i)^n - 1}{i(1+i)^n}$称为等额系列现值系数或年金现值系数，用符号 $(P/A,i,n)$ 表示，则式(3-22)又可写成

$$P = A(P/A,i,n) \tag{3-23}$$

【例 3-7】 某人希望今后 5 年内每年年末可从银行取回 1 000 元，年利率为 10%，复利计算，问他现在必须存入银行多少钱？

解：由式(3-23)得

$P = A(P/A,i,n) = 1\ 000 \times (P/A,10\%,5) = 1\ 000 \times 3.790\ 8 = 3\ 790.8$(元)

3. 资金回收计算(已知 P 求 A)

由式(3-22)可知，等额系列资金回收计算是等额系列现值计算的逆运算，故由式(3-22)即可得

$$A = P\frac{i(1+i)^n}{(1+i)^n - 1} \tag{3-24}$$

式中，$\frac{i(1+i)^n}{(1+i)^n - 1}$称为等额系列资金回收系数，用符号$(A/P,i,n)$表示，则式(3-24)又可写成

$$A = P(A/P,i,n) \tag{3-25}$$

【例 3-8】 假设某水利工程建设期初在银行存入资金 10 000 万元，以后在 10 年内每年年末从银行均匀提取现金用于工程建设，若年利率为 8%，问每年年末可以从银行提取多少万元？

解：由式(3-25)得

$A = P(A/P,i,n)) = 10\ 000 \times (P/A,8\%,10) = 10\ 000 \times 0.149\ 0 = 1\ 490$(万元)

4. 偿债基金计算(已知 F 求 A)

偿债基金计算是等额系列终值计算的逆运算，故用式(3-20)即可得

$$A = F\frac{i}{(1+i)^n - 1} \tag{3-26}$$

式中，$\frac{i}{(1+i)^n - 1}$称为等额系列偿债基金系数，用符号$(A/F,i,n)$表示，则式(3-26)又可写成

$$A = F(A/F,i,n) \tag{3-27}$$

【例3-9】 某人希望在10年后得到一笔40 000元的资金，在5%的年利率条件下，他每年应均匀地存入银行多少钱？

解：由式(3-27)得

$$A = F(A/F,i,n) = 40\ 000 \times (A/F,5\%,10) = 40\ 000 \times 0.079\ 5 = 3\ 180.2(\text{元})$$

（七）等差系列现金流量

在许多工程经济问题中，现金流量每年均有一定数量的增加或减少，如房屋随着其使用期的延伸，维修费将逐年有所增加。如果逐年的递增或递减是等额的，则称为等差系列现金流量，其现金流量如图3-4所示。

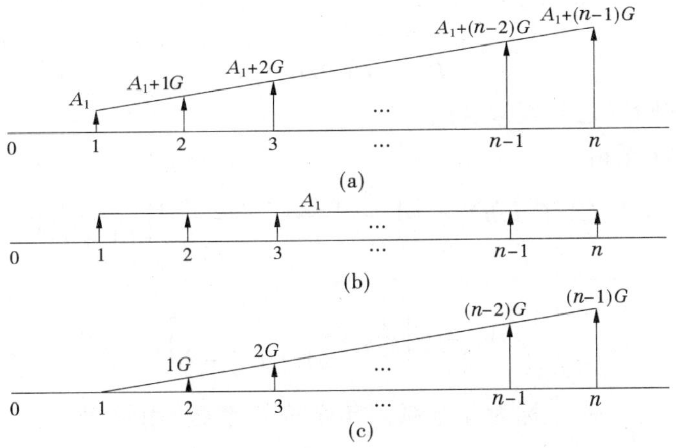

图3-4　等差系列递增现金流量示意图

图3-4(a)为一等差递增系列现金流量，可化简为两个支付系列。一个是等额系列现金流量，如图3-4(b)所示，年金是A_1；另一个是由G组成的等额递增系列现金流量，如图3-4(c)所示。图3-4(b)支付系列用等额系列现金流量的有关公式计算，问题的关键是图3-4(c)支付系列如何计算。这就是等差系列现金流量需要解决的问题。

1. 等差终值计算(已知G求F)

根据图3-4(c)，可列出F与G的计算式如下：

$$F_G = G(1+i)^{n-2} + 2G(1+i)^{n-3} + \cdots + (n-2)G(1+i) + (n-1)G \tag{a}$$

式(a)两边同乘以$(1+i)$得

$$F_G(1+i) = G(1+i)^{n-1} + 2G(1+i)^{n-2} + \cdots + (n-2)G(1+i)^2 + (n-1)G(1+i) \tag{b}$$

由式(b)－式(a)得

$$F_G i = G[(1+i)^{n-1} + (1+i)^{n-2} + \cdots + (1+i)^2 + (1+i) + 1] - nG = G\frac{(1+i)^n - 1}{i} - nG \tag{c}$$

整理得
$$F_G = G\left[\frac{(1+i)^n - 1}{i^2} - \frac{n}{i}\right] \tag{3-28}$$

式中，$\left[\frac{(1+i)^n - 1}{i^2} - \frac{n}{i}\right]$ 称为等差系列终值系数，用符号 $(F/G,i,n)$ 表示，则式(3-28)可写成

$$F_G = G(F/G,i,n) \tag{3-29}$$

2. 等差现值计算(已知 G 求 P)

由 P 与 F 的关系得

$$P_G = F_G(1+i)^{-n} = G\left[\frac{(1+i)^n - 1}{i^2(1+i)^n} - \frac{n}{i(1+i)^n}\right] \tag{3-30}$$

式中，$\left[\frac{(1+i)^n - 1}{i^2(1+i)^n} - \frac{n}{i(1+i)^n}\right]$ 称为等差系列现值系数，用符号 $(P/G,i,n)$ 表示，则式(3-30)可写成

$$P_G = G(P/G,i,n) \tag{3-31}$$

3. 等差年金计算(已知 G 求 A)

由 A 与 F 的关系得

$$A_G = F_G(A/F,i,n) = G\left[\frac{(1+i)^n - 1}{i^2} - \frac{n}{i}\right]\left[\frac{i}{(1+i)^n - 1}\right]$$

整理得
$$A_G = G\left[\frac{1}{i} - \frac{n}{(1+i)^n - 1}\right] \tag{3-32}$$

式中，$\left[\frac{1}{i} - \frac{n}{(1+i)^n - 1}\right]$ 称为等差系列年金换算系数，用符号 $(A/G,i,n)$ 表示，则式(3-32)可写成

$$A_G = G(A/G,i,n) \tag{3-33}$$

根据上述公式，即可方便地得出图 3-4 等差系列现金流量的年金为

$$A = A_1 \pm A_G \tag{3-34}$$

式(3-34)中“减号”为等差递减系列现金流量，如图 3-5 所示。

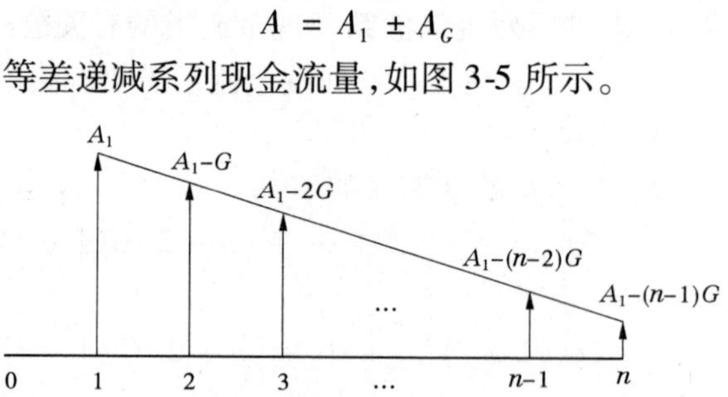

图 3-5　等差系列递减现金流量示意图

若计算原等差系列现金流量的现值 P 和终值 F，则按式(3-23)得

$$P = P_{A_1} \pm P_G = A_1(P/A_1,i,n) \pm G(P/G,i,n) \tag{3-35}$$

$$F = F_{A_1} \pm F_G = A_1(F/A_1,i,n) \pm G(F/G,i,n) \tag{3-36}$$

【例 3-10】 现有如下现金流量(见图 3-6)。设 $i=10\%$,复利计息,试计算其现值、终值、年金。

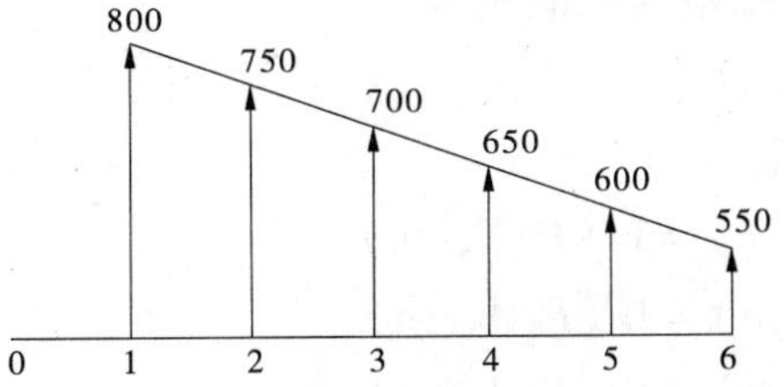

图 3-6　例 3-10 现金流量图　(单位:元)

解:

$$A = A_1 - A_G = A_1 - G(A/G,i,n) = 800 - 50 \times (A/G,10\%,6)$$
$$= 800 - 50 \times 2.224 = 688.8(\text{元})$$

$$P = A(P/A,i,n) = 688.8 \times (P/A,10\%,6) = 688.8 \times 4.3553 = 2\,999.93(\text{元})$$

$$F = A(F/A,i,n) = 688.8 \times (F/A,10\%,6) = 688.8 \times 7.7156 = 5\,314.51(\text{元})$$

(八)等比系列现金流量

等比系列现金流量如图 3-7 所示。

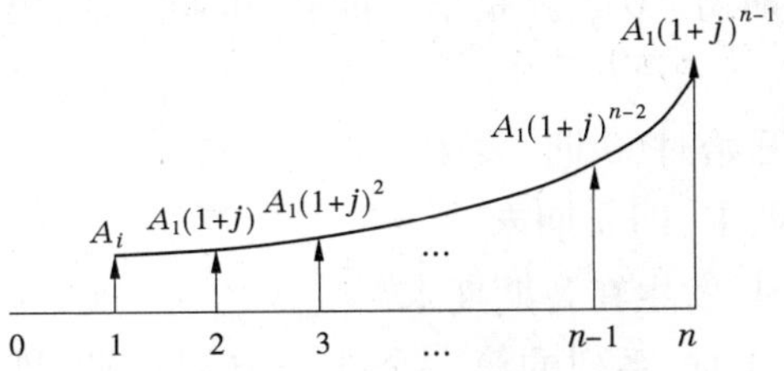

图 3-7　等比系列现金流量示意图

将等比系列通式 $A_t = A_1(1+j)^{t-1}$ 分别代入式(3-13)和式(3-15),化简即可求得等比系列现值和等比系列终值。

1. 等比系列现值

$$P = \sum_{t=1}^{n} A_t(1+i)^{-t} = \sum_{t=1}^{n} A_1(1+j)^{t-1}(1+i)^{-t} = \frac{A_1}{1+j}\sum_{t=1}^{n}\frac{(1+j)^t}{(1+i)^t}$$

化简得

$$P = \begin{cases} \dfrac{nA_1}{1+j} & i = j \\ A_1\dfrac{[(1+j)^n(1+i)^{-n} - 1]}{j-i} & i \neq j \end{cases} \tag{3-37}$$

或
$$P = A_1(P/A,i,j,n) \tag{3-38}$$

$(P/A,i,j,n)$称为等比系列现值系数。

2. 等比系列终值

由 $F = P(1+i)^n$ 得

$$F\begin{cases} nA_1(1+j)^{n-1} & i=j \\ A_1\dfrac{[(1+j)^n-(1+i)^n]}{j-i} & i\neq j \end{cases} \tag{3-39}$$

或

$$F=A_1(F/A,i,j,n) \tag{3-40}$$

$A_1(F/A,i,j,n)$称为等比系列终值系数。

(九)复利计算小结

1. 复利系数之间的关系

(1)倒数关系：$(F/P,i,n)=1/(P/F,i,n)$

$(A/P,i,n)=1/(P/A,i,n)$

$(A/F,i,n)=1/(F/A,i,n)$

(2)乘积关系：$(F/A,i,n)=(P/A,i,n)(F/P,i,n)$

$(F/P,i,n)=(A/P,i,n)(F/A,i,n)$

(3)其他关系：$(A/P,i,n)=(A/F,i,n)+i$

$(F/G,i,n)=[(F/A,i,n)-n]/i$

$(P/G,i,n)=[(P/A,i,n)-n(P/F,i,n)]/i$

$(A/G,i,n)=[1-n(A/F,i,n)]/i$

2. 复利计算公式使用注意事项

(1)本期末即等于下期初。0 点就是第一期初，也叫零期；第一期末即等于第二期初；其余类推。

(2)P 在第一计息期开始时(0 期)发生。

(3)F 发生在考察期期末，即 n 期末。

(4)各期的等额支付 A，发生在各期期末。

(5)当问题包括 P 与 A 时，系列的第一个 A 与 P 隔一期，即 P 发生在系列 A 的前一期。

(6)当问题包括 A 与 F 时，系列的最后一个 A 是与 F 同时发生的。

(7)P_G 发生在第一个 G 的前两期；A_1 发生在第一个 G 的前一期。

资金等值计算基本公式见表 3-6。

表 3-6　资金等值计算基本公式汇总表

类型	公式名称	已知	求解	计算公式	系数名称及表示符号
一次支付	一次支付终值公式	P	F	$F=P(1+i)^n$	一次支付终值系数 $(F/P,i,n)$
	一次支付现值公式	F	P	$P=F(1+i)^{-n}$	一次支付现值系数 $(P/F,i,n)$

续表 3-6

类型	公式名称	已知	求解	计算公式	系数名称及表示符号
等额多次支付	等额系列终值公式	A	F	$F=A\frac{(1+i)^n-1}{i}$	等额系列终值系数 $(F/A,i,n)$
	偿债基金公式	F	A	$A=F\frac{i}{(1+i)^n-1}$	等额系列偿债基金系数 $(A/F,i,n)$
	等额系列现值公式	A	P	$P=A\frac{(1+i)^n-1}{i(1+i)^n}$	等额系列现值系数 $(P/A,i,n)$
	资金回收公式	P	A	$A=P\frac{i(1+i)^n}{(1+i)^n-1}$	等额系列资金回收系数 $(A/P,i,n)$
等差系列	等差系列终值公式	G	F	$F_G=G\left[\frac{(1+i)^n-1}{i^2}-\frac{n}{i}\right]$	等差系列终值系数 $(F/G,i,n)$
	等差系列现值公式	G	P	$P=G\left[\frac{(1+i)^n-1}{i^2(1+i)^n}-\frac{n}{i(1+i)^n}\right]$	等差系列现值系数 $(P/G,i,n)$
	等差年金计算公式	G	A	$A=G\left[\frac{1}{i}-\frac{n}{(1+i)^n-1}\right]$	等差系列年金换算系数 $(A/G,i,n)$

五、名义利率与实际利率

在复利计算中，利率周期通常以年为单位，它可以与计息周期相同，也可以不同。当利率周期与计息周期不一致时，就出现了名义利率和实际利率的概念。

前述已知，单利与复利的区别在于复利包括了利息的利息。实质上名义利率和实际利率的关系与单利和复利的关系一样，所不同的是名义利率和实际利率是用在计息周期小于利率周期时。

(一)名义利率

所谓名义利率 r，是指计息周期利率 i 乘以一个利率周期内的计息周期数 m 所得的利率，即

$$r = im \tag{3-41}$$

若月利率为 1%，则年名义利率为 12%。很显然，计算名义利率时忽略了前面各期利息再生的因素，这与单利的计算相同。通常所说的周期利率都是名义利率。

(二)实际利率

若用计息周期利率来计算利率周期利率,并将利率周期内的利息再生因素考虑进去,这时所得的利率周期利率称为利率周期实际利率(又称有效利率)。

根据利率的概念即可推导出实际利率的计算式。

已知名义利率 r,一个利率周期内计息 m 次,则计息周期利率 $i = r/m$,在某个利率周期初有资金 P,根据一次支付终值公式可得该利率周期的 F,即

$$F = P\left(1 + \frac{r}{m}\right)^m$$

根据利息的定义可得该利率周期的利息 I 为

$$I = F - P = P\left(1 + \frac{r}{m}\right)^m - P = P\left[\left(1 + \frac{r}{m}\right)^m - 1\right]$$

再根据利率的定义可得该利率周期的实际利率 i_{eff}

$$i_{eff} = \frac{I}{P} = \left(1 + \frac{r}{m}\right)^m - 1 \tag{3-42}$$

现设年名义利率 $r = 10\%$,则年、半年、季、月、日的年实际利率如表 3-7 所示。

表 3-7 年、半年、季、月、日的年实际利率

年名义利率 r	计息期	年计息次数 m	计息期利率 $i = r/m$	年实际利率 i_{eff}
10%	年	1	10%	10%
	半年	2	5%	10. 25%
	季	4	2. 5%	10. 38%
	月	12	0. 833%	10. 47%
	日	365	0. 027 4%	10. 52%

从表 3-7 可以看出,每年计息期 m 越多,i_{eff} 与 r 相差越大,所以在工程经济分析中,如果各方案的计息期不同,就不能简单地使用名义利率来评价,而必须换算成实际利率进行评价,否则会得出不正确的结论。

(三)连续复利

前面介绍了间断计息的情形。当每期计息时间趋于无限小时,则 1 年(计算周期常为 1 年)内计息次数趋于无限大,即 $m\to\infty$,此时可视为计息没有时间间隔而成为连续计息,则年有效利率为

$$i_\infty = \lim_{m\to\infty}\left[\left(1 + \frac{r}{m}\right)^m - 1\right] = \mathrm{e}^r - 1$$

将连续复利引入普通的利息公式得以下公式。

一次支付:

连续复利终值公式

$$F = P\mathrm{e}^{rm} \tag{3-43}$$

连续复利现值公式

$$P = F\mathrm{e}^{-rm} \tag{3-44}$$

等额支付:

连续复利终值公式

$$F = A\left[\frac{e^{rm} - 1}{e^{r} - 1}\right] \tag{3-45}$$

连续复利现值公式

$$P = A\left[\frac{1 - e^{-rm}}{e^{r} - 1}\right] \tag{3-46}$$

连续复利资金回收公式

$$A = P\left[\frac{e^{r} - 1}{1 - e^{-rm}}\right] \tag{3-47}$$

连续复利偿债基金公式

$$A = F\left[\frac{e^{r} - 1}{e^{rm} - 1}\right] \tag{3-48}$$

上面介绍了连续复利的几个基本公式。从理论上讲,整个社会的资金是在不停地运动,每时每刻都通过生产和流通在增值,因而应该采用连续复利法。然而在实际使用中都采用间断复利法。尽管如此,这种连续复利的概念对投资决策、制定其数学模型极为重要。因为在数学分析中,连续是一个必要的前提,故以连续性为出发点对技术方案作更进一步的分析还是可取的,比如用连续复利计算的利息高于普通复利,故资金成本偏高,可以提醒决策者融资时予以注意。

第三节 等值计算与应用

一、等值计算

前述已知,资金有时间价值,即使金额相同,因其发生在不同时点,其价值就不相同;反之,不同时点绝对值不等的资金在时间价值的作用下却可能具有相同的价值。这些不同时期、不同数额但其“价值等效”的资金称为等值,又叫等效值。在工程经济分析中,等值是一个十分重要的概念,它为我们提供一个计算某一经济活动有效性或者进行方案比较、优选的可能性。资金等值计算公式和复利计算公式的形式是相同的。

【例 3-11】 设年利率 $i=10\%$,按复利计算,现在的 1 000 元等于 5 年末的多少元?

解:画现金流量图(见图 3-8),5 年末的本利和 F 为

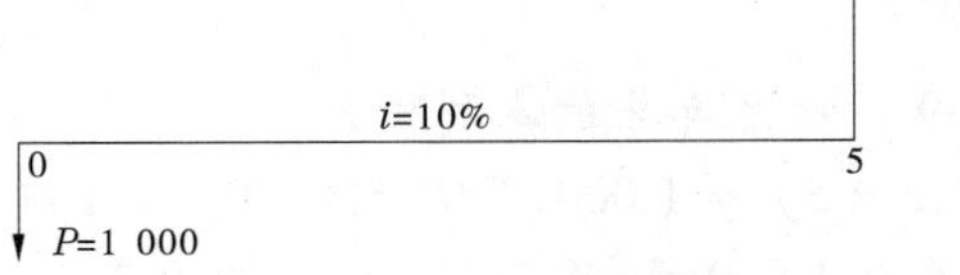

图 3-8 例 3-11 现金流量图

$$F = P(F/P,i,n) = 1\,000 \times (F/P,10\%,5) = 1\,000 \times 1.610\,5 = 1\,610.5(\text{元})$$

计算表明，在复 n 利计算，年利率为 10% 时，现在的 1 000 元，等值于 5 年末的 1 610.5元；或 5 年末的 1 610.5 元，当 $i=10\%$ 时，等值于现在的 1 000 元。

如果两个现金流量等值，则对任何时刻的值必然相等。

求第 3 年末的时值：

现用上例按 $P=1\ 000$ 元计算 3 年末的时值：

$$F_3 = P(F/P,i,n) = 1\ 000 \times (F/P,10\%,3) = 1\ 000 \times 1.331 = 1\ 331(\text{元})$$

用 $F=1\ 610.5$ 元，计算 2 年前的价值：

$$P' = 1\ 610.5 \times (P/F,10\%,2) = 1\ 610.5 \times 0.824\ 6 = 1\ 331(\text{元})$$

按 $P=1\ 000$ 元计算第 7 年末的时值

$$F' = 1\ 000 \times (F/P,10\%,7) = 1\ 000 \times 1.948\ 7 = 1\ 948.7(\text{元})$$

按 $F=1\ 610.5$ 元计算第 7 年末的时值（注意：这时 $n=7-5=2$）

$$F' = 1\ 610.5 \times (F/P,10\%,2) = 1\ 610.5 \times 1.21 = 1\ 948.7(\text{元})$$

影响资金等值的因素有三个：金额的多少、资金发生的时间、利率（或折现率）的大小。其中，利率是一个关键因素，一般等值计算中是以同一利率为依据的。

在工程经济分析中，在考虑资金时间价值的情况下，其不同时点发生的收入或支出是不能直接相加减的。而利用等值的概念，则可以把在不同时点发生的资金换算成同一时点的等值资金，然后进行比较，所以在工程经济分析中，方案比较都是采用等值概念来进行分析、评价和选定的。

（一）计息周期小于或等于资金收付周期的等值计算

计息周期小于或等于资金收付周期的等值计算方法有两种。

（1）按收付周期实际利率计算。

（2）按计息周期利率计算，即

$$F = P(F/P,r/m,mn) \tag{3-49}$$

$$P = F(P/F,r/m,mn) \tag{3-50}$$

$$F = A(F/A,r/m,mn) \tag{3-51}$$

$$P = A(P/A,r/m,mn) \tag{3-52}$$

$$A = F(A/F,r/m,mn) \tag{3-53}$$

$$A = P(A/P,r/m,mn) \tag{3-54}$$

式中　r——收付周期实际利率；

m——收付周期中的计息次数。

【例 3-12】　某人现在存款 1 000 元，年利率 $i=10\%$，按复利计算，计息周期为半年，问 5 年末存款金额为多少？

解：现金流量如图 3-9 所示，5 年末的本利和 F 为

$$F = 1\ 000 \times (F/P,10\%/2,2\times 5) = 1\ 000(F/P,5\%,10) = 1\ 000 \times 1.628\ 9 = 1\ 628.9(\text{元})$$

【例 3-13】　每半年存款 1 000 元，连续存 10 次，年利率 $i=8\%$，每半年计息一次，复利计算，问 5 年末存款金额为多少？

解：现金流量如图 3-10 所示。

由于本例计息周期小于收付周期，不能直接采用计息期利率计算，故只能用实际利率

图3-9 例3-12 现金流量图

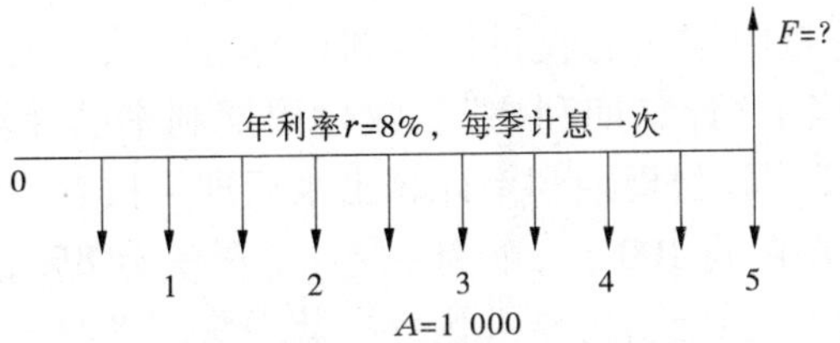

图3-10 例3-13 现金流量图

来计算。

计息期利率

$$i = r/m = 8\%/4 = 2\%$$

半年期实际利率

$$i_{eff半} = (1 + 2\%)^2 - 1 = 4.04\%$$

则 $F = 1\ 000 \times (F/A, 4.04\%, 2 \times 5) = 1\ 000 \times 12.029 = 12\ 029$(元)

(二)计息周期大于资金收付周期的等值计算

由于计息周期大于收付周期,计息周期间的收付常采用以下三种方法之一进行处理。

(1)不计息。在工程经济分析中,当计息周期内收付不计息时,其支出计入期初,其收益计入期末。

(2)单利计算。在计息期内的收付均按单利计息,其计算公式如下

$$A_t = \sum A'_k[1 + (m_k/N) \times i] \tag{3-55}$$

式中 A_t——第 t 计息期末净现金流量;

N——一个计息期内收付周期数;

A'_k——第 t 计息期内第 k 期收付金额;

m_k——第 t 计息期内第 k 期收付金额到达第 t 计息期末所包含的收付周期数;

i——计息周期数。

【例3-14】 付款情况如图3-11所示,年利率 $r=8\%$,半年计息一次,复利计算,计息期内的收付款利息按单利计算,问年末金额为多少?

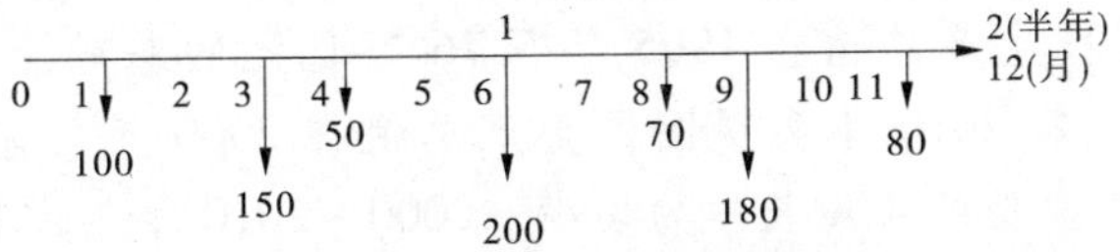

图3-11 例3-14 现金流量图

解:计息期利率 $r=8\%/2=4\%$,由式(3-55)得

年利率 $r=8\%$,半年计息一次,计息期内的收付款利息按单利计算

$$A_1 = 100 \times (1 + \frac{5}{6} \times 4\%) + 150 \times (1 + \frac{3}{6} \times 4\%) + 50 \times (1 + \frac{2}{6} \times 4\%) + 200 = 507$$

$$A_2 = 70 \times (1 + \frac{4}{6} \times 4\%) + 180 \times (1 + \frac{3}{6} \times 4\%) + 80 \times (1 + \frac{1}{6} \times 4\%) = 336$$

然后利用普通复利公式即可求出年末金额 F 为

$$F = 507 \times (F/P, 4\%, 1) + 336 = 507 \times 1.04 + 336 = 863.28$$

(3)复利计算。在计息周期内的收付按复利计算,此时,计息周期利率相当于“实际利率”,收付周期利率相当于“计息期利率”。收付周期利率的计算正好与已知名义利率求解实际利率的情况相反。收付周期利率计算出来后即可按普通复利公式进行计算。

【例 3-15】 某人每月存款 100 元,限期一年,年利率为 8%,每季计息一次,复利计算,计息期内收付利息按复利计算,问年末他的存款金额有多少?

解:据题意绘制现金流量如图 3-12 所示。

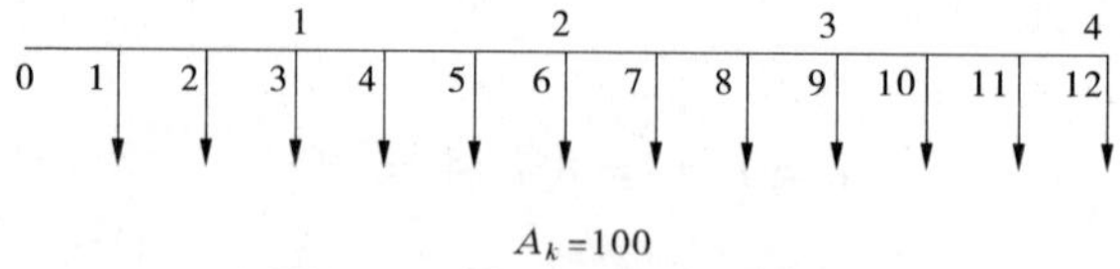

图 3-12 例 3-15 现金流量图

名义利率为 8%,每季计息一次,计息期内收付利息按复利计算。

计息利息率(季度实际利率)$i_{季} = 8\%/4 = 2\%$

运用实际利率公式计算收付期利率如下

$$i_{eff} = (1 + r/m)^m - 1$$

$$i_{季} = (1 + r_{季}/3)^3 - 1 = 2\%$$

解得

$$r_{季} = 1.966\ 8\%$$

则每月利率 $r_{月} = 0.662\ 3\%$,每月复利一次,这与用季度利率 2%、每季度复利一次是相同的。利用普通复利公式即可求出年末金额 F 为

$$F = 100 \times (F/A, 0.662\ 3\%, 12) = 100 \times 12.446\ 9 = 1\ 244.69(\text{元})$$

注意:在计息周期内的收付按复利计算时,收付周期利率不能直接使用每月利率,即 $8\%/12 = 0.666\ 7\%$,因为复利是每季度一次而非每月一次。

二、利用复利表计算未知利率、未知期(年)数

(一)计算未知利率(或投资收益率)

【例 3-16】 在我国国民经济和社会发展“九五”计划和 2010 年远景目标纲要中提出,到 2000 年我国国民生产总值在 1995 年 5.76 万亿元的基础上达到 8.5 万亿元;按 1995 年不变价格计算,在 2010 年实现国民生产总值在 2000 年的基础上翻一番,问“九五”期间我国国民生产总值的年增长率为多少?2000～2010 年年增长率又是多少?

解:据题意绘制现金流量如图 3-13 所示。

由 $F = P(1+i)^n$ 两边取对数即可解得 i,但计算较繁,一般不用,而是利用复利计算。

由公式 $F = P(F/P, i, n)$ 得 $(F/P, i, n) = F/P$,则

(1)“九五”增长率 i_1

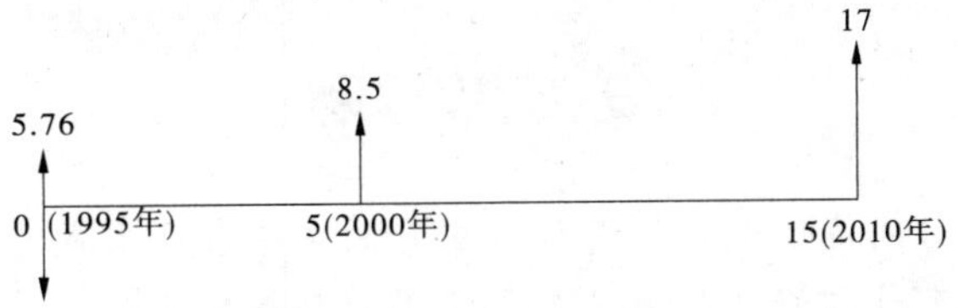

图 3-13　例 3-16 现金流量图

$$(F/P,i_1,n)F/P = 8.5/5.76 = 1.4757$$

其中，$(F/P,8\%,5) = 1.4693$，$(F/P,9\%,5) = 1.5386$

显然，所求 i_1 在 8% 和 9% 之间，利用线性内插法即可解得

$$i_1 = 8\% + \frac{1.4757 - 1.4693}{1.5386 - 1.4693} \times (9\% - 8\%) = 8.09\%$$

（2）2000～2010 年年增长率 i_2

同理，可得 $(F/P,i_2,n) = F/P = 17/8.5 = 2$

$$(F/P,7\%,10) = 1.9672，(F/P,8\%,10) = 2.1589$$

线性内插解得

$$i_2 = 7\% + \frac{2 - 1.9672}{2.1589 - 1.9672} \times (8\% - 7\%) = 7.17\%$$

所以"九五"期间我国国民生产总值的年增长率为 8.09%，2000～2010 年年增长率为 7.17%。

当然，采用线性内插法是有误差的，因为因子的数值与时间呈指数关系，但由于线性内插是在极小的范围内进行的（一般不超过 2 个百分点），这种误差对方案评价来说影响甚微，不影响方案评价的结论。

（二）计算未知期（年）数

【例 3-17】　某企业贷款 200 万元建一工程，第 2 年底建成投产，投产后每年收益 40 万元。若年利率为 10%，问在投产后多少年能归还 200 万元的本息？

解：据题意绘制现金流量如图 3-14 所示。

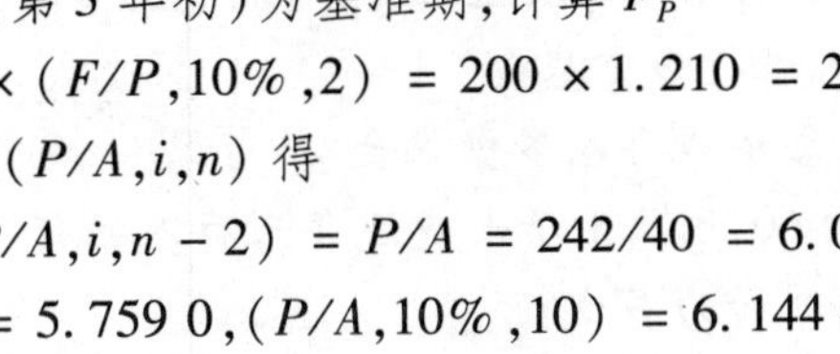

图 3-14　例 3-17 现金流量图

以投产之日第 2 年底（第 3 年初）为基准期，计算 F_P

$$F_P = 200 \times (F/P,10\%,2) = 200 \times 1.210 = 242（万元）$$

计算返本期，由 $P = A(P/A,i,n)$ 得

$$(P/A,i,n-2) = P/A = 242/40 = 6.05$$

由于 $(P/A,10\%,9) = 5.7590$，$(P/A,10\%,10) = 6.1446$

由线性内插法求得 $n-2 = 9.7547$

所以，在投产后 9.754 7 年才能返还投资。

复习思考题

1. 什么叫资金的时间价值？在经济计算中它的主要表现形式有哪些？

2. 画现金流量图有什么好处？为什么要采用计算基准年？

3. 实际年利率是什么？名义年利率是什么？两者之间有什么关系？

4. 某人将 1 000 元存入银行，年利率为 5%。

(1)若 1 年复利一次，5 年后本利和为多少？若此人想得到 2 倍于本金的资金，需存款多久？

(2)若半年复利一次，5 年后本利和是多少？此时银行的实际利率为多少？

5. 某公司需用一台设备，买价 120 000 元，可使用 10 年，如租赁此设备，则每年末需付租金 18 000 元，连续付 10 年，假设利率为 6%。问该公司是购买设备还是租赁设备划算？

6. 某公司拟购置一处房产，房主提出两种付款方案：

(1)从现在起，每年年初支付 20 万元，连续支付 10 次，共 200 万元。

(2)从第 5 年开始，每年年初支付 25 万元，连续支付 10 次，共 250 万元。假设该公司的资金成本率（最低报酬率）为 10%，你认为该公司应选择哪个方案？

7. 某企业 10 年内支付租赁费 3 次；第 1 年末支付 1 000 元，第 4 年末支付 2 000 元，第 8 年末支付 3 000 元。设年利率为 8%，试求这一系列支付折合成年值是多少？

8. 某人借了 5 000 元，打算在 48 个月中以等额月末支付分期还款。在归还 25 次后，他想第 26 次以一次支付立即归还余下借款，年利率为 24%，每月计息一次，问此人归还的总金额为多少？

9. 某工厂现在投资 1 000 万元，两年后再投资 1 500 万元建一车间，第 3 年开始的 5 年中，每年获利 700 万元，之后报废，报废时残值为 250 万元，利率为 10%。画现金流量图，并计算期末值。

10. 计划做两次等额的存款储蓄，第 1 次在两年后，第 2 次在 4 年后，若想使得在第 2 次开始时的 5 年中，每年末可提取 1 000 元，而后隔年再可提取一次 5 000 元。画现金流量图，并计算出等额存款额，利率为 10%。

11. 某企业向银行借款，协议书中规定：借款期为 6 年，年利率第 1 年和第 2 年为 3%，第 3 年和第 4 年为 6%，第 5 年和第 6 年为 12%，借款本利分 3 次还清，第 2 年末归还 20 000元，第 4 年末归还 30 000 元，第 6 年末归还 50 000 元。试问本借款总额是多少？

12. 企业 5 年后需 10 万元作技术改造经费，年利率为 8%，问：

(1)现在应一次性存入银行多少基金？

(2)若每年等额存储，每年应存入多少基金？

13. 小李将每年领到的 60 元独生子女费逐年末存入银行，年利率为 5%，当独生子女 14 岁时，按复利计算，其本利和为多少？

14. 某大学生在大学 4 年学习期间，每年年初从银行借款 4 000 元用以支付学费，若按年利率 6% 计复利，第 4 年末一次归还全部本息需要多少钱？

第四章　工程经济效果评价

工程经济效果评价是投资项目或方案评价的核心内容，是项目决策科学化的重要手段。经济效果评价通常应从两方面加以考察：一是所谓“绝对经济效果检验”，即通过项目方案本身的收益与费用的比较评价方案；二是“相对经济效果检验”，即从多个方案中选择最优方案。在工程经济分析中，两者总是相辅相成的。

项目的经济效果可以用一系列的经济评价指标来反映，它们从不同角度反映项目的经济性。这些指标主要可以分为两类：一类是以货币单位计量的价值型指标，如净现值、净年值、费用现值、费用年值等；另一类是反映资金利用效率的效率型指标，如效益费用比、内部收益率等。由于这两类指标是从不同角度考察项目的经济性的，所以在对项目方案进行经济效果评价时，应当尽量同时选用这两类指标而不是单一指标。

按是否考虑资金的时间价值，经济效果评价指标分为静态评价指标和动态评价指标。不考虑资金的时间价值的评价指标称为静态评价指标，考虑资金的时间价值的评价指标称为动态评价指标。

静态评价指标主要用于技术经济数据不完备和不精确的项目初选阶段，动态评价指标则用于项目最后决策的可行性研究阶段。本书中主要讨论动态评价指标及其评价方法。

根据所采用指标的不同，经济效果评价方法有净现值（年值）法、效益费用比法、内部收益率法、投资回收年限法等。

另外，由于项目方案的决策类型有多种，各类指标的适用范围和应用方法也是不同的，因此也需要根据方案的不同决策类型选择合适的评价方法。

第一节　工程方案决策类型

为达到同一目的，往往可以有多种不同的技术方案，其所需的投入产出可能是不同的，又因投入和产出可能转化为货币单位，所以从经济角度来看，技术方案也是投资方案，即以一定的资金投入获取相应的经济效益。

对投资方案作经济效果评价要解决两个问题：

（1）经济效果是否满足某一绝对检验标准，即“筛选”方案。

（2）看哪个方案的经济效果更好，即“择优”问题。

以上两个问题的解决方法，根据各方案之间的关系，一般可分为独立方案、互斥方案和相关方案3种决策类型。

一、独立方案

独立方案是指各方案之间相互独立，不具有相关性。各方案可同时独立存在，选定一方案并不妨碍选定另一方案，只要经济上允许也可同时选定方案群中的有利方案加以组合，任一方案的采用与否均不影响其他方案是否被采用，并且其经济效果可以相加。

独立方案的采用与否，只取决于方案自身的经济性，经济上是否可行的判据是其绝对经济效果指标是否优于一定的检验标准。凡通过绝对经济效果检验的方案，就认为它在经济上是可以接受的，否则就应予以拒绝。因此，多个独立方案与单一方案的评价方法是相同的。

对于独立方案而言，不论采用哪种评价指标和评价方法，评价结果都是一样的。

二、互斥方案

互斥方案是指方案之间存在互相排斥的关系，进行方案比选时，选定其中一个方案就不能再选其余方案。

同一工程的不同规模是互斥方案的典型例子，例如某坝址上的水电工程，选高坝方案就不能选低坝方案，它们构成互斥的比较方案。

在水利工程中，为达到同一目的，往往在技术上有多种可行的方案，它们构成互斥方案，常称为替代方案，其中仅次于最优方案的替代方案称为最优等效替代方案。

在方案互斥的条件下，经济效果评价包含了两部分内容：一是考察各个方案自身的经济效果，即进行绝对效果检验；二是考察哪个方案最优，即相对效果检验。两种检验的目的和作用不同，通常缺一不可。

互斥方案经济效果评价的特点是要进行方案比选，不论使用何种评价指标，都必须满足方案间具有可比性的要求。一般来说，各个比较方案应满足下列可比性条件。

（一）满足需要的可比性

各个比较方案在产品（水、电或其他）数量、质量、时间、地点、可靠性等方面，须同等程度地满足国民经济发展的需要。例如，为了满足某一地区供水的要求，可以就地开发地下水资源，开凿深井，抽引地下水；也可以在河流上筑坝拦蓄地面径流，经沉淀、过滤、消毒后输水供给各个用水户。这两个方案在技术上都是可行的，均能满足该地区对水量、水质及可靠性等的要求。

（二）满足效益和费用的可比性

满足效益和费用的可比性要求主要表现在性质和计算范围两个方面：

（1）要使用统一货币单位和接近于价值的价格。当前在经济比较分析中存在一个重要的问题，就是我国某些工农业产品（例如粮食、燃料、电力等）的现行价格不能反映其价值，价格与价值之间存在着相当大的背离。因此，国家计划委员会于1987年颁布的《建设项目经济评价方法与参数》明确规定：在进行国民经济评价时，对于国内价格明显不合理的投入物和产出物，应以影子价格进行效益和费用的计算。

（2）计算范围必须相同。比如工程费用，不仅包括工程的一次性造价和经常性年运行费两部分，还应包括主体工程和配套工程等全部费用。

例如在电力建设工程中，无论考虑水电站方案或火电站方案，其费用都应从一次能源开发工程计算起，至二次能源转变完成并输电至负荷中心地区为止。因此，水电站方案的费用应包括水库、输水建筑物、水电厂、输变电工程等各部分费用；火电站方案的费用则应包括煤矿、铁路、火电厂、输变电工程等各部分费用,这样水电、火电开发方案的总费用才具有可比性。

(三)满足时间上的可比性

各个比较方案需满足时间上的可比性,指的是:

(1)要考虑资金的时间价值。由于各个方案的建设期及各年投资不同,生产期各年的效益和年运行费也不相同,为了进行比较,必须把各年的投资、运行费和效益按同一折现率折算到同一计算基准年,然后进行方案比较。

(2)经济计算期的一致性。如经济计算期不相同,则必须化为相同,或采用不要求经济计算期相同的评价方法,如净年值法等。

(3)为使方案具有一致的比较基础,必须在同一经济计算期内、按同一基准点、以同一利率考虑各方案的经济效果。

(4)满足环境保护、生态平衡等要求的可比性。

修建电站无论采用哪个方案,都应同等程度地满足国民经济对环境保护、生态平衡等方面的要求,或者采取补偿措施,使各比较方案都能满足国家规定的要求。例如,对于水电站方案,一般均有水库淹没损失,此时应考虑各种补偿投资费用,以便安置库区移民,使他们搬迁后的生产水平和生活水平不低于原来水平,对淹没对象应考虑防护工程费或恢复改建费。对于火电站方案,当燃烧煤炭时,必然对四周环境产生污染,因此应及早考虑设置消烟、除尘、去硫设备以及灰渣清除工程,保证环境质量,为此增加的费用,均应计入火电站的基本建设投资中。

三、相关方案

在多个方案之间,如果接受或拒绝某一方案,会显著改变其他方案的现金流量,或会影响对其他方案的选择,我们说这些方案是相关的。实际上,我们可以将独立方案和互斥方案看成是相关方案的特例,可以认为,独立方案是相关系数为0的方案,互斥方案是相关系数为1的相关方案。

相关方案的例子很多,如为解决防洪问题,既可以修建水库,也可以整治河道,或是修筑堤防工程等,还可以同时采用以上几种措施组合。又比如为满足运输要求,可以修建铁路、公路或两者都建,各方案之间既相互影响,又互相排斥,这些都是相关方案的情况。

在对水利工程的经济效果进行评价时,相关方案不能简单地按照独立方案或互斥方案的评价方法进行决策,而常采用穷举法,将各方案组合成完全互斥的方案,再按互斥方案的评价方法进行评价选择。

以前面提到的防洪问题为例,我们可以将3种措施组合成7种互斥方案:①只修建水库;②只整治河道;③只修筑堤防工程;④修建水库并整治河道;⑤修建水库并修筑堤防工程;⑥整治河道并修筑堤防工程;⑦修建水库、整治河道并修筑堤防工程。这样,就可以按互斥方案的评价方法对这7种方案进行评价。

第二节　净现值、净年值及其评价方法

一、净现值

净现值（Net Present Value, *NPV*）是对投资项目进行动态评价的最重要的指标之一，它可以反映出项目在经济寿命期内的获利能力。该指标是把项目经济寿命期内各年的效益和费用，按一定折现率折算到某一基准年（通常在投资期初）后的现值累加值。因此，净现值法的原理就是用净现值的大小来评价工程方案的合理性。净现值的计算式为

$$NPV = B - C = \sum_{t=0}^{n} \frac{B_t - C_t}{(1 + i_0)^t} \tag{4-1}$$

式中　B——效益；

C——费用；

B_t——第 t 年的效益；

i_0——基准折算率；

C_t——第 t 年的费用，包括投资 K_t 和年运行费 U_t，即 $C_t = U_t + K_t$。

对独立项目而言：

（1）当 $NPV>0$，即 $B>C$ 时，表示项目总效益大于总费用，方案在经济上是可行的。

（2）当 $NPV<0$，即 $B<C$ 时，表示项目总效益小于总费用，方案在经济上是不可行的。

（3）当 $NPV=0$，即 $B=C$ 时，表示项目总效益等于总费用，这时应对方案作综合评价，如果项目对国民经济有利，则方案也是可行的。

当进行互斥方案优选时，采用净现值法时要求各比选方案具有相同的寿命期，如寿命期不同，应采用如下处理办法化为相同的寿命期：①以各方案寿命的最小公倍数为公共的计算分析期，期内各方案均有若干次设备更新；②以各方案中最短的寿命为计算期，其余方案在期末计算重估价值；③以各方案中最长的寿命为计算期，其余方案进行若干次设备更新，并计算期末残值。

因此，对于互斥方案优选，首先将各方案化为相同的寿命期，然后计算各方案的净现值，所有净现值大于零的方案都是可行的方案，且净现值最大的方案为最优的方案。

【例 4-1】　某企业欲购新设备，有两种方案（购买费用、年净效益等数据见表 4-1），按复利计算，年折算利率 $i=8\%$，试用净现值的方法选择方案。

表 4-1　例 4-1 方案现金流量表

方案	购买费用（万元）	年净效益（万元）	使用期（年）	残值（万元）
甲	2 000	450	10	80
乙	3 000	650	10	150

解：这是分析期相同的两个方案的经济比较问题，首先画出资金流程图，具体见图 4-1 和图 4-2。

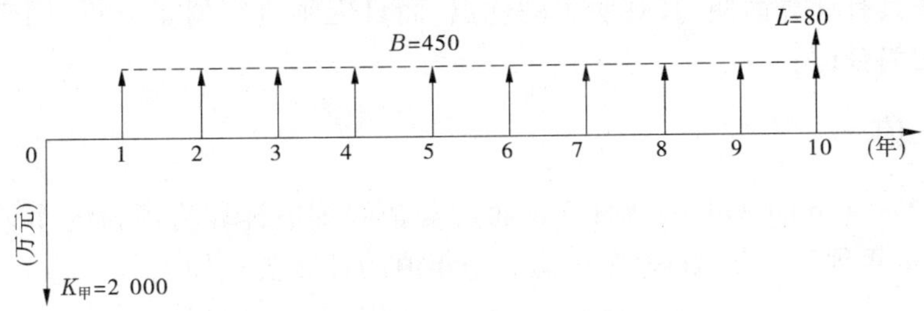

图 4-1　例 4-1 甲方案的资金流程图

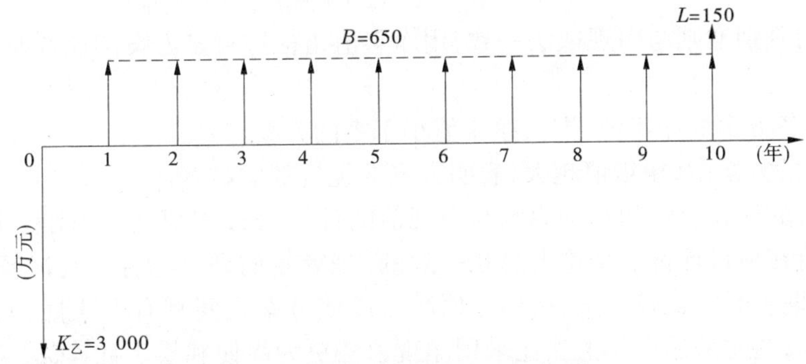

图 4-2　例 4-2 乙方案的资金流程图

根据上述资金流程图,分别计算净现值如下:

$$NPV_{甲} = -2\,000 + 450(P/A,8\%,10) + 80(P/F,8\%,10)$$

$$= -2\,000 + 450 \times \frac{(1+0.08)^{10}-1}{0.08\times(1+0.08)^{10}} + \frac{80}{(1+0.08)^{10}}$$

$$= 1\,056.60(万元)$$

$$NPV_{乙} = -3\,000 + 650(P/A,8\%,10) + 150(P/F,8\%,10)$$

$$= -3\,000 + 650 \times \frac{(1+0.08)^{10}-1}{0.08\times(1+0.08)^{10}} + \frac{150}{(1+0.08)^{10}}$$

$$= 1\,431.03(万元)$$

$NPV_{乙} > NPV_{甲}$,乙方案为优。

下面对净现值作进一步讨论。由净现值的计算表达式可以看出,净现值的大小对折现率 i 比较敏感。若以纵坐标表示净现值,横坐标表示折现率 i,则净现值与折现率的关系可以用图 4-3 表示。

可见,净现值 NPV 与折现率 i 的关系有如下特点:

(1)净现值随折现率的增大而减小,基准折现率 i_0 定得越高,能被接受的方案就越少。

(2)曲线与横轴的交点表示在该折现率 i_0 下,净现值 NPV 等于 0,这个 i_0 是一个具有重要经济意义的折现率临界值,称为内部收益率,后面还要对它作详细的分析。

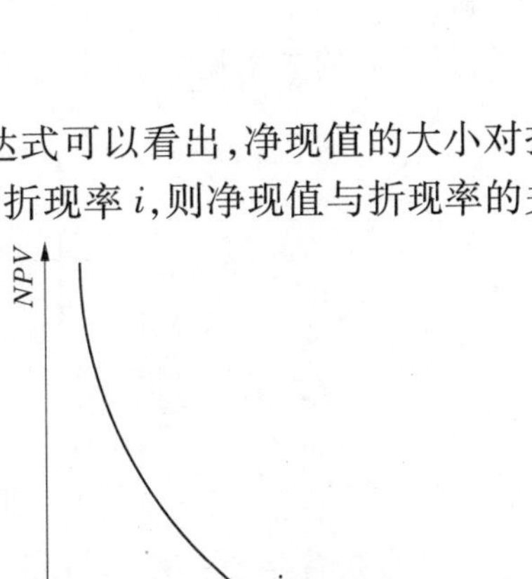

图 4-3　净现值 NPV 与折现率 i 的关系

净现值法具有计算简便、直观明了的优点，而且无须进行增量分析，用于寿命期相同的互斥方案尤为合适。

二、净年值

净年值（Net Annual Value, NAV）是通过资金的等值计算将项目的净现值分摊到寿命期内（从第 1 年到第 n 年）的等额年值。净年值的计算公式如下

$$NAV = NPV(A/P, i_0, t) = \sum_{t=0}^{n} \frac{B_t - C_t}{(1+i_0)^t} \frac{i_0(1+i_0)^t}{(1+i_0)^t - 1} \tag{4-2}$$

净年值的判别准则与净现值法一致，用净年值指标进行多方案的比选时，可按下面步骤进行。

（1）计算各方案的净年值，淘汰净年值小于零的方案。

（2）余下的方案中，净年值越大，表明方案的经济效益越好。

将净年值的计算公式和判别原则与净现值的计算公式和判别原则作一比较可知，净年值与净现值在项目评价的结论上总是一致的，是等效的评价指标。与净现值法不同的是，对于寿命期不同的比较方案，使用年值法可以使方案之间具有可比性，而不必强求经济计算期相同，这时采用净年值法比采用净现值法更为简便和易于计算，故净年值指标在经济评价指标体系中占有相当重要的地位。

【例 4-2】 某地区要解决增长供电的要求，有两个方案，经济指标见表 4-2，假定年折算利率为 8%，用净年值的方法选择方案。

表 4-2　例 4-2 方案经济指标

方案	建设总投资(亿元)	年运行费(亿元)	年效益(亿元)	使用期(年)
火电站	12	0.4	1.3	30
水电站	15	0.1	1.5	50

解：作出两个方案的资金流程图，具体见图 4-4 和图 4-5。火电站和水电站使用寿命不同，但不影响方案比较，要比较的是净效益年金。

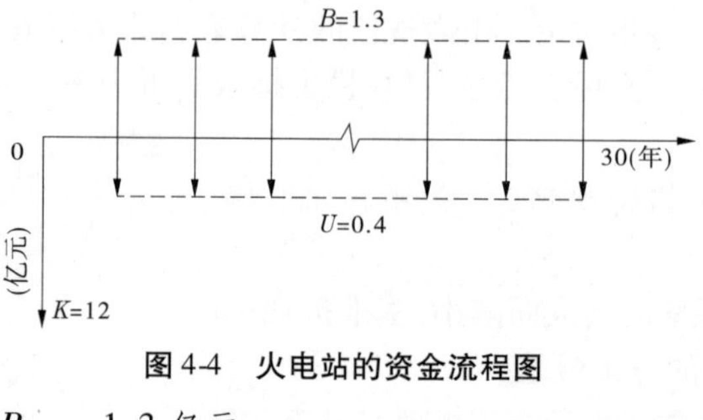

图 4-4　火电站的资金流程图

火电站效益年金：$B_{火} = 1.3$ 亿元

火电站费用年金：$C_{火} = U + K(A/P, i, n) = 0.4 + 12(A/P, 8\%, 30) = 1.47$ 亿元

$$NAV_{火} = B_{火} - C_{火} = 1.3 - 1.47 = -0.17(亿元)$$

水电站效益年金：$B_{水} = 1.5$ 亿元

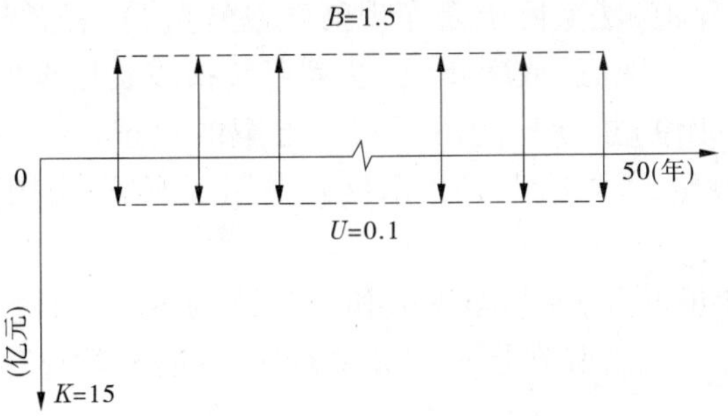

图 4-5　水电站的资金流程图

水电站费用年金：$C_{水} = U + K(A/P,i,n) = 0.1 + 15(A/P,8\%,50) = 1.33$ 亿元

$$NAV_{水} = B_{水} - C_{水} = 1.5 - 1.33 = 0.17(\text{亿元})$$

根据净年值的评价原则，火电站为经济上不可行的方案，选择水电站方案。

三、费用现值与费用年值

在对多方案进行比选时，有时方案的产出难以计量或预测，如企业里的一些后方生产用设备、环保项目、教育项目、社会公益项目等的产出是难以计量和预测的，对这些项目的方案进行比较时，往往只考虑费用，也有一些产出相同的方案，在比较时为了简便起见，不考虑产出。仅用费用来比较方案，常见的指标有两种，即费用现值 *CPV*（Cost Present Value）和费用年值 *CAV*（Cost Annual Value）。

（一）费用现值

所谓费用现值 *CPV*，就是指按照一定的折现率，在不考虑项目或方案收益时，将项目或方案每年的费用折算到某个时刻（一般是期初）的现值之和。其表达式为

$$CPV = \sum_{t=0}^{n} CO_t (1 + i_0)^{-t} \tag{4-3}$$

式中　*CPV*——项目或方案的费用现值；

n——项目的寿命周期（或计算期）；

CO_t——项目或方案第 t 年的费用；

i_0——折现率。

用费用现值判断方案时，各项目必须满足相同的需要，如果不同的项目满足不同的需要，就无法进行比较。因此，费用现值的判断准则是：在满足相同需要的条件下，费用现值最小的方案最优。

（二）费用年值

所谓费用年值 *CAV*，是指通过资金等值换算，将项目的费用现值分摊到寿命期内各年的等额年值。其表达式为

$$CAV = \left[\sum_{t=0}^{n} CO_t (1 + i_0)^{-t}\right](A/P,i_0,n) = NPV(A/P,i_0,n) \tag{4-4}$$

式中　*CAV*——项目或方案的费用年值；

$(A/P,i_0,n)$——等额支付资本回收系数；

其他符号意义与式（4-3）相同。

费用现值(或费用年值)法实际上是净现值(或净年值)法的特例,当各方案的效益值相同而不必参与计算时,净现值(或净年值)法就可转换成费用现值(或费用年值)法。

费用现值(或费用年值)指标只能用于多个方案的比选,对于单一方案的评价,费用现值(或费用年值)指标毫无意义,其判别准则是费用现值(或费用年值)最小的方案为最优方案。

费用现值与费用年值的关系,与净现值和净年值的关系一样,因此就评价结论而言,二者是等效的评价指标。二者除在指标含义上有所不同外,就计算的方便简易而言,对不同的方案类型各有所长。

【例 4-3】 为满足生产需要,某工厂要求从以下两可行方案中选择较优方案。已知折算率 $i=8\%$。各方案现金流量见表 4-3。

解:这是属于效益相同的两个方案的选择问题,分别作出两个方案的资金流程图(见图 4-6、图 4-7)。

表 4-3　例 4-3 方案现金流量表　　(单位:元)

方案	甲	乙
一次性投资	80 000	60 000
年运行费	10 000	11 000
使用期末残值	4 000	3 000
使用年限(年)	12	6

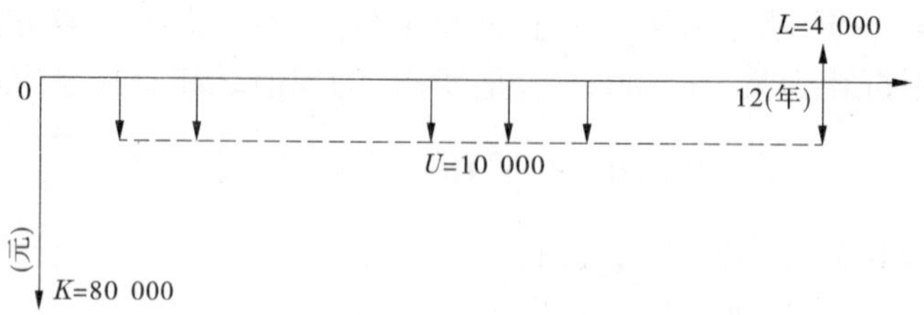

图 4-6　例 4-3 甲方案的资金流程图

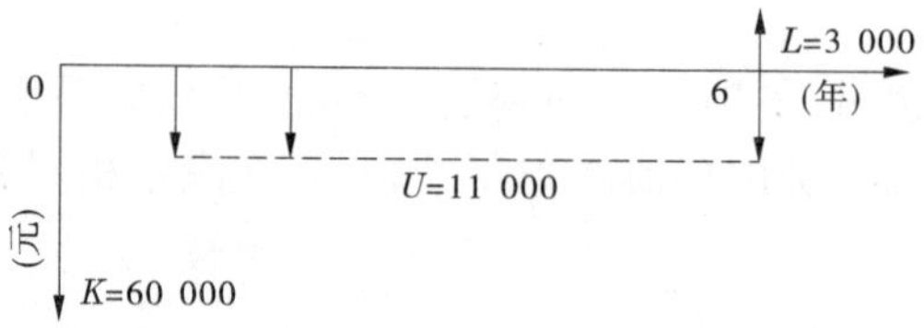

图 4-7　例 4-3 乙方案的资金流程图

甲方案 12 年内每年费用为

$$
\begin{aligned}
CAV_{甲} &= K(A/P,i,n) - L(A/F,i,n) + U \\
&= 80\,000(A/P,8\%,12) - 4\,000(A/F,8\%,12) + 10\,000 \\
&= 80\,000 \times 0.132\,7 - 4\,000 \times 0.052\,7 + 10\,000 \\
&= 20\,405(元)
\end{aligned}
$$

$$
CAV_{乙} = 60\,000(A/P,8\%,6) - 3\,000(A/F,8\%,6) + 11\,000
$$

$= 60\ 000 \times 0.2163 - 3\ 000 \times 0.1363 + 11\ 000$

$= 23\ 569$(元)

$CAV_{甲} < CAV_{乙}$,因此甲方案是较优方案。

通过设想较短使用期的设备由具有同等经济效果的设备更换,这就避开了分析期问题。因此,与现值法相比,费用年值法对分析期没有那么严格的要求,只要适当注意就可以了。

四、净现值率

净现值用于多方案比较时,虽然能反映每个方案的盈利水平,但是由于没有考虑各方案的投资额大小,因而不能直接反映资金的利用效率。为了弥补这方面的不足,可采用净现值率作为净现值的辅助指标。

净现值率 $NPVR$(Net Present Value Ratio)定义为项目净现值与项目总投资之比,其经济意义是单位投资现值所能带来的净现值。其计算式为

$$NPVR = \frac{NPV}{K} = \frac{B - C}{K} = \sum_{t=0}^{n} \frac{B_t - C_t}{K_t (1 + i_0)^t} \tag{4-5}$$

式中　K_t——第 t 年的投资额;

其余符号意义同前。

当投资没有限制时,进行方案比较时,选取 NPV 最大的方案作为最优方案;若投资有资金限制,则需要考虑单位投资效率,应计算 $NPVR$,选择 $NPVR \geqslant 0$ 且 $NPVR$ 最大的方案作为最优方案。

【例 4-4】　设备甲和设备乙功能与寿命相同,现金流量如表 4-4 所示。设年利率 $i = 8\%$,试用净现值率法做设备经济效益比较。

表 4-4　例 4-4 设备现金流量表　(单位:元)

年	0	1	2	3
甲	-9 000	4 500	4 500	4 500
乙	-14 500	6 000	6 000	8 000

设备甲和设备乙的现金流量图分别如图 4-8 和图 4-9 所示。

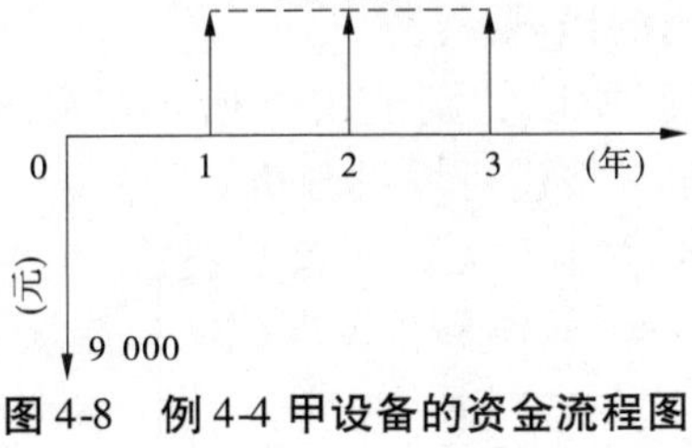

图 4-8　例 4-4 甲设备的资金流程图

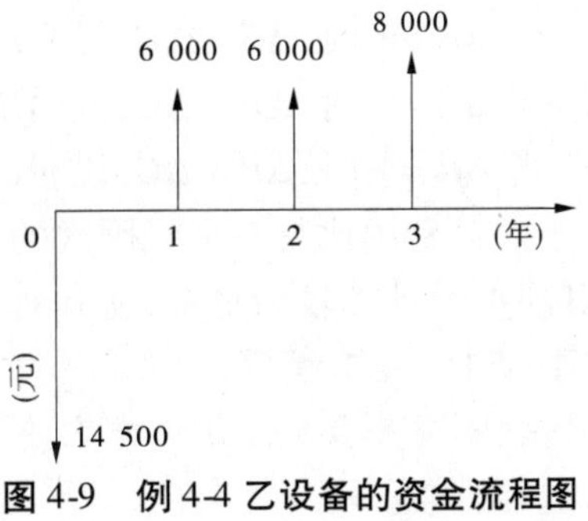

图 4-9　例 4-4 乙设备的资金流程图

$$NPV_{甲} = -9\ 000 + 4\ 500 \times (P/A, 8\%, 3) = 2\ 596.9(元)$$

$$NPV_{乙} = -14\ 500 + 6\ 000 \times (P/A,8\%,2) + 8\ 000 \times (P/F,8\%,3) = 2\ 552.3(元)$$

$$NPVR_{甲} = \frac{NPV_{甲}}{K_{甲}} = \frac{2\ 596.9}{9\ 000} = 0.29$$

$$NPVR_{乙} = \frac{NPV_{乙}}{K_{乙}} = \frac{2\ 552.3}{14\ 500} = 0.18$$

$NPVR_{甲} > NPVR_{乙}$，设备甲为最优。

第三节　效益费用比及其评价方法

效益费用比（Benefit Cost Ration）是指工程方案在经济分析期中的各年效益的折算现值（或年值）之和与各年费用的折算现值（或年值）之和的比值。其计算公式为

$$R = \frac{B_{总}}{C_{总}} = \sum_{t=0}^{n} \frac{B_t}{(1+i_0)^t} \Big/ \sum_{t=0}^{n} \frac{C_t}{(1+i_0)^t} \tag{4-6}$$

或

$$R = \frac{B_{年}}{C_{年}} \tag{4-7}$$

式中　R——效益费用比（Ratio）；

$B_{总}$、$C_{总}$——总效益、总费用，指折算到基准年的效益或费用之和；

$B_{年}$、$C_{年}$——年效益、年费用，将总效益或总费用折算到每年的年等值。

就独立方案而言：

（1）当 $R>1$，即 $B>C$ 时，方案在经济上可行。

（2）当 $R<1$，即 $B<C$ 时，方案在经济上不可行。

（3）当 $R=1$，即 $B=C$ 时，应对方案进行全面分析，并衡量间接效益的大小。

当进行互斥方案优选时，采用效益费用比法也要求各比选方案具有相同的寿命期。效益费用比大于或等于1的方案在经济上都是可行的。而对于互斥方案的比较，则应在各可行方案中，对增加投资所得的效益进行增量分析，计算边际效益费用比。只有当增量的效益费用比大于或等于1时，增加投资的方案才是在经济上可行的。

增量分析的原理是：按费用的大小排队（由小到大），对相邻方案进行增量分析，即根据增加的费用 ΔC 和增加的效益 ΔB，计算其增量效益比 $\Delta R = \Delta B/\Delta C$，并按以下规则判断：

（1）当 $\Delta R>1$ 时，$\Delta B>\Delta C$，说明增加投资、扩大工程规模在经济上是合理的。

（2）当 $\Delta R<1$ 时，$\Delta B<\Delta C$，说明增加投资、扩大工程规模在经济上是不合理的。

（3）当 $\Delta R=1$ 时，$\Delta B=\Delta C$，说明已达到资源利用的极限。

由于效益费用比是一个无因次的指标，含义明确，所以特别适用于独立方案的评价。但是，其缺点是计算较为复杂，尤其对于互斥方案，还必须进行增量分析。

【例4-5】　某工程项目，有3个方案供比较，3个方案为互斥方案（投资、年效益、年运行费等数据见表4-5）。3个方案使用寿命均为20年，年折算利率为6%，试用效益费用比法来进行比较。

表 4-5　甲、乙、丙 3 方案现金流量表　（单位:万元）

方案	投资	年效益	年运行费	残值
甲	400	90	15	12
乙	100	18	4	3
丙	200	50	7	6

解:甲、乙、丙 3 方案资金流程图如图 4-10 ~ 图 4-12 所示。

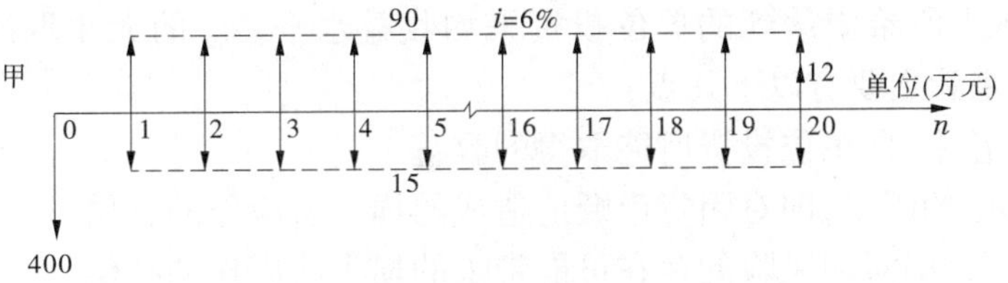

图 4-10　例 4-5 甲方案的资金流程图

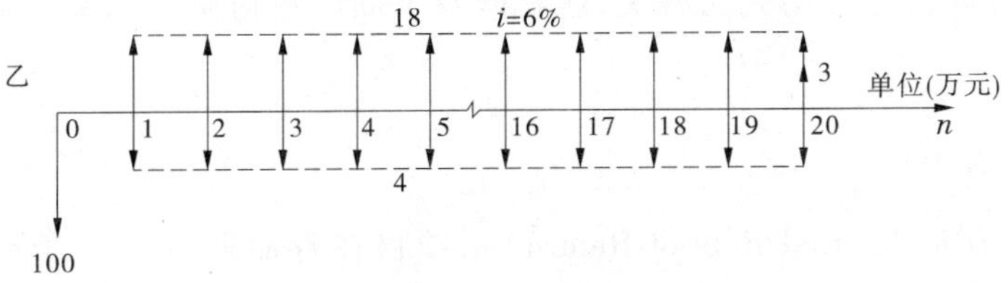

图 4-11　例 4-5 乙方案的资金流程图

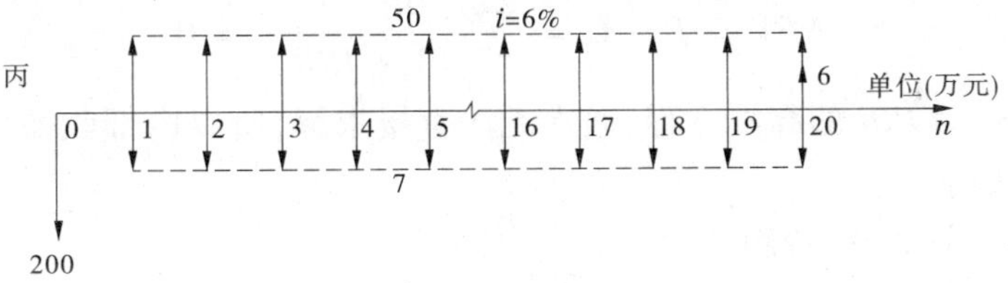

图 4-12　例 4-5 丙方案的资金流程图

(1)计算效益费用比

$$R_{甲}=\frac{90\times(P/A,6\%,20)+12\times(P/F,6\%,20)}{400+15\times(P/A,6\%,20)}=\frac{90\times11.469\,9+12\times0.311\,8}{400+15\times11.469\,9}=1.811\,1$$

$$R_{乙}=\frac{18\times(P/A,6\%,20)+3\times(P/F,6\%,20)}{100+4\times(P/A,6\%,20)}=\frac{18\times11.469\,9+3\times0.311\,8}{100+4\times11.469\,9}=1.421\,7$$

$$R_{丙}=\frac{50\times(P/A,6\%,20)+6\times(P/F,6\%,20)}{200+7\times(P/A,6\%,20)}=\frac{50\times11.469\,9+6\times0.311\,8}{200+7\times11.469\,9}=2.052\,8$$

(2)计算增量效益费用比。

将 3 个方案按费用从小到大排序,分别是乙、丙、甲

$$\Delta R_{乙\to丙}=\frac{32\times(P/A,6\%,20)+3\times(P/F,6\%,20)}{100+3\times(P/A,6\%,20)}=\frac{32\times11.469\,9+3\times0.311\,8}{100+3\times11.469\,9}=2.737\,7$$

$\Delta R_{乙\to丙}>1$,增加投资获得的效益大于所支付的费用,优选丙方案。

$$\Delta R_{丙\to甲}=\frac{40\times(P/A,6\%,20)+6\times(P/F,6\%,20)}{200+8\times(P/A,6\%,20)}=\frac{40\times11.4699+6\times0.3118}{200+8\times11.4699}=1.5789$$

$\Delta R_{丙\to甲}>1$，增加投资获得的效益大于所支付的费用，优选甲方案。

综合上述比较，甲方案为最优。

第四节　内部收益率及其评价方法

前面我们讨论的净现值法和效益费用比法，都需要先给定一个标准的折现率 i_0，i_0 反映了投资者主观上所希望达到的单位投资平均收益水平。i_0 的大小取决于多方面的因素，从投资角度来看主要有以下几点：

（1）投资收益率，即单位投资所能取得的收益。

（2）通货膨胀的因素，即对因货币贬值造成的损失所应作的补偿。

（3）风险因素，即对因风险的存在可能带来的损失所应作的补偿。

若 $NPV>0$ 或 $R>1$，说明实际收益大于 i_0。但该工程项目的实际年均收益率究竟是多少，上述两种评价方法均无法解决，这就涉及下面即将讨论的内部收益率指标及其评价方法。

一、内部收益率

内部收益率 *IRR*（Internal Rate of Return）指项目在寿命期内各年净现金流量现值之和等于零时对应的折现率，即净现值为零时的折现率。数学表达式如下

$$NPV=B-C=\sum_{t=0}^{n}\frac{B_t-C_t}{(1+IRR)^t}=0 \tag{4-8}$$

由于式（4-8）为 *IRR* 的高次方程，通常无法直接求解，所以内部收益率的计算一般采用试算法，步骤如下：

（1）计算各年的效益、费用。

（2）假设一个折现率 *IRR*，并按此折现率分别将各年的效益和费用折算到基准年，得到总效益现值 B 和总费用现值 C。

（3）若 $B=C(NPV=0)$，表示 *IRR* 即为所求内部收益率；若 $B>C(NPV>0)$，表示假设 *IRR* 偏小，应选较大值；若 $B<C(NPV<0)$，表示假设 *IRR* 偏大，应选较小值。直到 $B=C$。

（4）为缩短试算过程，可用线性差值法近似求得内部收益率 *IRR*。当折算率为 IRR_1 时，$NPV>0$；当折算率为 IRR_2 时，$NPV<0$，可采用以下近似公式

$$IRR=IRR_1+(IRR_2-IRR_1)\frac{|NPV_1|}{|NPV_1|+|NPV_2|} \tag{4-9}$$

如图 4-13 所示，按线段 AC 作为曲线段 AC 的近似，则线段 AC 与横轴的交点 E 即为 *IRR* 的近似值。

在所有经济评价指标中，除净现值外，内部收益率是另一个重要的指标，该指标是投资项目财务盈利分析的重要评价依据。

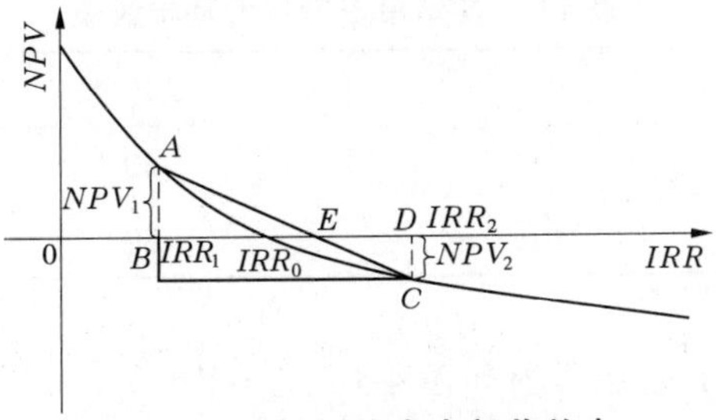

图 4-13　线性插值求内部收益率

就独立方案而言，若基准折现率为 i_0，项目求得的内部收益率为 IRR，则

（1）当 $IRR \geqslant i_0$ 时，项目在经济上可行，可接受方案。

（2）当 $IRR < i_0$ 时，项目在经济上不可行，予以拒绝。

对互斥方案的优选，还需进行增量分析。当各方案寿命期相同时，令对比方案增加的费用 ΔC 和增加的效益 ΔB 相等，然后求解方程的折现率 i_0，即为增加的 ΔIRR。

对于互斥的方案 A、B

因为
$$\Delta C = \Delta B$$
即
$$C_A - C_B = B_A - B_B$$
移项得
$$B_A - C_A = B_B - C_B$$
所以
$$NPV_A = NPV_B$$

如图 4-14 所示，J 点为 A、B 两方案净现值曲线的交点，在该点 $NPV_A = NPV_B$，相应的折现率即为 ΔIRR。由图 4-14 可以看出：

当 $i_0 < \Delta IRR$ 时，$NPV_A > NPV_B$，选方案 A；

当 $\Delta IRR < i_0 < IRR_A$ 时，$NPV_A > NPV_B$，选方案 B；

当 $IRR_A < i_0 < IRR_B$ 时，$NPV_A > 0$，$NPV_B < 0$，方案 A 不可行，选方案 B；

当 $i_0 > IRR_B$ 时，$NPV_A < 0$，$NPV_B < 0$，A、B 均不可行。

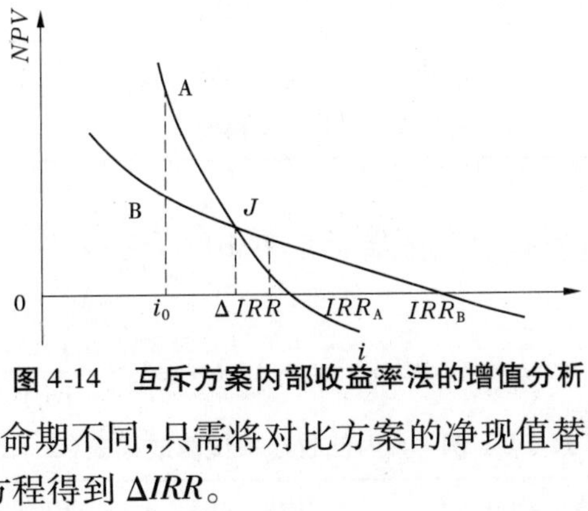

图 4-14　互斥方案内部收益率法的增值分析

同理，如果各方案寿命期不同，只需将对比方案的净现值替换成净年值，令各方案净年值 NAV 相等，然后解方程得到 ΔIRR。

【例 4-6】　有 A、B 两个工程方案（投资、年收益、年运行费数据见表 4-6），寿命期都为 10 年，设基准折现率为 10%，用内部收益率对两个方案进行评价。

表 4-6　各年投资运行费及年效益　　（单位:万元）

方案	投资	年效益	年运行费
A	200	50	10
B	340	80	16

解:甲、乙、丙 3 方案资金流程图如图 4-15、图 4-16 所示。

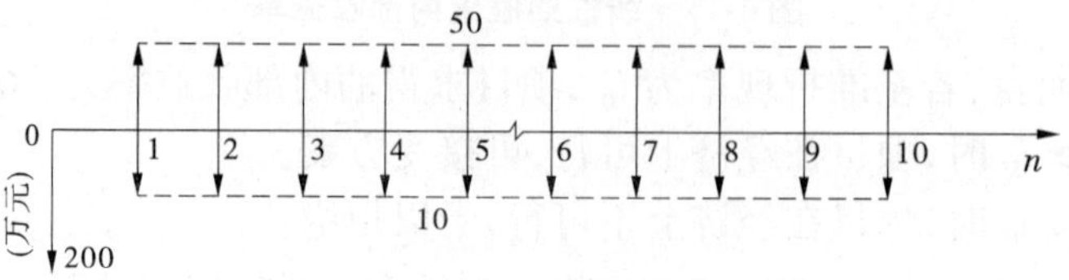

图 4-15　例 4-6 A 方案的资金流程图

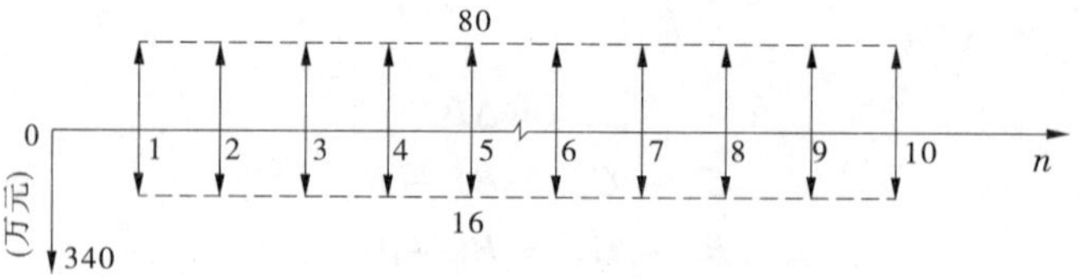

图 4-16　例 4-6 B 方案的资金流程图

$$NPV_A = -200 + 40 \times \frac{(1+i)^{10}-1}{i(1+i)^{10}}$$

$$NPV_B = -340 + 64 \times \frac{(1+i)^{10}-1}{i(1+i)^{10}}$$

表 4-7　例 4-6 内部收益率试算成果表(一)

方案	IRR_1	$NPV_1(>0)$	IRR_2	$NPV_2(<0)$	IRR
A	15%	0.76	16%	-6.672	15.10%
B	13%	7.276	14%	-6.17	13.54%

A、B 两方案内部收益率都大于基准折现率 10%(见表 4-7),需进行增量分析(见表 4-8)。

$$\Delta NPV = NPV_B - NPV_A = -140 + 24 \times \frac{(1+i)^{10}-1}{i(1+i)^{10}}$$

表 4-8　例 4-6 内部收益率试算成果表(二)

IRR_1	$NPV_1(>0)$	IRR_2	$NPV_2(<0)$	ΔIRR
11%	1.34	12%	-4.39	11.23%

令 $NPV_A = NPV_B$,经计算可得 $\Delta IRR = 11.23\% > 10\%$,优选 B 方案。

内部收益率是项目方案内在的回收投资的能力，它反映了项目在整个寿命期内的平均资金盈利能力。因此，内部收益率的经济含义可以理解为：在项目的整个寿命期内，如果按利率 $i = IRR$ 计算各年的净现金流量，会始终存在着未能收回的投资，只有到了寿命期末投资才能被全部收回，此时的净现金流量刚好等于0。

利用内部收益率进行计算时，不必事先给出折现率，而其计算结果（内部收益率）对投资者来说具有明确直观的意义，可与许多其他投资方式进行比较，在财务分析上和决定贷款利率的取舍时具有独特的优点。同时，也不要求互斥方案的经济计算期一致。不过当互斥方案的经济计算期不一致时，应令对比方案的净年值相等，然后求解方程未知数——折算率 i_0。

当然，内部收益率法也有其缺点，主要是计算比较复杂，对不同规模的互斥方案还要进行增量分析。此外，对非典型的投资项目，也应避免使用内部收益率法。

二、内部收益率的讨论

前面曾经提到，应避免对非典型投资项目使用内部收益率法，下面就这个问题做进一步的讨论。

典型投资是指项目投资都发生在工程建设初期，而后期只产生收益和年运行费的情况。在这种情况下，项目寿命初期净现金流量一般为负值（支出大于收入），进入正常生产期后，净现金流量逐渐变为正值（收入大于支出）。在项目的整个寿命期内，净现金流量由负变正的情况只发生一次。而对非典型投资，项目寿命后期又追加投资，导致多次出现净现金流量由负变正的情况。通常，绝大多数投资项目都属于典型投资的例子。

在计算 IRR 的表达式中，由于 B 和 C 的折现公式包含 $(1+i)^n$ 项，因此该方程是一个 n 次代数方程。从理论上讲，该方程应该有 n 个解。

对于典型投资项目，正负号只变化一次，曲线与横轴只有唯一的交点，这个交点即为对应的项目的内部收益率 i。

而对于非典型投资项目，例如在后期又追加投资的情况下，其净现值现金流量的正负号多次发生变化，则曲线与横轴将有多个交点，方程存在重解，如图4-17所示。

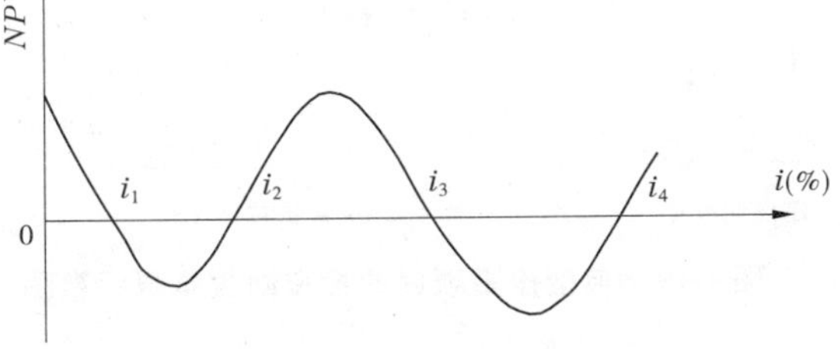

图4-17　非典型投资下有多重解

这些解中是否有真正的内部收益率呢？这就需要按照内部收益率的经济含义进行检验：即以这些解作为折现率，看在项目的寿命期内是否始终存在未被回收的投资。只要在项目寿命期末的净现值不是刚好等于0，则该折现率就不是真正的内部收益率。

可以证明，对于非典型投资情况，只要方程存在多个正解，则所有解都不是真正的项目内部收益率;但如果只有一个正解,则该解为项目的内部收益率。

第五节　投资回收年限及其评价方法

投资回收年限(T_n):指以项目的逐年净收益偿还总投资所需的时间。一般以年为单位,用以考察项目在财务上的投资回收能力。一般情况下,这一指标越短越好,其计算公式为

$$\sum_{t=0}^{T_n} \frac{(B_t - U_t) - K_t}{(1 + i_0)^t} = 0 \tag{4-10}$$

式中符号意义同前。

投资回收年限法的原理是计算各年累计折算的净效益值($B_t - C_t$)和累计折算的投资 K_t 相等时所需的年限,如图 4-18 所示。

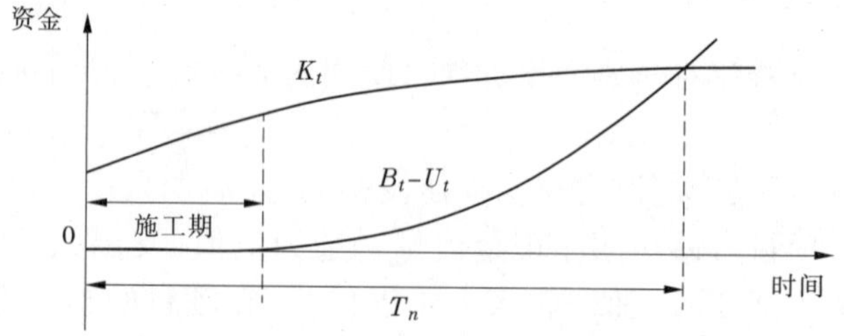

图 4-18　投资回收年限法原理图

一般 T_n 从工程建设开始年起算,如果从运行开始年起算,则应加以说明。

对于非典型投资项目,投资回收年限可根据项目现金流量表中累计净现金量计算求得,一般是列表计算。

对于典型投资项目,可以推导投资回收年限的计算公式。如图 4-19 所示,设前期投资为 K_t ,后期年效益为 B_t ,年运行费为 U_t ,建设期为 m 年,正常运行期为 n 年。

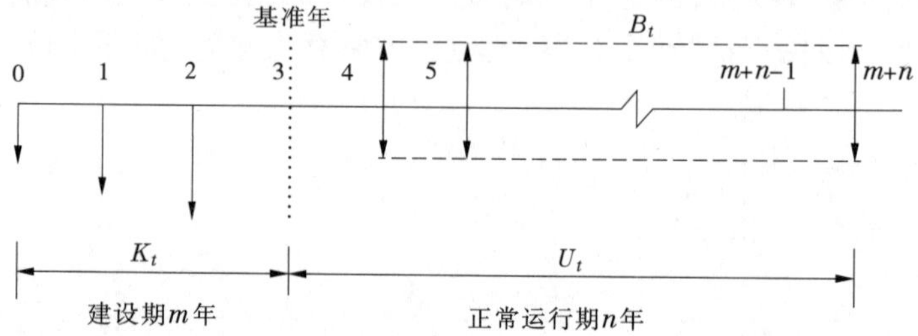

图 4-19　典型投资项目的投资回收年限示意图

将投资折算到基准年,有 $K = \sum_{t=0}^{m} K_t (1 + i)^{(m-t)}$,且年均净效益为 $B_t - U_t$,设在折算率为 i 时,以年均效益 $B_t - U_t$ 偿还总投资 K 需要 T'_n 年,有

$$K = (B_t - U_t) \frac{(1 + i)^{T'_n} - 1}{i (1 + i)^{T'_n}}$$

$$\frac{K}{B_t - U_t} = \frac{1}{i} - \frac{1}{i(1+i)^{T'_n}}$$

$$\frac{1}{i(1+i)^{T'_n}} = \frac{1}{i} - \frac{K}{B_t - U_t} = \frac{B_t - U_t - Ki}{i(B_t - U_t)}$$

求解得

$$T'_n = [\ln(B_t - U_t) - \ln(B_t - U_t - Ki)]/\ln(1+i) = -\ln(1 - \frac{Ki}{B_t - U_t})/\ln(1+i)$$

$$T_n = T'_n + m \tag{4-11}$$

式(4-11)即为典型投资情况下的投资回收年限计算公式。

若规定标准回收年限为 T_0,则

(1)当 $T_n < T_0$ 时,方案在经济上是可行的。

(2)当 $T_n > T_0$ 时,方案在经济上是不可行的。

【例 4-7】 某工程预计投资 1 500 万元,竣工后年收益 300 万元,年运行费 100 万元,若年折算利率为 8%,使用寿命为 15 年,试用动态投资回收年限法判断该工程是否可行。

解:

$$\begin{aligned} T_n &= -\ln\left(1 - \frac{Ki}{B_t - U_t}\right)/\ln(1+i) + m \\ &= -\ln\left(1 - \frac{1\ 500 \times 0.08 \times 1.18^0}{300 - 100}\right)/\ln(1+0.08) + 0 \\ &= 11.91(年) < 15\ 年 \end{aligned}$$

用动态投资回收年限法判断该工程可行。

投资回收年限概念清楚明确,它不仅在一定程度上反映项目的经济性,而且反映项目的风险大小,是项目初步评价时常见的评价指标。

但是投资回收年限法计算复杂,对于互斥方案还要进行增量分析。另外,该方法未考虑计划投资项目的使用年限,在回收期末把现金流量一刀切断,不考虑投资回收年限以后的收益,从而得出的评价结果带有假象。

事实上,有战略意义的长期投资往往早期效益较低,而中后期效益较高。回收期法优先考虑急功近利的项目,可能导致放弃长期成功的方案。此外,不考虑投资回收年限以后的收益,也就不能全面反映项目在寿命期内的真实效益,难以对不同的方案进行比较选择而作出正确判断。因此,用它作为评价依据时,有时会使决策失误。所以,投资回收年限法往往只作为辅助指标与其他指标结合使用。

第六节　经济评价方法的讨论

本章主要介绍 4 种经济评价方法,即净现(年)值法、效益费用比法、内部收益率法、投资回收年限法,这 4 种方法分别从不同角度对效益和费用进行比较,都属于动态经济分析方法。

一、评价指标分类

反映项目经济效果的常用指标有净现值、净年值、费用现值、费用年值、内部收益率、动态投资回收期。其中,净现值和内部收益率是两个主要的评分指标,而动态投资回收期则是兼有反映经济性和风险性功能的辅助评价指标。

就指标类型而言,净现值、净年值、费用现值、费用年值是以货币表示的价值型指标;内部收益率、净现值率和效益费用比则是反映投资效率的效率型指标;投资回收期是兼有经济性和风险性的指标。

在价值型指标中,就考察的内容来看,费用现值和费用年值分别是净现值、净年值的特例,即在方案比选时,前两者只考察项目的费用。就评价结论来说,净现值与净年值是等效评价指标,费用现值和费用年值是等效评价指标。

二、评价指标比较

(1)净现(年)值法、效益费用比法、内部收益率法、投资回收年限法都属于动态经济分析方法。其计算结果 $NPV(NAV)$、R、IRR、T_n 就是相应的经济效果指标。对于互斥方案,还有 ΔR、ΔIRR、ΔT_n 等增量分析的经济效果指标。4 种方法从不同角度对效益费用进行分析比较,分别以差值、比值、投资回收能力和回收时间来显示方案间的不同。

(2)效益费用比法、内部收益率法、投资回收年限法对于互斥方案都还应进行增量分析,计算较为麻烦。效益费用比是无因次量,在处理相差悬殊的项目时有它的优点,因此它更适用于独立方案;内部收益率对投资者来说,具有明确直观的意义,可与许多其他投资方式进行比较,在财务分析和决定贷款利率的取舍时具有独特的优点;投资回收年限则在上级领导决定方案取舍时,能提供一种清晰明确的概念。

(3)内部收益率法和效益费用比法的理论基础是完全一致的,效益费用比法是在已知 K_t、U_t、B_t、m、n、i 等值的条件下,求 B/C 的值;内部收益率法是在已知 K_t、U_t、B_t、m、n、$B/C = 1$ 的条件下,反求 IRR 的值。

(4)内部收益率(IRR)和净现值(NPV)都是反映投资项目经济效果的最主要指标。从形式上看,一个反映项目的相对经济效果,另一个反映项目的绝对经济效果。对于新建项目而言,通常希望它在整个经济寿命期内的盈利水平较高,而且要同本行业的盈利状况进行比较,所以应着重考虑它的相对经济效果,故一般优先使用内部收益率法进行评价;对于改造项目或设备更新项目,投资者更关心能否维持或增加原有的盈利水平,通常优先选用能反映项目绝对经济效果的净现值法。若从指标本身的特点考虑,内部收益率不能反映项目的寿命期及其规模的不同,故不适宜作为项目优先排队的依据,而净现值则特别适用于互斥方案的评价。

(5)净现值法概念明确,计算简单,易于理解,应尽可能应用于互斥方案的分析。

(6)当互斥方案的经济评价期不同时,采用年值法或内部收益率法较为方便,这两种方法不要求经济期的一致性。

(7)选择计算方法应根据基本资料情况和分析目的而定,对工程的经济效果的评价,一般需要同时采用 2 ~ 3 种方法进行比较。

【例 4-8】 某水利项目共有 A、B、C 三个方案,各方案的建设期(1995 ~ 2000 年)均为 6 年,其中投产期(1999 ~ 2000 年)2 年,生产期均为 50 年(2001 ~ 2050 年)。投资 K_t、年运行费 U_t 及年效益 B_t 如表 4-9 所示。基准折现率为 7%,基准回收期为 15 年,分别用净现值法、净年值法、净现值率法、效益费用比法、内部收益率法和投资回收期法选择经济上最有利的方案。

表 4-9　例 4-8 方案 A、B、C 现金流量表　（单位：万元）

年份	投资 K_t			年运行费 U_t			年效益 B_t		
	方案 A	方案 B	方案 C	方案 A	方案 B	方案 C	方案 A	方案 B	方案 C
1995	100	120	150						
1996	150	200	250						
1997	250	300	350						
1998	150	200	250						
1999	100	120	150	4	5	6	100	120	130
2000	50	70	100	8	9	10	150	180	200
2001				10	12	15	200	230	250
2002				10	12	15	200	230	250
⋮				⋮	⋮	⋮	⋮	⋮	⋮
2050				10	12	15	200	230	250
小计	800	1 010	1 250						

(1)净现值法。

以方案 A 为例，计算步骤如下：

首先画出资金流程图，如图 4-20 所示。

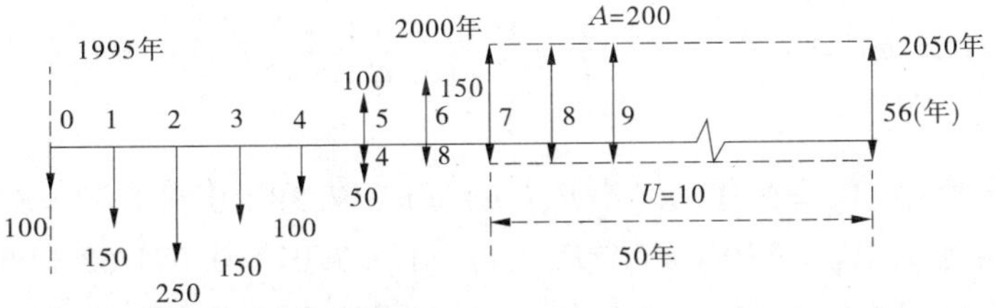

图 4-20　例 4-8 方案 A 资金流程图　（单位：万元）

以建设初期为基准年，即 1995 年初，据此进行投资、年运行费和效益的现值计算。

投资现值

$$K_A = 100 + 150/(1+0.07)^1 + 250/(1+0.07)^2 + \cdots + 50/(1+0.07)^5$$

$$= 100 + 140.19 + 218.36 + 122.44 + 76.29 + 35.65$$

$$= 692.93(\text{万元})$$

年运行费现值：

$$U_A = 4/(1+0.07)^5 + 8/(1+0.07)^6 + 10 \times \left[\frac{(1+0.07)^{50}-1}{0.07\times(1+0.07)^{50}}\right]/(1+0.07)^6$$

$= 100.14$(万元)

效益现值

$$B_A = 100/(1+0.07)^5 + 150/(1+0.07)^6 + 200 \times \left[\frac{(1+0.07)^{50}-1}{0.07\times(1+0.07)^{50}}\right]/(1+0.07)^6$$

$= 2\,010.45$(万元)

同理,计算出B、C方案的投资运行费用和效益现值,如表4-10所示。

表4-10　各方案的投资净现值、运行费净现值和效益净现值　　(单位:万元)

项目	方案		
	方案A	方案B	方案C
投资现值 K	692.93	873.66	1 079.16
运行费现值 U	100.14	119.91	148.88
效益现值 B	2 010.45	2 320.58	2 524.96

求各方案的净现值为

方案A:$NPV_A = 2\,010.45 - 692.93 - 100.14 = 1\,217.38$(万元)

方案B:$NPV_B = 2\,320.58 - 873.66 - 119.91 = 1\,327.01$(万元)

方案C:$NPV_C = 2\,524.96 - 1\,079.16 - 148.88 = 1\,296.92$(万元)

从净现值的角度来看,3个方案在经济上都是可行的。由于A、B、C是同一建设项目的3个比较方案,因此它们形成互斥方案,按照净现值最大原则,方案B是最优方案。

(2)净年值法。

计算过程如下:

$$(A/P,i,n) = \frac{i(1+i)^n}{(1+i)^n-1} = \frac{0.07\times(1+0.07)^{56}}{(1+0.07)^{56}-1} = 0.071\,62$$

资金回收因子:

方案A的年值:$NAV_A = NPV_A \times (A/P,i,n) = 1\,217.38 \times 0.071\,62 = 87.19$(万元)

方案B的年值:$NAV_B = NPV_B \times (A/P,i,n) = 1\,327.01 \times 0.071\,62 = 95.04$(万元)

方案C的年值:$NAV_C = NPV_C \times (A/P,i,n) = 1\,296.92 \times 0.071\,62 = 92.89$(万元)

由净年值法的评价准则可知,方案B在经济上最优。由于本例各方案的寿命期相同,所以用净年值法与用净现值法的评价结果是一致的,净年值法并不能简化计算。但是,如果各方案的寿命期不同,那么采用净年值法将会更方便。

(3)净现值率法。

各方案的净现值率为

方案A:　$NPVR_A = \dfrac{1\,217.38}{692.93} = 1.757$

方案B:　$NPVR_B = \dfrac{1\,327.01}{873.66} = 1.519$

方案 C：　　$NPVR_C = \dfrac{1\ 296.92}{1\ 079.16} = 1.202$

可见，当项目投资没有资金限制时，我们无论采用净现值法还是净年值法，结论都是方案 B 最优。但是，当项目投资资金有限制时，则选择方案 A 是最有利的，因此它的单位投资效益最大。

(4) 效益费用比法。

由以上计算结果可得各方案的效益费用比为

方案 A：　　$R_A = \dfrac{2\ 010.45}{692.93 + 100.14} = 2.535$

方案 B：　　$R_B = \dfrac{2\ 320.58}{873.66 + 119.91} = 2.336$

方案 C：　　$R_C = \dfrac{2\ 524.96}{1\ 079.16 + 148.88} = 2.056$

由于 3 个方案的效益费用比均大于 1，因此在经济上都是可行的。但因为它们属于互斥方案，我们不能仅凭效益费用比法来选择最优方案。

对各方案进行增量分析并作方案评价。

各方案费用从小到大依次为 A、B、C，对相邻方案进行增量分析，即

$$\text{方案 A} \rightarrow \text{B}: \Delta R_{AB} = \frac{\Delta B_{AB}}{\Delta C_{AB}} = \frac{2\ 320.58 - 2\ 010.45}{993.57 - 793.07} = 1.547$$

$$\text{方案 B} \rightarrow \text{C}: \Delta R_{BC} = \frac{\Delta B_{BC}}{\Delta C_{BC}} = \frac{2\ 524.96 - 2\ 320.58}{1\ 228.04 - 993.57} = 0.872$$

由于 $\Delta R_{AB} > 1$，说明增加投资，扩大工程规模获得的效益大于支付的费用，因而在经济上是可行的；而 $\Delta R_{BC} < 1$，说明再继续扩大工程规模所得效益已不足以补偿所付出的费用，在经济上是不可行的。因此，按效益费用比法计算，B 方案为经济上最优的方案。

(5) 内部收益率法。

利用式(4-8)计算各方案内部收益率，结果如表 4-11 所示。

表 4-11　各方案内部收益率试算成果表

方案	IRR_1	$NPV_1(>0)$	IRR_1	$NPV_2(<0)$	IRR
方案 A	15%	56.10	17%	−45.98	$i = 15 + (17 - 15) \times \dfrac{56.10}{56.10 + 45.98} = 16.10\%$
方案 B	14%	77.35	16%	−59.27	$i = 14 + (16 - 14) \times \dfrac{77.35}{77.35 + 59.27} = 15.13\%$
方案 C	13%	60.03	14%	−33.50	$i = 13 + (14 - 13) \times \dfrac{60.03}{60.03 + 33.50} = 13.64\%$

由表 4-11 可知，各方案的内部收益率均大于基准折现率 i_0，如果它们是独立方案，我们就可以下结论：方案 A、B、C 均可行，计算到此为止。但由于这些方案属互斥方案，因此我们还必须对它们进行增量分析。

令 $$NPV_A = NPV_B$$
经试算得 $$\Delta IRR_{AB} = 10.72\%$$
此时 $$NPV_A = 444.41\text{ 万元}$$
$$NPV_B = 444.36\text{ 万元}$$
又令 $$NPV_B = NPV_C$$
经试算得 $$\Delta IRR_{BC} = 5.98\%$$
此时 $$NPV_A = 1\,747.22\text{ 万元}$$
$$NPV_B = 1\,747.08\text{ 万元}$$

由于 $\Delta IRR_{AB} > 7\%$，说明方案 B 优于方案 A；而 $\Delta IRR_{BC} < 7\%$，说明方案 C 不如方案 B。因此，增值分析的结果表明最优方案为 B。

(6)投资回收期法。

此例题中项目投资都发生在建设初期，后期均只有效益和运行费，故本项目属典型投资情况，可直接采用公式计算，但须先将投资折算到运行期初，即基准点选在 2000 年。

因为投产期(1999～2000 年)这两年中已开始产生效益和运行费，可以这样处理：将投产期产生的效益和运行费并入投资费用，在相应年的投资中扣除，则有

$$K_A = 100\times(1+0.07)^6+\cdots+(50+4-100)\times1.07+(8-150) = 795.18(\text{万元})$$

$$K_B = 120\times(1+0.07)^6+\cdots+(70+5-120)\times1.07+(9-180)$$
$$= 1\,017.08(\text{万元})$$

$$K_C = 150\times(1+0.07)^6+\cdots+(100+6-130)\times1.07+(10-200)$$
$$= 1\,296.84(\text{万元})$$

由式(4-11)可直接求得

$$T_{n,A} = 6-\ln\left(1-\frac{795.18\times0.07}{200-10}\right)/\ln(1+0.07) = 11.1(\text{年})$$

$$T_{n,B} = 6-\ln\left(1-\frac{1\,017.08\times0.07}{230-12}\right)/\ln(1+0.07) = 11.8(\text{年})$$

$$T_{n,C} = 6-\ln\left(1-\frac{1\,296.84\times0.07}{250-15}\right)/\ln(1+0.07) = 13.2(\text{年})$$

式中的 6 为建设期年数。由计算结果可知，方案 A、B、C 均在规定投资回收年限内，因此在经济上都是可行的。

第七节　不同决策结构的评价方法

如果对于任何投资项目方案，都能简单地采用前述经济评价指标来决定方案的取舍，则项目(方案)评价就会变得简单易行。然而，实践中项目(方案)及项目群之间的关系是多种多样的，决定了项目(方案)决策结构的多样性和复杂性。如果仅仅掌握几种评价指标，而没有掌握正确的评价方法，就达不到正确进行决策的目的。因此，本节在划分决策类型的基础上，讨论如何针对不同决策结构应用各种评价指标进行项目评价与优选。

一、独立方案的经济效果评价

由于各独立方案评价对象的现金流是独立的，即接受或舍弃某个方案并不影响其他方案的取舍。因此，独立方案也称为彼此相容方案，如果决策的对象是单一方案，则可以认为是独立方案的特例。

独立方案的采用与否，只取决于方案自身的经济性，因此多个独立方案与单一项目（方案）的评价准则和方法是相同的。前面介绍过的各种评价指标均适用于独立方案的评价。

用经济效果评价指标（$NPV \geqslant 0$，$NAV \geqslant 0$，$IRR \geqslant i_0$，$R \geqslant 1$，$T_n \leqslant T_0$等）检验方案自身的经济性，可以称为"绝对效果检验"。凡是通过绝对效果检验的方案，就认为它在经济上是可以接受的，否则就应予拒绝。

对于独立方案而言，经济上是否可行的判据是其绝对经济效果是否优于一定的检验标准。无论采用净现值、净年值、内部收益率和效益费用比当中哪种评价指标，评价结论都是一样的。

二、互斥方案的经济效果评价

由于互斥方案之间是互不相容、相互排斥的，即在多个方案中至多只能选取一个。在方案互斥的决策结构形式下，经济效果评价包括两部分内容：一是考虑各个方案自身的经济效果，即进行绝对经济效果检验；二是考察哪个方案相对最优，称为相对经济效果检验。两种检验的目的和作用不同，通常缺一不可，只有在众多互斥方案中必须选择其中之一时才可以只进行相对效果检验。

进行绝对经济效果检验的方法与前面介绍的单个方案的经济评价方法是相同的。相对经济效果检验即进行多方案优选的方法，应以净效益最大为准则，可采用净现值法、净年值法、费用现值法、费用年值法，采用内部收益率法，效益费用比法、投资回收期法时，还应计算增量内部收益率、增量效益费用比、增量投资回收期，只有当$IRR \geqslant i_0$，$\Delta B/\Delta C \geqslant 1$，及$\Delta T_n \leqslant T_0$时，选择投资大的方案才是有利的，否则应选择投资小的方案。

进行方案相对效果检验时，净现值最大（净年值最大、费用现值和费用年值最小）是正确的判别准则。净现值最大准则的正确性，是由基准折现率——最低期望收益率的经济含义决定的。一般来说，最低期望收益率应等于被拒绝的投资机会中最佳投资机会的盈利率，因此净现值就是拟采用的方案较之被拒绝的最佳投资机会多的盈利，其值越大越好，这符合盈利最大化的决策目标要求。

当资金有明显的限制时，应采用净现值率作为净现值的辅助指标进行方案优选。对多方案比选时，不论使用何种经济评价指标，都必须满足方案之间具有可比性的要求，特别要注意的是分析期问题。

三、相关方案的经济效果评价

在多个相关方案之间，如果接受或拒绝某一方案，会显著改变其他方案的现金流量，或者接受或拒绝某一方案会影响对其他方案的取舍。下面将相关方案的类型作进一步分类。

(1)完全互斥型。由于技术或经济的原因,接受某一方案就必须放弃其他方案,那么从决策角度看这些方案是完全互斥的。这也是方案相关的一种类型。特定项目经济规模的确定、厂址方案的选择、特定水力发电水库坝高方案的选择等,都是方案完全互斥的例子。互斥方案的经济效果评价,在前面已作了较充分的讨论。

(2)互相依存和互补型。如果在两个或多个方案之间,某一方案的实施要求以另一方案或另几个方案的实施为条件,则这两个或多个方案之间具有互相依存性,或是具有完全互补性。例如,在两个不同的工厂分别生产某种大型机器和与之配套的零部件的项目,就是这种类型的相关方案。互补方案的经济效果评价通常应捆在一起进行。

(3)现金流量相关型。即方案既不完全互斥,也不完全互补,若干方案中任一方案的取舍都会导致其他方案现金流量的改变,这些方案之间具有现金流相关性。例如,有两种技术上都可行的方案,一种是在某大河上建一座收费公路桥,另一种是在桥址附近建收费轮渡码头。虽然这两个方案之间不存在互不相容的关系,也不存在完全互补关系,但任何一个方案的实施或放弃都会影响另一方案的收入,从而影响方案经济效果评价的结论。

资金约束导致的方案相关。如果没有资金总额限制,各方案具有独立性,但在资金有限的情况下,接受某方案则意味着不得不放弃另外一些方案,这也是方案相关的一种类型。

(4)混合相关型。在方案众多的情况下,方案间的相关关系可能包括多种类型,我们称之为混合相关型。

实际上,可以将独立方案和互斥方案看成是相关方案的特例,可以认为,独立方案是相关系数为 0 的相关方案,互斥方案是相关系数为 1 的相关方案。

下面就后 3 种类型的相关方案选择方法作些介绍。

(一)现金流量具有相关性的方案选择

当各方案的现金流量具有相关性,但各方案之间并不完全互斥时,不能简单地按照独立方案或互斥方案的评价方法进行决策,而应当用一种“互斥方案组合法”,将各方案组合为互斥方案,计算各互斥方案的现金流量,再按互斥方案的评价方法进行评价。

【例 4-9】 为了满足运输要求,有关部门分别提出要在某两地之间上一条铁路项目或一条公路项目。只上一个项目的净现金流量表如表 4-12 所示,若两个项目都上,由于货物分流的影响,两项目都将减少净收入,其现金流量表如表 4-13 所示,当基准收益率 $i_0 = 8\%$ 时应如何决策?

表 4-12　例 4-9 只上一个项目时的净现金流量表　　(单位:亿元)

方案	第 1 年	第 2 年	第 3 ~ 32 年
铁路 A	−0.8	−0.8	0.5
公路 B	−0.4	−0.4	0.3

表 4-13　例 4-9 两个项目都上时的净现金流量表　（单位:亿元）

方案	第 1 年	第 2 年	第 3 ~ 32 年
铁路 A	-0.8	-0.8	0.4
公路 B	-0.4	-0.4	0.2
两项目都上	-1.2	-1.2	0.6

解:为保证决策的正确性,先将两个相关方案组合成三个互斥方案,再分别计算净现值,分别画出现金流程图,见图 4-21 ~ 图 4-23。

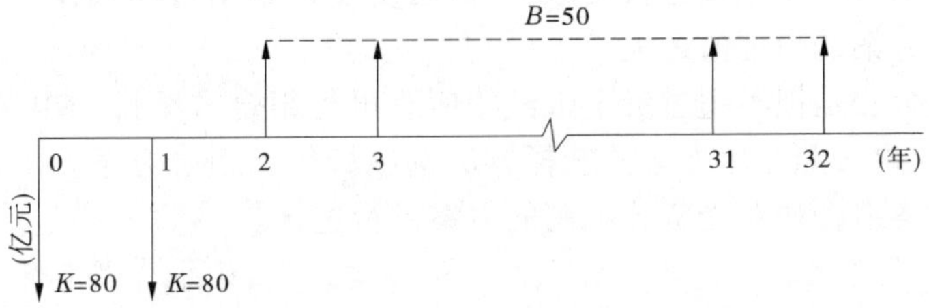

图 4-21　例 4-9 铁路 A 方案的资金流程图

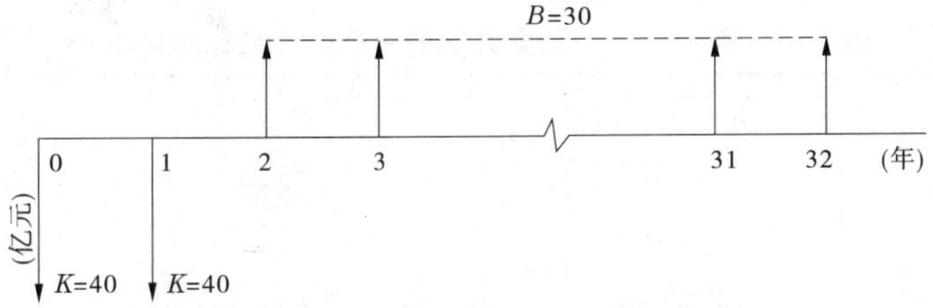

图 4-22　例 4-9 公路 B 方案的资金流程图

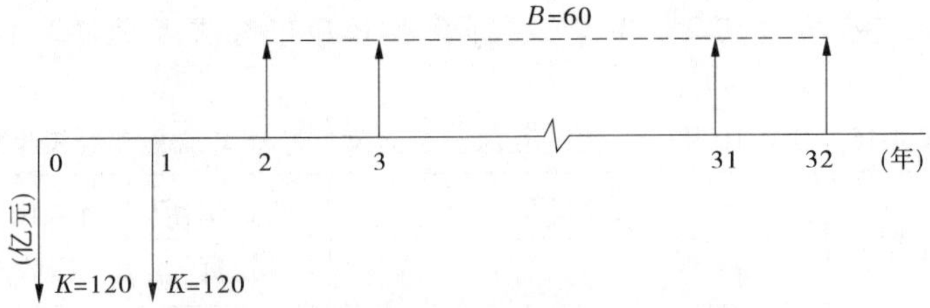

图 4-23　例 4-9A + B 方案的资金流程图

根据净现值评价准则,在 3 个互斥方案中,A + B 方案净现值最大且大于零($NPV_{A+B} > NPV_A > NPV_B > 0$),故 A + B 方案为最优可行方案。

若用净年值法、增量内部回收率法、增量效益费用比法对表 4-14 中的互斥方案进行评价,也会得出相同的结论。

表 4-14　两个项目都上时的净现金流量表　（单位:亿元）

方案	第 1 年	第 2 年	第 3 ~ 32 年	净现值
铁路 A	-0.8	-0.8	0.5	3.285
公路 B	-0.4	-0.4	0.3	2.155
A + B	-1.2	-1.2	0.6	3.479 8

(二)受资金限制的方案选择

在资金有限的情况下,局部看来不具有互斥性的独立方案也成了相关方案. 如何对这类方案进行评价选择,以保证在给定资金总额的前提下取得最大的经济效果,就是所谓"受资金限制的方案选择"。受资金限制的方案选择使用的主要方法有净现值率排序法和互斥方案组合法。

所谓净现值率排序法,就是在计算各方案净现值率的基础上,将净现值大于或等于零的方案按净现值率大小排序,并依据净现值率大小的次序选取项目方案,直至所选取方案的投资总额等于最大限度地接近投资限额,该法所要达到的目标是在一定的投资限额要求下使所选项目方案的净现值最大。

互斥方案组合法是把不超过资金限额的所有可行组合方案排列出来,使得各组合方案之间是互斥的,再按照互斥方案的选择方法选出最优的组合方案。下面通过实例说明如何采用互斥方案组合法对受资金限制的方案进行选择。

【例 4-10】 现有甲、乙、丙 3 个独立的投资方案,其初始投资及各年净收益如表 4-15 所示。投资限额为 450 万元,其基准收益率为 8%,各方案的净现值计算结果也列于表中。试用互斥方案组合法选取最优组合方案。

表 4-15　例 4-10 3 个独立方案的净现金流量和经济指标　　(单位:万元)

方案	第 1 年初投资	1～10 年净收入	净现值
甲	-160	45	141.95
乙	-200	52	148.92
丙	-280	64	149.44

解: 构造互斥组合方案共 2^3-1 个,并计算各互斥组合方案的净现值指标,如表 4-16 所示。

表 4-16　例 4-10 甲、乙、丙的互斥组合方案的净现金流量和经济指标　(单位:万元)

互斥组合方案序号	组合状态			第 1 年初投资	1～10 年净收入	净现值
	甲	乙	丙			
1	1	0	0	-160	45	141.95
2	0	1	0	-200	52	148.92
3	0	0	1	-280	64	149.44
4	1	1	0	-360	97	290.87
5	1	0	1	-440	109	291.39
6	0	1	1	-480	116	298.36
7	1	1	1	-640	161	440.31

注: 组合状态中"1"表示方案入选,"0"表示方案不入选。

由表 4-16 可见,方案 6、方案 7 不符合资金限制条件,首先淘汰掉;应选择组合方案 5(甲、丙),净现值总额为 291. 39 万元。

(三)混合相关方案的选择

混合相关方案可通过建立数学规划模型来选择。模型以净现值最大为目标函数,在该目标函数及一定的约束条件下,寻求某一组合方案,使其净现值比其他可能的组合方案的净现值都大。

模型将影响项目方案相关性的各种因素以约束方程的形式表达出来,这些因素主要有以下几类:

(1)人力、物力、资金等资源可用量限制。

(2)方案之间的互斥性。

(3)方案之间的依存性。

(4)方案之间的紧密互补关系。

(5)非紧密互补关系。

(6)项目方案的不可分性。

复习思考题

1. 净现值和净年值有何区别,其各自的适用性如何?

2. 当计算期为无穷时,净现值与净年值之间的关系如何?

3. 什么叫内部收益率?它有什么意义?如何求内部收益率?有几种算法?内部收益率必须大于什么值,方案才是可行的?为什么?内部收益率大的方案好,还是内部收益率小的方案好?为什么?

4. 什么叫效益费用比,什么叫净效益?如何求效益费用比和净效益?有几种算法?

5. 净效益必须大于什么值方案才是可行的?效益费用比必须大于什么值方案才是可行的?为什么?当各个方案的效益费用比均大于1时,如何判断方案经济效果的优劣?

6. 简述投资回收期法的局限性及其适用范围。

7. 某水电工程的建设投资为4.2亿元,建成后每年各项收入为1.2亿元,年运行费为0.5亿元,运行期为50年。试计算该工程的净现值、净年值、效益费用比、内部收益率、投资回收期($i_0=10\%$)。

8. 某企业欲购置新设备,年利率取8%,备选方案数据资料见表4-17。试问应如何决策?用现值法分析。

表4-17　备选方案数据

方案	投资(元)	寿命期(年)	残值(元)	年净效益(元)
A	10 000	5	300	2 000
B	12 000	5	360	3 000
C	15 000	5	450	4 167

9. 根据表4-18所列方案A、B的数据,试用作图法说明以下问题:

(1)什么条件下选择方案A?

(2)什么条件下选择方案B?

(3)什么条件下放弃方案A与B?

表4-18 方案数据计算表 (单位:万元)

方案	寿命期(年)	$NPV(i=5\%)$	IRR
A	10	100 000	10%
B	10	110 000	8%

10. 某公司现有两个生产方案,现欲从中选择一较优方案,用年值法分析。已知折算利率 $i_0=8\%$,各方案现金流量表见表4-19。

表4-19 现金流量表 (单位:万元)

方案	投资	寿命期(年)	年运行费	残值
A	10	20	1.2	0.5
B	7	10	1.4	0.4

11. 某工程有两个方案,甲方案:投资 $K_{甲}$ 万元,无运行、管理、维修费用;乙方案:投资 $K_{乙}$ 万元,运行、管理、维修费用为 $U_{乙}$ 万元/年。两种方案使用寿命均为25年,年效益也相同,仅乙方案运行、管理、维修费用为不确定值,问:当 $K_{甲}>K_{乙}$ 时,$U_{乙}$ 在什么范围内总是乙方案优?

12. 某井灌工程投资100万元,每年的运行费共8万元,使用期15年,前5年每年灌溉水量为 $5\times10^6\ m^3$,中间5年为每年 $10\times10^6\ m^3$,后5年为每年 $15\times10^6\ m^3$。如果希望得到10%的收益率,则每立方米水的水费为多少?

13. 某水利工程投资、年运行费、效益数据见表4-20。若最低期望收益率为10%,试用现值法、年金法、效益费用比法、内部收益率法对该工程进行经济分析。

表4-20 现金流量表 (单位:万元)

年份	1	2	3	4	5	6~25
投资	300	400	200	100	—	—
年运行费	—	2	5	10	10	10
效益	—	50	150	300	300	300

14. 设计一个小型水电站,要求选择装机容量,有4个方案,其数据见表4-21。

表4-21 4个方案数据表

方案	甲	乙	丙	丁
装机容量(kW)	3 000	4 000	5 000	6 000
平均年发电量(kWh)	1 869	2 153	2 364	2 526
工程投资(万元)	415	520	626	723

假定：

(1)施工期各方案均为2年，基准年取为第2年末，自第3年初起正式投产运行。

(2)工程投资第1年初投入50%，第2年初投入50%，以后不再有工程投资，年运行费率取0.02。

(3)平均年发电量全部为非季节性电量，每度电0.2元。

(4)综合经济使用年限为40年。

(5)最低期望收益率 $i=10\%$。

要求：

(1)求出各方案的工程投资折算现值、各方案的年运行费及运行费折算现值、各年效益及效益折算现值。

(2)求出各方案的投资回收年限，审查经济合理性。

(3)对经济合理的各方案分别求出净现值，净现值最大的方案为经济最佳方案。

第五章　水利建设项目的经济评价

水利工程的经济评价一般包括国民经济评价和财务评价两项基本内容，这两项基本内容均属于定量分析的范畴。在大型水利建设项目的经济评价中，还应该在此两项评价的基础上结合定性分析，从宏观的角度对项目进行综合经济评价，使得评价成果更加全面可靠。

第一节　国民经济评价和财务评价的基本概念

一、国民经济评价和财务评价的基本内涵

国民经济评价又称经济分析，是从全社会或国民经济平衡的角度，运用国家规定的影子价格、影子汇率、影子工资和社会折现率等经济参数，分析计算项目所需投入的费用和可获得的效益，据此判别建设项目的经济合理性和宏观可行性。国民经济评价是项目经济评价的核心部分，是决策部门考虑建设项目取舍的主要依据。

财务评价又称财务分析，是从项目财务核算单位的角度，在国家现行财税制度和价格体系的条件下，计算项目范围内的效益和费用，分析项目的清偿能力、盈利能力及外汇平衡，其目的是考察项目在财务上的可行性。

二、国民经济评价与财务评价比较

国民经济评价与财务评价是针对同一个项目，两者相互联系，但代表的利益主体不同。二者之间的区别主要有以下几点：

（1）评价的角度不同。国民经济评价是从国家的整体经济利益出发，评价项目对国民经济的贡献，考察经济效果对社会的影响，从宏观的角度评价项目经济上的合理性。而财务评价是从项目本身的角度出发，在国家现行财税制度和价格体系下，对项目的财务支出、收入、生存能力、偿债能力以及盈利能力进行评价分析，从而判别项目在财务上是否合理。

（2）费用和效益的计算范围不同。国民经济评价的焦点在社会，主要考察社会为该项目付出的费用和从该项目中获得的收益，因而属于国民经济内部转移的各种补贴等不作为项目的效益，同理，各种税金也就不作为项目的费用。国民经济评价分析计算的是项目的外部效果。财务评价是从项目财务的角度出发，核算项目实际的财务支出和收入，缴纳的各项税金也要算作项目的财务支出，各种补贴收入等要作为项目的收入计入财务评价中。财务评价计算的是项目的直接支出与收入，分析项目本身的费用效益。

（3）评价采用的投入物和产出物的价格不同。国民经济评价采用的是影子价格，影子价格能更好地反映产品的真实价值、市场的供求情况以及资源稀缺的程度，使得资源配

置更加趋于合理化。财务评价则采用财务价格，以现行价格体系为基础。项目采用的财务价格应该是预计最有可能发生的价格。

(4)评价采用的主要参数不同。国民经济评价采用的是国家统一测定的影子汇率和社会折现率，而财务评价则采用的是国家外汇牌价和行业财务基准收益率。

(5)主要评价指标不同。国民经济评价采用的指标有经济净现值、经济内部收益率、经济效益费用比、经济换汇成本等指标。财务评价是要从财务核算的角度考察项目的可行性，主要采用的评价指标是财务内部收益率、投资回收期、贷款偿还期等。

国民经济评价与财务评价的比较见表5-1。

表5-1　国民经济评价与财务评价的比较

比较项目	国民经济评价	财务评价
评价角度	全社会或整个国民经济	项目核算单位
计算范围	直接效益和直接费用及比较明显的间接费用。属于国民经济内部转移支付的利润、税金、贷款利息等不计入项目的费用和效益	直接效益和直接费用，利润、税金、贷款利息等计入项目的费用和效益
价格	影子价格	财务价格
评价标准	社会折现率	部门或行业的基准收益率
主要评价指标	经济内部收益率、经济净现值、经济效益费用比	盈利项目(财务内部收益率、投资回收期、贷款偿还期)，公益项目(产品成本、价格、补偿办法、优惠措施)
主要报表	国民经济效益费用流量表	总成本费用估算表；利润和利润分配表；财务计划现金流量表；项目投资现金流量表；项目资本金等

三、项目经济评价的原则

项目经济评价是一项政策性、综合性、技术性很强的工作，为了提高经济评价的准确性和可靠性，真实地反映项目建成后的实际效果，项目经济评价应在国家宏观经济政策指导下进行，使各投资主体的内在利益符合国家宏观经济计划的发展目标。具体应遵循以下一些原则和要求：

必须符合国家经济发展的产业政策，投资的方针、政策以及有关的法规。项目经济评价应在国民经济与社会发展的中长期计划、行业规划、地区规划、流域规划指导下进行。项目经济评价必须具备应有的基础条件，所使用的各种基础资料和数据(如建设投资、年运行费、产品产量、销售价格等)务求详实、准确，避免重复计算，严禁有意扩大或缩小；项目经济评价中所采用的效益和费用计算应遵循口径对应一致的原则，即效益计算到哪一个层次，费用也计算到哪一个层次，例如水电工程，若费用只计算了水电站本身的费用，则在计算发电效益时，采用的电价就只能是上网电价；项目经济评价应考虑资金的时间价值，以动态分析为主，认真计算国家和有关部门所规定的动态指标，作为对项目经济评价的主要依据；在项目国民经济评价和财务评价的基础上，做好不确定性因素的分析，以保证建设项目能适应在建设和运行中可能发生的各种变化，达到预期（设计）的效益；考虑到水利建设项目特别是大型综合利用水利工程项目情况复杂，有许多效益和影响不能用货币表示，甚至不能定量，因此在进行经济评价时，除做好以货币表示的经济效果指标的计算和比较外，还应补充定性分析和实物分析，以便全面地阐述和评价水利建设项目的综合经济效益；项目经济评价一般都应按国家和有关部门的规定，认真做好国民经济评价和财务评价，并以国民经济评价的结论为主，考虑项目或方案的取舍。由于水利建设项目特别是大型水利工程项目规模巨大，投入和产出都很大，对国民经济和社会发展影响深远，经济评价内容除按一般程序进行国民经济评价和财务评价指标计算分析外，还应根据本项目的特殊问题和人们所关心的问题增加若干专题经济研究，以便从不同侧面把兴建水利工程的利弊弄清楚，正确评价其整体效益的影响；必须坚持实事求是的原则，据实比选，据理论证，保证项目经济评价的客观性、科学性和公正性。对大、中型水利建设项目，在国民经济评价和财务评价的基础上，还应根据具体情况，分析以下经济评价补充指标，并与可比的同类项目或项目群进行比较，分析项目的经验合理性。经济评价补充指标有：①总投资和单位功能投资指标；②主要工程量、“三材”用量，单位功能的工程量和“三材”用量指标；③水库淹没实物量和工程挖压占地面积，单位功能的淹没、占地指标。

对特别重要的水利建设项目，应站在国民经济总体高度，从以下几方面分析、评价建设项目在国民经济中的作用和影响：①在国家、流域、地区国民经济中的地位和作用；②对国家产业政策、生产力布局的适应程度；③投资规模与国家、地区的承受能力；④水库淹没、工程占地对地区社会经济的影响。

对工程规模大，初始运行期长的水利建设项目，应分析以下经济评价补充指标，研究分析项目的经济合理性：①开始发挥效益时所需投资占项目总投资的比例；②初期效益分别占项目总费用和项目总效益的比例。

第二节　国民经济评价

一、目的和作用

国民经济评价作为一种宏观评价，为了使国家获得最大的净效益，在充分合理利用有限资源的前提下，希望建设项目符合整个国民经济发展的需要。换言之，就是要评价投入（从国民经济中所汲取）和产出（向国民经济提供）对总体国民经济目标的影响，从而选择对总体目标优化最有利的方案，以达到合理利用有限资源、国民经济增益最大的目的。依照现行价格计算项目的投入与产出，并不能确切地反映项目建设给国民经济带来的效益和费用的情况，这是因为不少商品的现行价格不能反映商品的价值，更不能反映出供求关系。因此，国民经济评价选取影子价格来计算建设项目的费用和效益，以此反映真实的资源价值以及项目对国民经济的净贡献，从而得出项目的建设是否有利于实现国民经济的总体目标。

国民经济评价计算中一个重要的参数是社会折现率,国家可以通过调整这个重要参数来控制投资的规模,鼓励或抑制某些行业或项目发展,促进资源的合理分配。当投资规模膨胀、资金紧缺时,国家可适当提高社会折现率,控制一部分项目的通过,社会效益更高的项目可以得到投资;也可以适当降低社会折现率,使得有足够数量的备选项目,便于投资者进行投资方案的选择。

二、国民经济评价的费用与效益

(一)费用与效益的识别

确定建设项目经济合理性的基本途径是将建设项目的费用与效益进行比较,进而计算其对国民经济的净贡献。因此,正确识别费用与效益,是保证国民经济评价正确性的重要条件和必要前提。

由于国民经济评价是从整个国民经济增长的目标出发,以项目对国民经济的净贡献大小来考察项目的,所以国民经济评价中所指建设项目的费用应是国民经济为项目建设投入的全部代价,所指建设项目的效益应是项目为国民经济作出的全部贡献。因此,对项目实际效果的衡量,仅应计算项目的间接费用和间接效益,属于国民经济内部转移支付的部分不计为项目的费用或效益。

在辨识和分析计算项目的费用与效益时应按"有无分析法"("有"投资和"无"投资情况的费用和效益)计算其增量,按效益与费用计算口径对应的原则确定费用与效益的计算范围,避免重复和遗漏。

(二)直接费用和直接效益

直接费用和直接效益是项目费用与效益计算的主体部分。项目的直接费用主要指国家为满足项目投入(包括固定资产投资、流动资金及经常性投入)的需要而付出的代价。水利建设项目中的枢纽工程(或河渠工程)投资、水库淹没处理(或河渠占地)补偿投资、年运行费用、流动资金等均为水利水电建设项目的直接费用。

项目的直接效益主要指项目的产出物(物质产品或服务)的经济价值。不增加产出的项目,其效益表现为投入的节约,即释放到社会上的资源的经济价值。如水利建设项目建成后水电站(增加)的发电效益,减免的洪灾淹没损失,增加的农作物,树木,牧草等主、副产品的价值,均为水利建设项目的直接效益。

(三)间接费用与间接效益

间接费用又称外部费用,是指国民经济为项目付出了代价,而项目本身并不实际支付的费用。例如项目建设造成的环境污染和生态的破坏。

间接效益又称外部效益,是指项目对社会作出了贡献,而项目本身并未得益的那部分效益。例如在河流上游建设水利水电工程后,增加的河流下游水电站出力和电量。

外部费用和外部效益通常较难计量,为了减少计量上的困难,首先应力求明确项目的"边界"。一般情况下可扩大项目的范围,特别是一些相互关联的项目可以合在一起视为同一项目(联合体)进行评价,这样可使外部费用和外部效益转化为直接费用和直接效益。

(四)转移支付

项目财务评价用的费用或效益中的税金、国内贷款利息和补贴等，是国民经济内部各部门之间的转移支付，不造成资源的实际消耗或增加。因此，在国民经济评价中不能计为项目的费用或效益，但国外借款利息的支付产生了国内资源向国外资源的转移，则必须计为项目的费用。

三、国民经济评价中的影子价格

国民经济评价时项目投入物和产出物应使用影子价格计算。计算影子价格时应分别按外汇货物、非外汇货物、特殊投入物(劳动力、土地)三种类型进行计算。

计算影子价格时应采用的参数如下：影子汇率按国家外汇牌价乘以1.08；贸易费用率统一采用6%；由贸易费用率计算货物的贸易费用时，可使用下列公式

$$进口货物的贸易费用 = 到岸价 \times 影子汇率 \times 贸易费用率 \tag{5-1}$$

$$出口货物的贸易费用 = (离岸价 \times 影子汇率 - 国内长途运输费) \times 贸易费用率 \div (1 + 贸易费用率) \tag{5-2}$$

$$非外贸货物的贸易费用 = 出厂影子价格 \times 贸易费用率 \tag{5-3}$$

式中，口岸价格可根据《海关统计》对历年的口岸价格进行回归和预测，或根据国际上一些组织机构编辑的出版物，分析一些重要的国际市场价格趋势。在确定口岸价格时，要注意剔除倾销、暂时紧缺、短期波动等因素的影响，同时要考虑质量差价。

国内长途运输费按交通运输影子价格换算系数计算，其中铁路货运影子换算系数采用1.84，与其对应的基础价格为1992年调整发布的铁路货运价格；公路货运影子价格换算系数采用1.26，与其对应的基础价格为1991年公路货运实际价格；沿海货运影子价格换算系数采用1.73，内河货运影子价格换算系数采用2.00，与其对应的基础价格为1992年调整发布的全国沿海、内河货运价格；杂费影子价格换算系数采用1.00。

外贸货物的影子价格：外贸货物是指其生产、使用将直接或间接影响国际进口的货物。外贸货物的影子价格以实际将要发生的口岸价格为基础确定。

影子价格的计算方法如下：

$$进口货物的影子价格 = 到岸价 \times 影子汇率 \times (1 + 贸易费用率) + 国内影子运输费 \tag{5-4}$$

$$出口货物的贸易费用 = (离岸价 \times 影子汇率 - 国内长途运输费) \div (1 + 贸易费用率) \tag{5-5}$$

非外贸货物是指其生产或使用不影响国际进口货物出口的货物，除所谓“天然”的非贸易货物如施工、国内运输和商业等基础设施的产品和服务，还有由于运输费用过高或受国内国外贸易政策和其他条件的限制不能进行外贸的货物。

从理论上讲，非外贸货物的影子价格主要应从供求关系出发，按机会成本或消费者支付意愿的原则确定。非外贸货物的影子价格的确定方法如下：

$$非外贸货物的贸易费用 = 出厂影子价格 \times (1 + 贸易费用率) + 影子运输费 \tag{5-6}$$

特殊投入物的影子价格有以下两种。

(1)劳动力的影子价格——影子工资。

劳动力影子工资应能反映劳动力用于拟建项目而使社会为此放弃的原有效益，以及社会为此而增加的资源消耗。影子工资由劳动力的边际产出（一个建设项目占用的劳动力，在其他使用机会下可能创造的最大效益）和劳动力就业或转移而引起的社会资源消耗两部分构成，一般采用工资标准乘以影子工资换算系数求得。建设项目的影子工资换算系数一般为1，在有充分依据的前提下，某些特殊项目可根据当地劳动力充裕程度和所用劳动力的技术熟练程度，适当提高或降低影子工资换算系数。

（2）土地的影子价格——土地影子费用。

土地影子费用应能反映该土地用于拟建项目而使社会为此放弃的原有效益，以及社会为此增加的资源消耗（如居民搬迁费等）。若项目占用的土地为没有什么用处的荒山野岭，其机会成本可视为零；若项目占用土地是农业用地，其机会成本为原来的农业净效益，应按项目占用地的具体情况，计算该土地在整个占用期间的净效益。

国民经济评价中对土地有两种具体处理方式：一是计算项目占用土地在整个占用期间逐年净效益的现值之和，作为土地费用计入项目的建设投资中；二是将逐年净效益的现值换算为年等值效益，作为项目每年的投入。一般可采用第一种方式。

四、国民经济评价指标

国民经济评价的内容包括盈利能力分析和外汇效果分析，特殊情况下，对难以量化的外部效果还需进行定性分析。其评价指标有经济净现值、经济内部收益率、经济效益费用比、经济换汇成本等指标。

（一）经济净现值（*ENPV*）

此指标是反映项目对国民经济所作贡献的绝对指标，用社会折现率（i_s）将项目计算期内各年的净效益折算到计算期初的现值之和表示，表达式为

$$ENPV = \sum_{t=0}^{n} (B - C)_t (1 + i_s)^{-t} \tag{5-7}$$

式中　B——年效益，万元；

C——年费用，万元；

n——计算期，年；

t——计算期各年的序号；

$(B-C)_t$——第 t 年的净效益，万元。

依据经济净现值（*ENPV*）的大小确定项目的经济合理性。当经济净现值大于或等于零（$ENPV \geqslant 0$）时，该项目在经济上是合理的。

（二）经济内部收益率（*EIRR*）

该指标表示项目占用的费用对国民经济的净贡献能力，反映了项目对国民经济所作贡献的相对指标，表达式为

$$\sum_{t=0}^{n} (B - C)_t (1 + EIRR)^{-t} = 0 \tag{5-8}$$

式中各字母含义与式（5-7）相同。

项目的经济合理性应按经济内部收益率（*EIRR*）和社会折现率（i_s）对比分析确定。

当经济内部收益率大于或等于社会折现率($EIRR \geq i_s$)时,项目在经济上是合理的。

(三)经济效益费用比($EBCR$)

该指标是反映项目单位费用对国民经济所作贡献的相对指标,用项目效益现值与费用现值之比来表示,表达式为

$$EBCR = \frac{\sum_{t=0}^{n} B_t (1 + i_s)^{-t}}{\sum_{t=0}^{n} C(1 + i_s)^{-t}} \tag{5-9}$$

式中各字母含义与式(5-7)相同。

根据经济效益费用比($EBCR$)的大小来确定项目的经济合理性。当经济效益费用比大于或等于1($EBCR \geq 1$)时,项目在经济上是合理的。

(四)经济换汇成本

经济换汇成本是用影子价格、影子工资和社会折现率计算的为生产该产品而投入的国内资源现值(以人民币表示)与经济外汇净现值(通常用美元表示)之比,也就是换取1美元的外汇所需要的人民币金额,是分析、评价项目实施后在国际上竞争能力的指标。当项目生产直接出口产品或者替代进口产品时,需要计算该指标,表达式为

$$\text{经济换汇成本} = \frac{\sum_{t=0}^{n} DR_t (1 + i_s)^{-t}}{\sum_{t=0}^{n} (FI_t - FO_t)(1 + i_s)^{-t}} \tag{5-10}$$

式中　DR_t——项目在第 t 年为生产出口产品或替代进口产品所投入的国内资源(包括投资和经营成本),元;

FI_t——第 t 年的外汇流入量,美元;

FO_t——第 t 年的外汇流出量,美元。

当影子汇率大于或等于经济换汇成本(元/美元)时,表明该项目产品出口或替代进口是有竞争力的,从获得或节约外汇的角度考虑是合算的。

当项目有部分外贸品产出时,在用上式进行计算之前,应先将生产外贸品部分所耗费的国内资源价值从国内资源总耗资中划出。

第三节　财务评价

一、财务评价的概念

财务评价是按照国家现行财税制度和价格,从财务角度对水利建设项目的费用、效益及生存能力、偿债能力、盈利能力等所作的分析评估,目的是考察建设项目在财务上的可行性。

二、水利工程财务评价的特点

水利工程具有防洪(防凌)、治涝、发电、航运、城镇供水、灌溉、水产养殖、旅游等多种

功能。因此，水利工程的财务评价需根据不同功能的财务收益特点区别对待。

(1)对于水利盈利型项目，应根据国家现行财税制度和价格体系在计算项目财务费用和财务效益的基础上，全面分析项目的清偿能力和盈利能力。

(2)对灌溉等保本型水利项目，重点应核算水利项目的灌溉水利成本和水费标准，对使用贷款或部分贷款建设的项目还需做项目清偿能力的分析，主要是计算和分析项目的借款偿还期。在某些情况下，可将水利项目与农业项目结合起来，以灌区为单位进行财务分析评价。

(3)对具有综合利用功能的水利工程，除把项目作为整体进行财务评价外，还应进行费用分摊计算，而后进行财务评价。

(4)对防洪、防凌、治涝等社会公益型水利项目，主要是研究提出维持项目正常运行需由国家补贴的资金数额和需采取的经济优惠措施及有关政策。

三、资金规划

为了保证项目能按时提供，项目经营者、投资者、贷款部门都要知道拟建项目的投资金额，据此安排投资计划或国家预算，这就需要通过财务评价提出与建设资金恰当的计划安排和适宜的筹资方案。资金筹措包括资金来源的开拓和对来源、数量的选择；资金的使用包括资金的投入、贷款偿还、项目运营的计划。

(一)资金来源

项目的资金来源可分为国内国外两大类。国内资金包括企业自有资金、银行贷款、社会集资、其他集资渠道集资等。

企业自有资金是项目资金来源的基础，主要由企业未分配的税后利润、折旧基金等组成。为了使企业能够可持续发展，企业应当注重自有资金的积累，并把它主要用于再投资。除少数特殊项目外，国家和地方已经不对投资项目拨款，项目所需的外部资金主要来自银行贷款及发行行业债券。

投资项目中很多是采用引进技术的方式进行的，这就需要使用外汇。筹措外汇比筹措国内资金更加困难，外汇的偿还也是一些投资项目的重要负担。因此，在外汇使用上尤其要慎重考虑。

投资项目所需外汇可以来自国家的外汇收入，也可以利用外资。利用外资的方式主要有以下几种：

(1)从银行贷款。这种贷款利率较高，但用途不限。

(2)取得外国政府贷款。这种贷款大多是低息或无息的，期限也较长，故被称为“软贷款”。

(3)从国际金融机构(主要指世界银行和国际货币基金组织)贷款。这种贷款一般比较优惠，有些是软贷款。

(4)利用外国银行的出口信贷。出口信贷是指工业发达国家银行为鼓励本国设备出口而提供的贷款，一般条件也较优惠。出口信贷有两种方式：一种是买方信贷，即外国银行向我方(买方)提供贷款，用途限于购买该国设备；另一种是卖方信贷，即外国银行向外商提供贷款，外商向我方提供设备，我方则延期付款。

(5)补偿贸易。由外商提供设备,我方用本项目的产品或双方商定的其他产品归还。补偿贸易与出口信贷的性质相似。

(6)在国外发行债券。

(7)中外合资。一般是外商以设备、技术、资金入股。

由各种渠道得来的资金是否可用,在很大程度上取决于偿还能力;资金运用得是否合理,则要看资金的使用效益。

(二)资金结构与财务风险

这里说的资金结构是指投资项目所使用资金的来源及数量构成,财务风险是指与资金结构有关的筹资风险。不同来源的资金所需付出的代价是不同的,选择资金来源与数量不仅与项目所需要的资金量有关,而且与项目的效益有关。一般来说,在有借贷资金的情况下,全部投资的效果与自有资金投资的效果是不相同的。拿投资利润率指标来说,全部投资的利润率一般不等于贷款利息率。这两种利率差额的后果将为企业所承担,从而使自有资金利润率上升或下降。因此,有必要对资金结构加以分析。下面以自有资金与借款的比例结构为例说明资金结构和资金来源选择、使用量的关系。

设全部投资为 K,自有资金为 K_0,贷款为 K_L,即 $K = K_0 + K_L$。

设全部投资利润率为 R,自有资金利润率为 R_0,贷款利率为 R_L,因资金利润率为利润与资金的百分比,因此 R_0 计算式如下

$$R_0 = \frac{KR - K_L R_L}{K_0} = R + \frac{(R - R_L)K_L}{K_0} \tag{5-11}$$

由式(5-11)可知,当 $R > R_L$ 时,$R_0 > R$;当 $R < R_L$ 时,$R_0 < R$;而且自有资金利润率与全部投资利润率的差别被资金构成比 K_L/K_0 放大。这种放大效应称为财务杠杆效应。贷款与全部投资之比 K_L/K 称为债务比。

【例 5-1】 某项工程有 3 种方案,全部投资利润率分别为 6%、10%、15%,贷款利息率为 10%,试比较债务比分别为 0(不借款)、0.5 和 0.8 时的自有资金利润率。

解:本例中全部投资由自有资金和贷款构成,因此若债务比 $K_L/K = 0.5$,则 $K_L/K_0 = 1$,依次类推。利用式(5-11)计算结果列于表 5-2 中。

表 5-2　不同债务比下的自有资金利润率

债务比	$K_L/K = 0$	$K_L/K = 0.5$	$K_L/K = 0.8$
方案 A:$R = 6\%$	$R_0 = 6\%$	$R_0 = 2\%$	$R_0 = -10\%$
方案 B:$R = 10\%$	$R_0 = 10\%$	$R_0 = 10\%$	$R_0 = 10\%$
方案 C:$R = 15\%$	$R_0 = 15\%$	$R_0 = 20\%$	$R_0 = 35\%$

方案 A 中 $R < R_L$,债务比越大,R_0 越低,甚至为负值;方案 B 中 $R = R_L$,R_0 不随债务比改变;方案 C 中 $R > R_L$,债务比越大,R_0 越高。

假设投资在 20 万～100 万元,上述 3 个方案的投资利润率不变,贷款利息率为 10%,若有一企业拥有自有资金 20 万元,现在来分析该企业在以上 3 种情况下如何选择资金构成。

对于A方案,如果全部投资为自有资金(20万元),则企业每年可得利润1.2万元;如果自有资金和贷款各20万元,则可得总利润2.4万元,在贷款偿还之前,每年要付利息2万元。企业获利0.4万元;如果除自有资金20万元以外又贷款80万元,则总利润为6万元,每年应付利息8万元,企业亏损2万元。显然,在这种情况下,企业是不宜贷款的,贷款越多,损失越大。

对于方案B,贷款多少对企业的利益都没有影响。

对于方案C,如果仅用自有资金投资,企业每年获利为3万元;如果贷款20万元,则在偿付利息后,企业可获利4万元;如果贷款80万元,在付利息后企业获利可达7万元。在这种情况下,对企业来说,有贷款比无贷款有利,贷款越多越有利。

可见,选择不同的资金结构对企业的利益会产生很大的影响。

以上是在项目投资效益具有确定性时的情形。当项目的效益不确定时,选择不同的资金结构,所产生的风险是不同的。在上述例子中,若项目的投资利润率估计在6%~15%,企业选择自由资金和贷款各半的结构,企业利润将在0.4万~4万元;如果自有资金占20%,贷款占80%,则企业利润将在2万~7万元。此时,使用贷款,企业将承担风险。贷款比例越大,风险越大;当然,相应地获得更高利润的机会也越大。对于这种情况,企业要权衡风险与收益的关系进行决策。采用风险分析方法对项目本身和资金结构作出进一步分析,对企业决策会有帮助。

从资金供给者的角度来看,为减少资金投放风险,常常拒绝过高的贷款比例。企业在计划投资时,须与金融机构协商借款比例和数量。

四、基本财务报表编制

为做好水利建设项目的财务评价,国家有关部门设计了一套基本报表,主要有9张。如表5-3~表5-11所示,现说明如下。

表5-3为固定资产投资估算表,列出了各项固定资产投资的数量和所占比重,可了解水利建设项目投资的组成情况。

表5-3　固定资产投资估算表

费用名称	估算价值(万元)	占固定资产投资的比例(%)	备注
1　固定资产投资(1.1 + 1.2)			
1.1　一至六部分合计			
1.1.1　第一部分:建筑工程			
1.1.2　第二部分:机电设备及安装工程			
1.1.3　第三部分:金属结构及安装工程			
1.1.4　第四部分:临时工程			
1.1.5　第五部分:水库淹没及建设占地补偿费			
1.1.6　第六部分:其他费用			

续表 5-3

费用名称	估算价值（万元）	占固定资产投资的比例（%）	备注
1.2　预备费用			
1.2.1　基本预备费			
1.2.2　价差预备费 编制期价差预备费 建设期价差预备费			
2　静态总投资(1.1 + 1.2.1)			编制基准变
3　专用配套工程投资			

表 5-4 为投资计划和资金筹措表，列出了各年投资资金计划和资金来源。

表 5-4　投资计划和资金筹措表

项目	建设期(年)						
	1	2	3	…	…	m	合计
1　总投资							
1.1　固定资产投资							
1.1.1　主体工程							
1.1.2　专用配套工程							
1.2　建设期利息							
1.2.1　主体工程							
1.2.2　专用配套工程							
1.3　流动资金							
2　资金筹措							
2.1　资本金 其中，用于流动资金							
2.2　借款							
2.2.1　长期借款 其中，本金							
2.2.2　流动资金借款							
2.2.3　其他短期借款							
2.3　其他							

注：1. 建设期含运行初期；

2. 如有多种借款方式应分项列出。

表5-5为总成本费用估算表，反映出总成本的各项组成。为方便计算经营成本，表中须列出各年折旧费、摊销费、借款利息额。

表5-5　总成本费用估算表

项目	年序						
	运行初期			正常运行期			合计
	…	$m-1$	m	$m+1$	…	n	
供水量（亿 m^3）							
供电量（亿 kWh）							
1　成本							
1.1　折旧费							
1.2　修理费							
1.3　职工工资及福利费							
1.4　材料费、燃料及动力费							
1.5　库区及水源区维护建设费							
1.6　摊销费							
1.7　利息净支出							
1.8　其他费用							
2　专用配套工程成本							
2.1　折旧费							
2.2　利息净支出							
2.3　经营成本							
3　总成本费用（1 + 2）							
3.1　经营成本							

注：1. 运行初期固定资产投资利息，若已计入总投资，则此处不再计入；
2. 经营成本 =（成本 − 折旧费 − 摊销费 − 利息净支出）+ 专用配套工程经营成本。

表5-6为损益表，该表反映水利建设项目计算期内各年的利润总额、所得税及税后利润的分配情况，用以计算投资利润率、投资利税率和资本金利润率等指标。

表 5-6　损益表

项目	年序						
	运行初期			正常运行期			合计
	…	…	…	…	…	n	
1　财务收入							
2　销售税金及附加							
3　总成本费用							
4　利润总额							
5　应纳税所得额							
6　所得税							
7　税后利润							
8　特种基金							
9　可供分配利润							
9.1　盈余公积金							
9.2　应付利润							
9.3　未分配利润							
10　累计未分配利润							

表 5-7 为借款还本付息计算表,列出了偿还资金还本付息的动态过程。

表 5-7　借款还本付息计算表

项目	年序						
	运行初期			正常运行期			合计
	…	$m-1$	m	$m+1$	…	n	
1　借款及还本付息							
1.1　年初借款本息累计							
1.1.1　本金							
1.1.2　建设期利息							
1.2　本金借款							
1.3　本金应计利息							
1.4　本年还本							
1.5　本年付息							
2　偿还借款本金的资金来源							
2.1　利润							
2.2　折旧							
2.3　摊销							
2.4　其他资金							
2.5　小计							

表5-8为资金来源与运用表，该表反映水利建设项目计算期内各年资金盈余或短缺情况，用于选择资金筹措方案，制订适宜的借款及还款计划。

表5-8　资金来源与运用表

项目	年序									合计
	建设期			运行初期			正常运行期			
	1	…	…	…	…	…	…	…	n	
1　资源来源										
1.1　利润总额										
1.2　折旧费										
1.3　摊销费										
1.4　长期借款										
1.5　流动资金借款										
1.6　其他短期借款										
1.7　自有资金										
1.8　其他										
1.9　回收固定资产余值										
1.10　回收流动资金										
2　资金运用										
2.1　固定资产投资（含更新改造投资）										
2.2　建设期和部分运行初期的借款利息										
2.3　流动资金										
2.4　所得税										
2.5　特种基金										
2.6　应付利润 2.7　长期借款本金偿还 2.8　流动资金借款本金偿还										
2.9　其他短期借款本金偿还										
3　盈余资金										
4　累计盈余资金										

表5-9为全部投资财务现金流量表（不区分投资的资金来源）。该表用于计算全部投资所得税前或所得税后财务内部收益率、财务净现值及投资回收期等评价指标，考虑水利项目全部投资的盈利能力。

表 5-9　全部投资财务现金流量表

项目	年序									合计
	建设期			运行初期			正常运行期			
	1	…	…	…	…	…	…	…	n	
1　现金流入量 CI										
1.1　销售收入										
1.2　提供服务收入										
1.3　回收固定资产余值										
1.4　回收流动资金										
2　现金流出量 CO										
2.1　固定资产投资（含更新改造投资）										
2.2　流动资金										
2.3　年运行费										
2.4　销售税金及附加										
2.5　所得税										
2.6　特种基金										
3　净现金流量（$CI-CO$）										
4　累计净现金流量										
5　所得税前净现金流量										
6　所得税前累计净现金流量										
评价指标　　财务内部收益率：　　财务净现值（I_c =　　）：　　投资回收期：										

表 5-10 为自有资金财务现金流量表（涉及外汇收支的项目为国家投资），从投资者角度出发，以投资者的出资额作为计算基础，把借款本金偿还和利息支付作为现金流出，用以计算资本金的财务内部收益率、财务净现值等评价指标，考察项目资金的盈利能力。

表 5-10 自有资金财务现金流量表

项目	年序									合计
	建设期			运行初期			正常运行期			
	1	…	…	…	…	…	…	…	n	
1 现金流入量 CI										
1.1 销售收入										
1.2 提供服务收入										
1.3 回收固定资产余值										
1.4 回收流动资金										
2 现金流出量 CO										
2.1 固定资产投资中自由资金										
2.2 流动资金中自有资金										
2.3 国外借款本金偿还										
2.4 国内借款本金偿还										
2.5 国外借款利息支付										
2.6 国内借款利息支付										
2.7 年运行费										
2.8 销售税金及附加										
2.9 所得税										
2.10 特种基金										
3 净现金流量($CI-CO$)										
4 累计净现金流量										
评价指标	财务内部收益率:				财务净现值($I_c=$):					

注:本表以自有资金为计算基础,考察自有资金的盈利能力。

表 5-11 为资产负债表,该表综合反映水利项目在计算期内各年末资产、负债和所有者权益的增值或变化及对应关系,以便考察项目资产、负债、所有者权益的结构情况,用以计算资产负债率等指标,进行清偿能力分析。

表 5-11　资产负债表

项目	年序									合计
	建设期			运行初期			正常运行期			
	1	…	…	…	…	…	…	…	n	
1　资产										
1.1　流动资金总额										
1.1.1　应收账款										
1.1.2　存货										
1.1.3　现金										
1.1.4　累计盈余资金										
1.2　在建工程										
1.3　固定资产净值										
1.4　无形及递延资产净值										
2　负债及所有者权益										
2.1　流动负债总额										
2.1.1　应付账款										
2.1.2　流动资金借款										
2.1.3　其他短期借款										
2.2　长期负债										
负债小计(2.1+2.2)										
2.3　所有者权益										
2.3.1　资本金										
2.3.2　资本公积金										
2.3.3　累计盈余公积金										
2.3.4　累计未分配利润										
评价指标	资产负债率(%)									

注:资产负债率=(流动负债总额+长期负债)÷资产。

上述9张财务表可以根据水利项目的功能情况增减,如涉及外汇收支的项目应增加财务外汇平衡表;属于社会公益性质或财务收入很少的水利建设项目,财务报表可适当减少。各财务报表之间的关系如图5-1所示。

五、财务评价指标

水利工程的财务评价应包括盈利能力分析、偿债能力分析和财务生存能力分析,财务评价的内容根据项目的功能特点和财务收支情况应区别对待。对于年财务收入大于年总

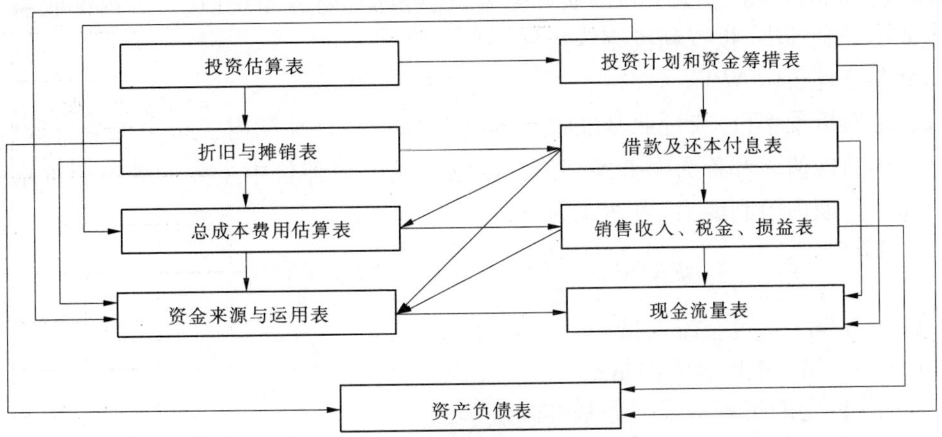

图 5-1　各财务报表之间的关系

成本费用的项目，应进行全面的财务分析，包括财务生存能力分析、偿债能力分析和盈利能力分析，判断项目的财务可行性；对于无财务收入或者年财务收入小于年运行费用的项目，应进行财务生存能力分析，提出维持项目正常运营需要采取的政策措施。常用的财务评价和分析指标见图 5-2。

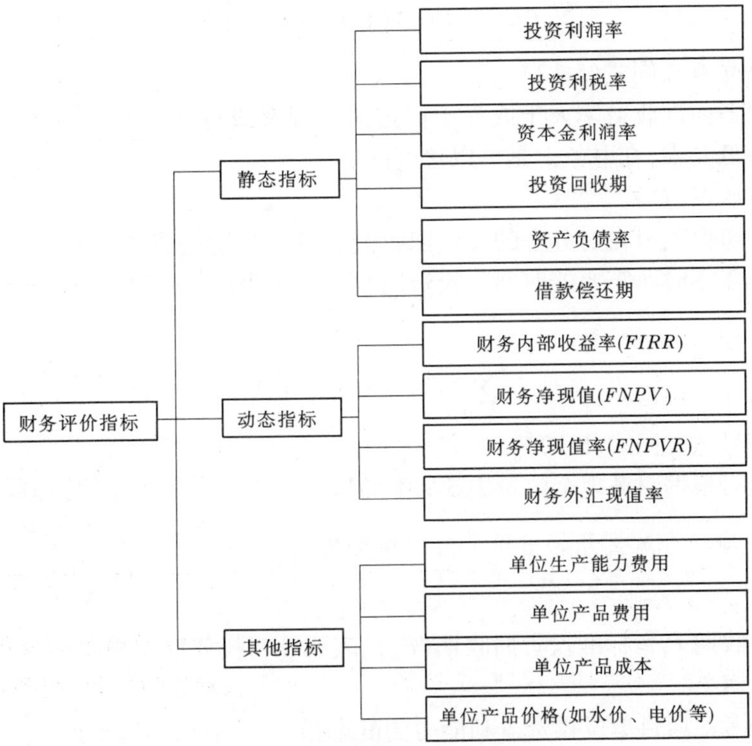

图 5-2　常用的财务评价和分析指标

(一) 盈利能力分析

水利建设项目财务盈利能力分析主要考察投资的盈利水平，主要计算指标为财务内部收益率、投资回收期，根据项目的实际需要，也可计算财务净现值、财务内部收益率、投资回收期投资利润率、投资利税率等指标。

1. 财务净现值($FNPV$)

按设定的折现率(i)或行业基准收益率(i_c)，将项目计算期内各年净现金流量折现到计算基准年的现值之和称为财务净现值。该指标是财务评价中主要的动态评价指标，考察项目在计算期内盈利能力，表达式为

$$FNPV = \sum_{t=0}^{n} (CI_t - CO_t)(1 + i_c)^{-t} \tag{5-12}$$

式中 CI_t——第 t 年现金流入量；

CO_t——第 t 年现金流出量；

i_c——设定的折现率或财务基准收益率；

n——计算期，年。

根据财务现金流量表可计算该指标。当 $FNPV \geqslant 0$ 时，项目在财务上是可行的。

2. 财务内部收益率($FIRR$)

该指标是指在计算期内，项目各年净现金流量值累计等于零时的折现率。反映的是项目所占用资金的盈利率，也是财务评价中主要的动态评价指标，表达式为

$$\sum_{t=0}^{n} (CI_t - CO_t)(1 + FIRR)^{-t} = 0 \tag{5-13}$$

式中各符号意义同式(5-12)。

当项目财务内部收益率大于或等于设定的折现率或行业基准收益率(i_c)时，满足了盈利能力的最低要求，在财务上是可以接受的。

3. 投资回收期(P_t)

该指标是考察项目在财务上的投资回收能力的主要静态评价指标，是指项目的净现金流量累计等于零时所需要的时间。投资回收期以年表示，一般从建设开始年算起，表达式为

$$\sum_{P_t=0}^{n} (CI_t - CO_t) = 0 \tag{5-14}$$

式中各符号意义同式(5-12)。

该指标也可根据财务现金流量表 5-9 中的累计净现金流量求得，其计算公式为

$$P_t = (\text{累计净现金流量开始出现正值的年份数}) - 1 + \frac{\text{上年累计净现金流量绝对值}}{\text{当年净现金流量}} \tag{5-15}$$

若投资回收期 $P_t \geqslant$ 标准投资回收期(P_b)，表明项目投资能在规定的时间内收回。

4. 投资利润率

该指标是考察项目单位投资盈利能力的静态指标。指项目达到涉及生产能力后的一个正常生产年份的年利润总额或项目生产期平均利润总额与项目总投资额的比率，计算公式为

$$\text{投资利润率} = \frac{\text{年利润总额(或平均利润总额)}}{\text{项目总投资额}} \times 100\% \tag{5-16}$$

项目年利润总额为年财务收入减去年总成本费用和销售税金及附加。总投资额为项目的固定资产投资、建设期和部分试运营期利息、固定资产投资方向调节税之和。为判断项目单位投资盈利能力是否达到本行业平均水平，该指标应与行业平均投资利润率比较。

5. 投资利税率

该指标是指项目达到设计生产能力后的一个正常生产年份的年利税总额或项目生产期内年平均利税总额与项目总投资额的比率，计算公式为

$$投资利税率 = \frac{年利税总额(或平均利税总额)}{项目总投资额} \times 100\% \tag{5-17}$$

$$\begin{aligned} 年利税总额 &= 年财务收入 - 年总成本费用 \\ &= 年利润总额 + 销售税金及附加 \end{aligned} \tag{5-18}$$

为判断项目单位投资对国家积累的贡献是否达到本行业平均水平，应将该指标与行业平均投资利税率进行比较。

以上 5 个指标主要是用于财务盈利能力分析，考察项目投资的盈利水平。此外，项目的清偿能力分析衡量指标主要有固定资产借款偿还期和资产负债率等指标。

(二)清偿能力分析

清偿能力分析主要是考察计算期内各年的财务状况及还款能力，主要计算指标为借款偿还期和资产负债率。

1. 借款偿还期

借款偿还期是指在国家财政规定及项目具体财务条件下，以项目投产后可用于还款的资金偿还固定资产投资借款本金和利息所需的时间。以年表示，一般从借款开始年计算，当从投产年计算时，应予注明。

水利工程项目可用于还贷的资金来源有水利产品销售利润、折旧费、摊销费等。

$$还贷利润 = 税后发电(供水)利润 - 盈余公积金 - 公益金 - 应付利润 \tag{5-19}$$

盈余公积金和公益金可按税后发电(供水)利润的 10% 和 5% 提取；应付利润为企业法人每年需支付的利润，如股息、红利等。

$$\begin{aligned} 税后发电(供水)利润 = {} & 发电(供水)收入 - 发电(供水)总成本费用 - \\ & 发电(供水)所得税 + 销售税金附加 \end{aligned}$$

$$还贷折旧费 = 年折旧费 \times 折旧还贷比例 \tag{5-20}$$

折旧还贷比例可由企业自行确定，当未确定时，可暂按 90% 用于偿还借款。

摊销费用于还贷的比例同折旧。

借款偿还期可编制借款还本付息计算表(见表 5-7)直接推算。当所计算出的固定资产借款偿还期能满足贷方要求的期限时，该项目在财务上是可行的。

2. 资产负债率

资产负债率是反映项目各年所面临的财务风险程度和偿还能力的指标，是指项目的负债总额与资产总额的百分比。

$$资产总额 = 负债总额 + 权益总额 \tag{5-21}$$

负债是企业所承担的能以货币计量、需以资产或劳务等形式偿还或抵偿的债务，按其期限长短可分为流动负债和长期负债。流动负债是指将在一年或者超过一年的一个营业

周期内偿还的债务,包括短期借款、应付短期债券、预提费用、应付预收款项等。长期负债是指偿还期在一年以上或超过一年的一个营业周期以上的债务,包括长期借款、应付债券、长期应付款项等。

权益指业主对项目投入的资金以及形成的资本公积金、盈余公积金和未分配的利润。资本金是指新建设项目设立企业时在工商行政管理部门登记的注册资金。水利建设项目的资本金一般包括自有资金和国家、地方拨款投入的不计利息、无须偿还的投资。资本公积金主要包括企业的股本溢价、法定财产重估增值、接受捐赠的资产价值等。盈余公积金是指为弥补亏损或其他特定用途按照国家有关规定从利润中提取的公积金,可分为法定盈余公积金和任意盈余公积金两种,一般按所得税后利润的10%提取。未分配的利润是指企业用于以后年度分配的利润或待分配利润,一般可按企业税后利润扣除提取的盈余公积金和按比例分配给股东的红利求得。

资产负债率通过资产负债表(见表5-11)计算,一般要求债务占资产的比例不超过60%~70%。

涉及外汇收支的水利建设项目,应编制财务外汇平衡表,进行外汇平衡分析,考察项目计算期内各年外汇余缺程度。对外汇不平衡的项目,应提出实现外汇平衡的措施和办法。

六、流动资金

(一)流动资金的概念及预测

流动资金是指在项目建成投产后,为维持生产,在供应、生产、销售过程中,供购置生产资料、支付工资和其他生产经营费用所占用的全部周转资金。其构成要素有现金、存货、应收账款、应付账款、预收账款、预付账款。从财务分析的角度看,流动资金是项目的资本投入,其占用额应该一并纳入财务评价体系中。

建设工程项目流动资金的预测是在同类工程历史数据和实际资料的基础上,用科学的方法对新建工程所需的流动资金进行预测。流动资金预测是在工程运行中,平衡内部资金,确保工程正常运行。为了避免流动资金不足造成工程难以运行,或者流动资金过多滞留造成资金浪费,因此研究预测流动资金的需求量对于水利建设项目的经济评价有着十分重要的现实意义。

水利水电建设项目所需流动资金在经营成本中占较小比例,计算的基础主要是营业收入和经营成本。主要有扩大指标预测法和分项详细计算法两种方法。

1. 扩大指标预测法

扩大指标预测法主要是参考已作出经济评价的同类项目的营业收入、经营成本以及流动资金的数额来预测当前工程项目的流动资金。

参照营业收入的资金率、经营成本率或是每单位产量所占用流动资金来计算,计算公式如下

$$\begin{aligned}\text{流动资金} &= \text{年营业收入} \times \text{营业收入资金率} \\ &= \text{年经营成本} \times \text{经营成本资金率} \\ &= \text{年水利量} \times \text{单位水利量占用流动资金额}\end{aligned} \tag{5-22}$$

这种方法是建立在流动资金需求量与工程的营业收入、经营成本或是年水利产量成截距为零的线性关系的基础上的，即可用 $y = bx$（其中，y 表示流动资金需求量，x 表示营业收入、经营成本或是年水利量，b 表示营业收入资金率、经营成本资金率或单位水利量占用流动资金额）表示。而实际情况中，这种截距为零的线性关系难以用较准确的数学模型表达，因而这种预测方法存在较大的误差。

2. 分项详细计算法

分项详细计算法是依据“流动资金 = 流动资产 − 流动负债”的公式来计算的，即对流动资产和流动负债的主要构成要素（现金、存货、预付账款、预收账款、应付账款、应收账款等）进行分项计算，从而得到工程所需要的流动资金需求量，计算公式为

流动资金 = 流动资产 − 流动负债

流动资产 = 应收账款 + 预付账款 + 存货 + 现金

流动负债 = 应付账款 + 预收账款

此外，还需要分别对流动资产、流动负债中包含的各项内容一一计算，最终才能得到所求的流动资金需求量。使用分项详细计算法，需要对整个项目的建设运营情况都有详细的了解，例如燃料、原材料、工资福利等，计算出的流动资金需求量才比较可靠，但这种方法比较烦琐，工作量也较大。

在多数工程项目建设进行前期规划设计时，由于对存货、现金、周转天数等情况的资料缺乏，又为了寻求更可靠的流动资金需求量，采用修正的扩大指标法预测工程项目所需要的流动资金更为现实。

3. 扩大指标法模型的改进与优化

基于上述模型的优缺点，本研究对扩大指标法模型进行改进与优化：具体步骤为：①选取同类水利工程经济评价的多个样本，最好是规模不一的水利工程，从其经济评价的项目投资财务现金流量表中，摘出营业收入和流动资金的数额。②寻找该类水利工程中流动资金的需求量和营业收入之间的关系，将流动资金表示成营业收入的表达式，即流动资金 = f(营业收入)。③将评价项目中已计算出的营业收入额代入该式，计算出评价项目流动资金的需求量。扩大指标法模型的改进与优化有预测的流动资金需求量误差减小的特点。

（二）流动资金预测的实现

1. 流动资金预测的准备

选取已作出经济评价的水利工程项目中营业收入和流动资金。选取项目 1：西范灌区东扩工程；项目 2：柏叶口水库龙门水利工程；项目 3：中部引黄工程；项目 4：小浪底引黄工程；项目 5：松溪水利工程及项目 6：东城提黄工程六个水利工程的营业收入和流动资金作为参考，具体见表 5-12。

表 5-12　各水利工程流动资金和营业收入数额

项目	项目 1	项目 2	项目 3	项目 4	项目 5	项目 6
流动资金（万元）	1 181	89	931	74	179	12
营业收入（万元）	842 943	59 608	813 044	89 625	171 000	10 920

而后分别按“递增”的顺序将流动资金和营业收入排序。以营业收入为横坐标，以流动资金为纵坐标，将流动资金随营业收入变化的关系用图表示，如图 5-3 所示。

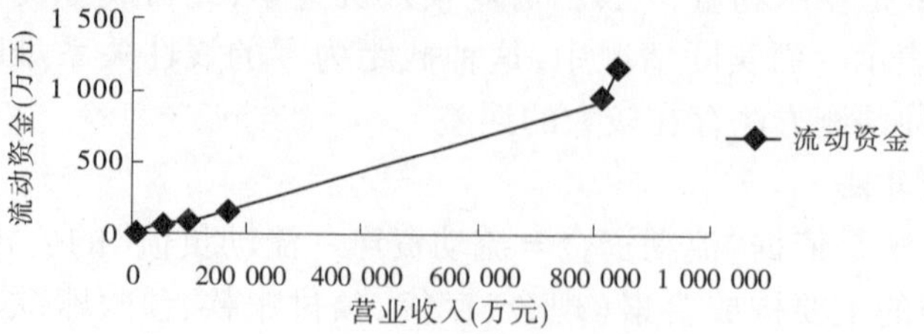

图 5-3　流动资金变化图

一般来说，营业收入越多，流动资金需要的越多，即随着营业收入的增加，流动资金应呈增长的趋势，如果违背这种趋势，应将这些数据予以剔除。

2. 流动资金预测函数的建立

从图 5-3 可以看出，流动资金随营业收入的变化由几组离散点组成，且并未完全呈现出一般的线性关系。因而需要对图中曲线进行拟合，以分析两变量之间的关系。所谓曲线拟合，就是用连续曲线近似刻画或比拟离散点组所表示的坐标之间的函数关系，即用解析表达式逼近离散数据，也称为离散数据的公式化。拟合模型中，一般有指数、线性、对数、多项式、乘幂 5 种。在趋势线拟合过程中，会有 R^2 值显示，R^2 是趋势线拟合程度的指标，其数值大小可以反映趋势线的估计值与对应的实际数据之间的拟合程度，R^2 值越大，拟合程度越高，趋势线的可靠性也就越高。R^2 值的取值范围为 0 ~ 1，当 R^2 的值等于或接近 1 时，拟合曲线的可靠性越高，反之，可靠性较低。R^2 在一定程度上可决定选取何种拟合模型，因此也称其为决定系数。

通过对图 5-3 流动资金随营业收入变化趋势的 6 种模型拟合，选择 R^2 最大的拟合模型为所求的流动资金预测模型。通过比较得出呈幂拟合的趋势线的 $R^2 = 0.993$ 最大且趋近于 1，确定呈幂拟合趋势线为最终的流动资金预测模型，流动资金预测方程为

$$y = 0.001x^{1.014} \tag{5-23}$$

式中　x——营业收入，万元；

　　　y——流动资金的数额，万元。

第四节　不确定性分析的内容和方法

一、不确定性分析

在经济评价中，采用的数据大多是测算和估算出来的，具有一定的不确定性，因此有必要对经济评价指标的结果进行不确定性分析。所谓不确定性分析，就是要对工程中各种不确定性因素对经济评价指标的影响进行分析，考察评价结果的可靠程度。

一般来说，产生不确定性的原因有以下几个方面：一是通货膨胀和价格的调整。一个国家通常存在着不同程度的通货膨胀，通货膨胀对项目有着多方面的影响；通货膨胀也会给借贷资金项目带来好处，因为用于归还贷款时是已降低了购买力的货币。除通货膨胀

对物价的影响外，由于市场的瞬息多变，项目评价中投入物和产出物的价格有可能发生较大的变动，这也会给项目的经济评价带来较大的不确定性。二是政府政策和规定的变化。由于国内外政治形势和经济形势的影响以及国家经济政策、财务规定的变化，会给项目带来不可预测和不可控制的影响。如外汇汇率提高，会给以国内资源为原料的出口项目带来好处；加入 WTO，关税的普遍调低和贸易限制的放宽，在给某些项目带来机遇的同时，也给一些项目带来严峻的挑战。三是技术和工艺的变革。在技术和工艺迅速变革的当今，原来计划的水利量可能在项目的建设和实施过程中发生变化。另外，新产品和技术的产生，也会导致工程建设中所需材料价格的变化。四是项目生产能力的变化。项目因资金筹集、外购设备不及时到货或是施工安排等问题引起建设工期的延长，或因涉及装备等原因导致项目建成后达不到预定的生产能力等，都会改变项目的各项经济指标。五是预测和估算的误差。这是一切项目普遍存在的问题，可能由资料的占有不完全、统计预测方法的不当所引起，也可以是因时间、资金以及其他位置的因素的限制。此外，存在着大量不能定量表示的因素和一些不确切的简化和假定，也会给项目带来较大的不确定性。

除上述这些主要原因外，还有许多难以控制的风险因素会影响项目的经济评价。综上可知，项目经济评价的不确定性有两个来源，即项目本身的不确定性和项目所处环境的不确定性。因此，为了评估项目能否经受各种风险的冲击，例如可能出现的投资超支、建设期的拖长、折现率的加大、生产能力达不到设计水平、投入物价格和产出物销售价格的变化、市场需求的减少及项目寿命期的缩短等，有必要在计算出项目评价指标后对项目进行不确定性分析。

不确定性分析的目的主要有：①预测经济评价指标发生变化的范围，分析工程获得预期效果的风险程度，为工程项目决策提供依据；②找出对工程经济评价效果指标影响较大的因素，从而在工程规划设计以及施工中采取适当的措施，把影响控制在最小的范围内。项目经济评价需要进行不确定性分析，找出哪些是造成不确定性的关键因素，估计项目可能的风险程度，以提高项目经济评价的可靠性，提高项目投资决策的科学性。

水利工程经济不确定性分析的内容包含敏感性分析、盈亏平衡分析和概率（风险）分析三部分。

二、敏感性分析

所谓敏感性，是由于某种因素的作用，给项目经济效益指标带来牵一发而动全身的变化。

敏感性指的是经济评价指标对其影响因素的变化的反应。用敏感程度可说明各影响因素发生变化单位时引起评价指标变化多大，并以此确定关键因素。用敏感方向反映影响因素的变化会引起评价指标同向变化还是反向变化，并以此确定影响因素的变化给项目带来有利影响还是有害影响。

敏感性分析就是验证影响现金流量的诸因素（例如投资、成本、售价）发生变化时，对工程项目获利性随之发生变化的分析，一般以百分比表示。它的任务是测定各主要因素中单因素的变化值对经济效果指标的影响程度，并找出最关键的因素，以便提出改进措施或改变方案。

敏感程度的大小用敏感系数给出，敏感系数定义为影响因素的单位变化 ΔX_K 引起的评价指标的变化 ΔV_k，记作 S，其表达式为 $S=\Delta V_k/\Delta X_k$

根据项目的特点，分析测算固定资产投资、效益、主要投入物和产出物的价格、建设期年限及汇率等主要因素，确定一项或多项指标浮动对经济评价的影响的分析叫作敏感性分析。敏感性分析主要分为4个步骤：一是选择不确定因素；二是确定各因素的变化幅度及其增量；三是选定评价指标进行敏感性分析；四是计算某种因素浮动对项目经济评价指标的影响及其敏感程度。

在水利工程中，通常选择固定资产投资、工程效益、建设工期等因素为敏感性因素。工程效益的变化除要考虑一般变化幅度外，还要考虑大洪水年或连续枯水年出现时水利等效益的影响。一般在确定性分析所使用的指标内选择敏感性分析的指标，通常只是对主要经济评价指标如经济净现值、经济内部收益率、投资回收期、财务净现值等进行敏感性分析。根据变动因素的多少，敏感性分析还可分为单因素敏感性分析和多因素敏感性分析。

按照《水利建设项目经济评价规范》(SL 72—94)的规定，确定各不确定因素的变化范围如下：

工程固定资产投资：-20%，-10%，-5%，+5%，+10%，+20%。

工程效益：-15%，-10%，-5%，+5%，+10%，+15%。

图5-4是一张经济内部收益率敏感性分析示意图。图中固定资产投资和效益变动对经济内部收益率的影响线，可根据项目的分析成果点绘。两线与社会折现率线的交点 A 和 B 为临界点，相应横坐标分别是固定资产投资和效益允许变动的最大幅度。如项目固定资产投资和效益超过临界点，该项目在经济上是不合理的，其他经济评价指标的敏感性分析图，可用类似的方法绘制。

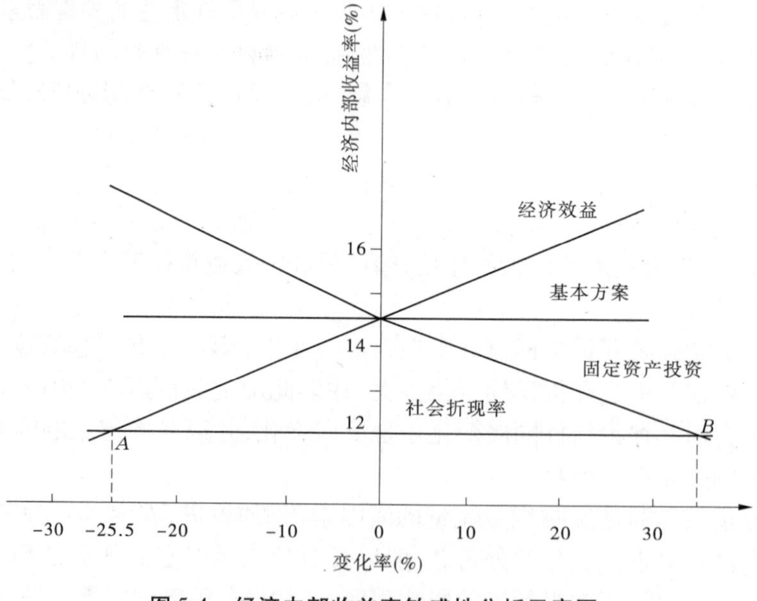

图5-4　经济内部收益率敏感性分析示意图

敏感性分析可发现最敏感的因素,减少该因素的浮动,对经济评价指标的稳定作用最大。因此,对该因素应研究提出减少其浮动的措施,其目的在于使项目能达到预期的经济效果。如固定资产投资是最敏感的因素,就应从设计到施工建设,采取尽可能节省的措施,控制其浮动等。

【例5-2】　某工程项目对两个方案进行经济评价。当工程总投资、成本、产品售价、生产能力和投产期等主要因素都处在基本正常情况时,分别计算方案一和方案二的财务内部收益率 *IRR* 等指标;然后分别在当总投资增加10%、成本增加10%、产品售价减少10%、生产能力降低10%、投产期拖后一年等不利情况发生时,再分别计算这两个方案的财务内部收益率等指标,最后对计算结果进行敏感性分析。敏感性计算成果见表5-13。

表5-13　某工程项目的敏感性计算成果表

各种因素变化	方案一		方案二	
	IRR(%)	Δ*IRR*(%)	*IRR*(%)	Δ*IRR*(%)
基本情况	23.6	0	26.7	0
总投资　+10%	21.6	-2.0	24.5	-2.2
成本费用　+10%	12.4	-11.2	25.8	-0.9
产品售价　-10%	6.4	-17.2	22.2	-4.5
生产能力　-10%	19.8	-3.8	23.3	-3.4
投产期拖后一年	16.2	-7.4	19.5	-7.2

由表5-13可以看出,方案一,当产品成本和售价发生不利变化时最为敏感,这些因素的不利变化是方案一的致命弱点,必须设法降低成本,提高产品质量,扩大产品用途。方案二,对各个因素的敏感性较小,评价指标比较稳定,故优于方案一。另外,从计算结果还可以看出,无论方案一还是方案二对建设进度都比较敏感,投产期拖后一年对经济效益影响较大,因此必须抓紧时间,精心组织施工,合理安排进度,提高管理水平。

敏感性分析有助于找出影响项目经济效果的敏感因素及其影响程度,便于决策者全面了解投资方案可能出现的经济效果变动情况,从而设法采取措施减少不利因素的影响,以利于提高项目的经济效果。此外,在方案的比较过程中,根据各种方案对影响因素敏感度的对比,可以选出敏感度小的方案。但是,实际工作中往往要求盈利越大,所需投资越多,风险也越大,风险小而盈利多的方案几乎是不存在的。因此,具体做出何种决策,主要取决于决策者对待风险的态度。敏感性分析的局限性,主要表现在它不能明确指出某个因素变动对经济效果影响的可能性有多大。因为无论何种类型的项目,各个不确定性因素对项目经济效果的影响是交叉发生的,而且各个因素变化的幅度大小及其发生的概率也是随机的。因而,实际上会出现这样的状况:某一敏感因素在未来可能发生某一幅度变动的概率很小,甚至完全可以不考虑该因素的影响;而另一不敏感因素可能发生某一幅度变化的概率却很大,甚至必须考虑其变动对项目经济效果的影响。这些问题的解决,不能依靠敏感性分析而只有借助于其他方法。

三、盈亏平衡分析

各种不确定因素的变化会影响投资方案的经济效果，当这些因素的变化达到某一临界值时，就会影响方案的取舍。盈亏平衡分析的目的就是要找出这个临界值，判断投资方案对不确定因素变化的承受能力。换言之，就是要研究在一定的市场条件下，通过计算项目正常运行年份的盈亏平衡点(*BEP*)，来分析项目收入与成本的平衡关系。

水利工程的营业收入与水利量(产量)之间的关系有两种情况：第一种情况是工程项目水利经营活动不会明显地影响市场中水的供求状况，即假定其他市场条件不变，产品价格(水价)不会随着工程项目售水量的变化而变化，是一个常数，收入与销售量是线性关系。

如图5-5所示，图中生产成本与销售收入的交点 M 即为线性盈亏平衡点，M 点所对应的产量 X_0 即为盈亏平衡产量。在 M 点销售收入等于生产成本，此时利润为零。这时，只有当产量大于 X_0 时，工程项目才能盈利，否则就会面临着亏损。

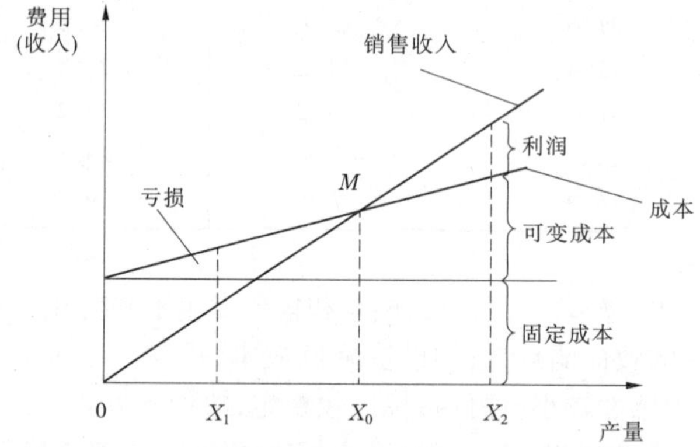

图5-5　线性平衡点

第二种情况是工程项目的水利经营明显地影响市场供求状况，随着工程项目水利量的增加，水价有所下降，这时营业收入与销售量之间是非线性关系。

如图5-6曲线图所示，由于销售收入与成本之间是非线性关系，因而图中出现了两个交点，即两个盈亏平衡点 M_1、M_2，对应着 X_1、X_2 两个盈亏平衡产量。此时，当产量小于 X_1 或者大于 X_2 时，销售收入低于生产成本，项目会发生亏损；只有当产量大于 X_1 且小于 X_2 时，项目才能盈利。当产量达到 X_b 时，项目的利润最大。

任何一个施工单位承包水利工程的施工，或水利管理单位开展多种经营，在财务上总是希望能获得利润。例如，承包某一个水利枢纽的施工既可采用人工也可采用机械化施工。显然，后者可以提高效率，但也带来投资的增加。于是就要进行分析，当施工机械化提高到什么程度时，就可能不合算了。又如在电价已定的情况下，电厂的建设规模多大才能获得利润。这些盈亏状况的分析，是企业或经营管理单位最关注的问题之一，它可以使经营者了解和掌握企业获利的必要条件和生产规模扩大后盈利的情况等。显然，进行盈亏分析首先就要研究产品的成本。

企业生产的总成本一般可区分为固定成本和可变成本。可变成本是随产量的增减而

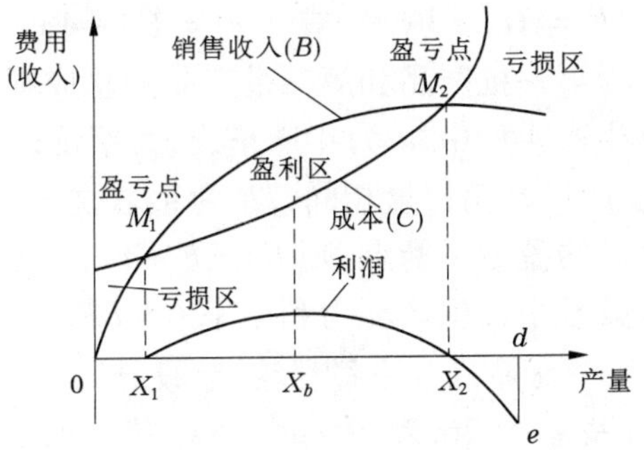

图 5-6　非线性平衡点

变化的。相对地固定成本则可视为一个常量，成本的概念见图 5-7。

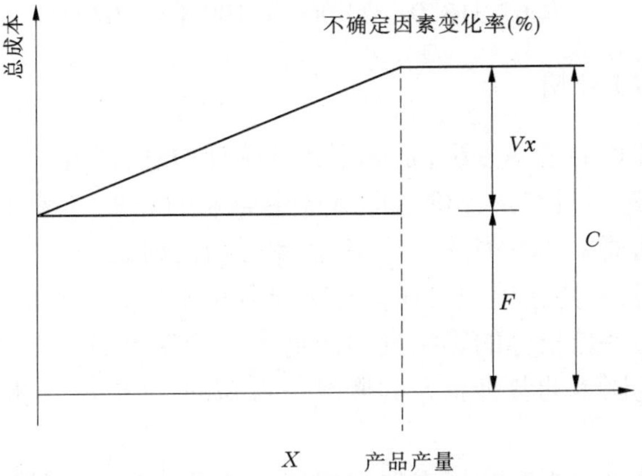

图 5-7　成本的概念

(一)固定成本

固定成本一般包括行政管理费、设备折旧费、债务保险费和利息等。严格地说，不论何种费用都不可能完全绝对地与产量无关。但是，在一定时间内，企业或生产部门不可能马上更换或增加设备、改变投资回收计划或改组管理机构等，所以上述费用在一定时间里可认为是相对固定的。

(二)可变成本

可变成本又称为产品的直接费用，是指企业或工厂设备在没有变化的情况下，生产单位产品所需消耗的直接劳务及原材料费用。显然，可变成本是随产品产量的增加而增长的。

(三)总成本

固定成本与企业年内所生产的全部产品的可变成本之和称为总成本。如以 F 表示固定成本，V 表示单位产品的可变成本，x 表示该产品的数量，则总成本 C 可用下式表示。

$$C = F + Vx \tag{5-24}$$

如果固定成本 F 和可变成本 V 未知，可通过测量两批产品的产量 x_1、x_2 和相应的总成本 C_1 和 C_2 来推求 F 和 V 值，此时

$$V = (C_1 - C_2)/(x_1 - x_2)$$

$$F = C_1 - Vx_1 \quad 或 \quad F = C_2 - Vx_2 \tag{5-25}$$

式中，C_1、C_2 及 x_1、x_2 分别为第一批产品和第二批产品的总成本和产品数量。

假设建设项目在正常生产年份中，x 为年产量，P 为单价，V 为单位产品的可变成本，F 为年固定总成本，并假设产量与销售量相同，TR 为年总收入，TC 为总成本，x_0 为设计生产能力。若求以产量 x 表示的盈亏平衡点，则 $Px = F + Vx$，从上式解出 x，并用 BEP 表示如下：$BEP = F/(P - V)$，盈亏平衡生产能力利用率 $E = BEP/x_0$。

【例 5-3】 某市拟建一个商品混凝土搅拌站，年设计产量为 10 万 m^3，混凝土平均售价为 105 元/ m^3，平均可变成本为 76.25 元/m^3，该搅拌站的年固定总成本为 194.39 万元，试计算该项目用产量和生产能力利用率表示的盈亏平衡点。

$$BEP = 1\,943\,900/(105 - 76.25) = 67\,313.9(m^3)$$

$$E = 67\,313.9/100\,000 \times 100\% = 67.3\%$$

四、概率（风险）分析

建设项目经济评价的概率分析，是运用数理统计原理，研究一个或几个不确定因素发生随机变化情况下，对项目经济评价指标所产生影响的一种定量分析方法。其目的在于研究建设项目盈利的概率或亏损的风险率，概率分析有时也被称为风险分析。

前述敏感性分析，只能指出项目评价指标对各个不确定因素的敏感程度，但不能表明不确定因素的变化对评价指标的影响发生的概率。敏感性分析与概率分析的区别在于：敏感性分析中不确定因素的各种状态的概率是未知的，而概率分析中不确定因素的各种状态的概率是可知的。

某一事件的概率可分为客观概率和主观概率两类。客观统计数值（如水位、流量等）出现的概率称为客观概率，人为预测和估计数值的概率称为主观概率。水利建设项目经济评价的概率分析主要是主观概率分析。

概率分析一般包括两方面内容：①计算并分析项目净现值、内部收益率等评价指标的期望值；②计算并分析净现值大于或等于零；内部收益率大于或等于社会折现率（或行业基准收益率）的累计概率。累计概率的数值越大（上限值为 1），项目承担的风险越小。

考虑到对不确定性因素出现的概率进行预测和估算难度较大，各地又缺乏这方面的经验。因此，规范规定对一般大、中型水利建设项目，只要求采用简单的概率分析方法，就净现值的期望值和净现值大于或等于零时的累计概率进行研究，并允许根据经验设定不确定因素的概率分布，这样可使计算大为简化。对特别重要的大型水利建设项目，则应根据决策需要进行较完善的概率分析。规范规定通过模拟法，测算内部收益率等的概率分布，曾在一些项目中使用过，是行之有效的一种方法。

简单的概率分析方法的计算步骤为：①列出各种要考虑的不确定性因素（敏感要素）；②设想各不确定性因素可能发生的情况，即其数值发生变化的几种情况；③分别确定每种情况出现的可能性即概率，每种不确定性因素可能发生情况的概率之和必须等于 1；④分别求出各可能发生事件的净现值、加权净现值，然后求出净现值的期望值；⑤求出净现值大于或等于零的累计概率。

【例 5-4】 某径流式水电站的年发电量与当年来水量的大小密切相关，而天然来水量逐年发生随机变化，可用下列统计特征值表达：多年平均年径流量 $W=10$ 亿 m^3，变差系数 $C_v=0.5$，偏态系数 $C_s=2C_v$。由此可以求出各种频率（累计概率）的年水量 W_p，通过水能计算可以求出各种频率的年发电量 E_p，已知电站上网电价为 0.10 元/kWh，则各年收益 $B_t=0.10\ E_p$ 也是随机变化的，但水电站的年费用 B_t（包括资金年回收值和年运行费等）假设不变，暂定每年的年费用 $C_t=600$ 万元，由此可求出各种频率（累计概率）的净现值（$B-C$），当净现值 $B-C=0$ 时，相应的累计概率为 $P=80\%$，参见表 5-14。

由表 5-14 的计算结果可知，该径流式水电站的年净效益（$B-C$）的期望值为 295 万元，效益费用比 B/C 的期望值为 1.49，年净效益 $B-C>0$ 的累计概率 $P_s=80\%$，即表示年净效益 $B-C<0$ 的风险率为 $P_s=1-P_s=20\%$。可以认为该水电站项目在经济上是有利的，承担亏损的风险率不大。

表 5-14　某径流式水电站经济评价指标的概率分析

累计概率 P(%)	5	10	20	30	…	70	80	90	95	期望值
年发电量 E_p(亿 kWh)	1.40	1.30	1.25	1.15	…	0.69	0.60	0.44	0.44	0.895
年收益 B_t(万元)	1 400	1 300	1 250	1 150	…	690	600	440	340	895
年费用 C_t(万元)	600	600	600	600	…	600	600	600	600	600
净现值 $B-C$(万元)	800	700	650	550	…	90	0	−160	−260	295
效益费用比 B/C	2.3	2.2	2.1	1.9	…	1.15	1.0	0.73	0.57	1.49

第五节　改、扩建项目经济评价

一、改、扩建项目的特点

改、扩建项目一般是在老的建设项目的基础上增容扩建和改建，不可避免地与老企业发生种种联系，以水利工程改、扩建项目为例，与新建项目相比，改、扩建项目具有以下主要特点。

（一）与老企业的密切相关性

水利工程改、扩建项目一般在不同程度上利用了已建工程的部分设施，如拦水坝等，以增加装机容量和电量。同时，新增投资、新增资产与原有投资和资产相结合而发挥新的作用。由于改、扩建项目与老企业各方面密切相关，因此项目与老企业的若干部门之间不易划清界限。

（二）效益和费用的显著增量性

改、扩建项目是在已有的大坝电站、厂房设备、人员、技术基础上，进行追加投资（增量投资），从而获得增量效益。一般来说，追加投资的经济效果应比新建项目更为经济，因此改、扩建项目的着眼点应该是增量投资经济效果。

（三）改、扩建项目目标和规模的多样性

改、扩建项目的目标不同，实施方法各异，其效益和费用的表现形式则千差万别。其效益可能表现为以下一个方面或者几个方面的综合。

（1）增加产量。水利工程改、扩建项目表现为增加发电量、增加装机容量、增加水库库容、增加供水量等。

（2）扩大用途。如因库容扩大而增加养殖、防洪、灌溉、供水等效益。

（3）提高质量。如提高水库的调节性能，增发保证电量和调峰电量，提高供电、供水的可靠性。

（4）降低能耗。如提高机组效率，降低水头损失，降低输电线路损失、变电损失等。

（5）合理利用资源。如充分利用水资源，扩大季节性电能的利用等。

（6）提高技术装备水平、改善劳动条件或减轻劳动强度。如增加自动化装置，采用遥控遥测、遥调设备和设施，减少值班人员，减轻劳动强度，节省劳动力和改善工作环境等。

（7）保护环境。如保护水环境、保持生态平衡、增加旅游景点和旅游效益等。

改、扩建项目的费用不仅包括新增固定资产投资和流动资金、新增运行费用，还包括由于改、扩建项目带来的停产或减产损失和原有设备的拆除费用。

（四）经济计算的复杂性

改、扩建项目的经济计算原则上采用有无对比法。无项目是指不建该项目时的方案，它考虑在没有该项目情况下整个计算期项目可能发生的情况。采用有无对比法计算项目的效益和费用，实际就是计算项目的增量效益和费用。改、扩建项目目标的多样性和项目实施的复杂性，使得经济计算和评价变得较为复杂，特别是增量效益的计算更加复杂。

二、增量效益和增量费用的识别与计算

（一）增量效益的识别与计算

改、扩建项目的增量效益可能来自增加产量、扩大用途、提高质量，也可能来自降低能耗、合理利用资源、提高技术装备水平等一个或者几个方面的综合，这给增量效益的识别与计算带来较大困难，通常是将有项目的总效益减去无项目的总效益即为增量效益，以避免漏算或重复计算。

（二）增量费用的识别与计算

增量费用包括新增投资、新增经营费用，还包括由改、扩建该项目可能带来的停产或减产损失，以及原有设施拆除费用等。

1. 沉没成本

沉没成本在改、扩建项目经济评价中经常遇到。改、扩建项目主要分析增量效益和增量费用，而增量效益并不完全来源于新增投资，其中一部分来自原有固定资产潜力的发挥。从有、无项目对比的观点来看，没有本项目，原有的潜力并不能产生增量效益，改、扩建项目的优点也正是利用了原有设备的潜力。因此，沉没费用来源于过去的决策行为，与现行的可行方案无关，在计算增量效益时不计算沉没费用。

有些项目在过去建设时，已经考虑到了今天的扩建，因而预留了一部分发展的设施。例如引水管道预留了过流能力、厂房预留了安装新设备的位置、变压器考虑了将来的增容等，如果不进行改、扩建，这笔投资将无法收回，在此情况下进行改、扩建，这笔投资将作为沉没费用。还有些项目是停建后的复建，已花的部分投资也是沉没费用，只计算原有设施

现时尚可卖得的净价值。

改、扩建项目大都是在旧有设施基础上进行的,或多或少都会利用旧设备,不论潜力有多大,已花掉的投资都属于沉没成本。

改、扩建项目经济评价,原则上应在增量效益和增量费用对应一致的基础上进行。因此,沉没费用不应计入新增投资中。在实际工作中,还会经常遇到废弃建设问题,凡在第一期工程建设中为二期工程花掉的投资,都只应在第一期工程中计算,二期工程经济评价中不再计入这部分投资。

2. 增量固定资产投资的计算

对于有项目而言,固定资产投资应包括新增投资和可利用的原有固定资产价值并扣除拆除资产回收的净价值。由于改、扩建过程中带来的停产或减产损失,应作为项目的现金流出列入现金流量表中。对于无项目而言,原有投资应采用固定资产的重估值。

增量投资是有项目对无项目的投资差额。对于停建后有续建的项目,其原有投资为沉没费用,不应计为投资,但应计算其卖得的净价值。

3. 增量经营成本的计算

改、扩建项目如果有几种目标同时存在,要计算有无此项目的差额,以避免重复计算或漏算。

三、改、扩建项目经济评价

改、扩建项目具有一般建设项目的共同特征。因此,一般建设项目的经济评价原则和基本方法也适用于改、扩建项目。但因它是在现有企业基础上进行的,在具体评价方法上又有其特殊性。总的原则是考察项目建与不建两种情况下效益和费用的差别,这种差别是项目引起的,一般采用增量效果评价法,其计算步骤是:首先计算改、扩建产生的增量现金流,然后根据增量现金流进行增量效果指标计算(如增量投资内部收益率、增量投资财务净现值等),最后根据指标计算结果判别改、扩建项目的可行性。

增量现金流的计算是增量法的关键步骤。常见的计算增量现金流的方法是将进行改、扩建和技改后(简称项目后)的现金流减去改、扩建和技改前(简称项目前)的对应现金流,这种方法称为前后比较法,或前后法。我们知道,方案比较中的现金流比较必须保证该方案在时间上的一致性,即必须用同一时间的现金流相减。前后法用项目后的量减去项目前的量,实际上存在着一个假设:若不上项目,现金流将保持项目前的水平不变。当实际情况不符合这一假设时,就将产生误差。因此,前后法是一种不正确的方法。计算增量现金流的正确方法是有无法,即用进行改、扩建和技改(有项目)未来的现金流减去不进行改、扩建和技改(无项目)对应的未来现金流。有无法不作无项目时现金流保持项目前水平不变的假设,而要求分别对有、无项目未来可能发生的情况进行预测。

由于进行改、扩建与不进行改、扩建两种情况下都有相同的原有资产,在进行增量现金流计算时互相抵消,这样就不必进行原有资产的估价,这是我们所希望的。按照通常的理解,在计算出增量效果指标后,若 $NPV>0$,或 $IRR>i_0$,则应进行改、扩建投资。然而,能否这样下结论仍然是个有待讨论的问题。

【例 5-5】 某企业现有固定资产 500 万元,流动资产 200 万元,若进行技术改造须投资 140 万元,改造当年生效。改造与不改造的每年收入、支出如表 5-15 所列,假定改造、不改造的寿命均为 8 年,折现率 $i_0 = 10\%$,问该企业是否应当进行技术改造?

表 5-15　某企业改造与不改造的收、支预测

方案	不改造		改造	
年份	1~8	8	1~8	8
年销售收入	600		650	
资产回收		250		300
年支出	495		520	

解:(1)画出增量法的现金流量图,如图 5-8 所示。

$$K = 140, F_B = 300 - 250 = 50,$$
$$B_A = (650 - 520) - (600 - 495) = 25$$

(2)计算增量投资财务净现值 NPV

$$NPV = -140 + 25 \times (P/A,10\%,8) + 50 \times (P/F,10\%,8) = 16.7(\text{万元})$$

因为 $NPV = 16.7 > 0$,可以说企业进行技术改造比不改造好,至少经济效益有所改善,但若作出应当改造的结论就过于草率了。因为我们知道,增量法所体现的仅仅是相对结果,它不能体现绝对效果。相对效果只能解决方案之间的优劣问题,绝对效果才能解决方案能否达到规定的最低标准问题。从理论上说,互斥方案比较应该同时通过绝对效果和相对效果检验。

现画出改造与不改造时总量法的现金流量图进行分析(见图 5-9):

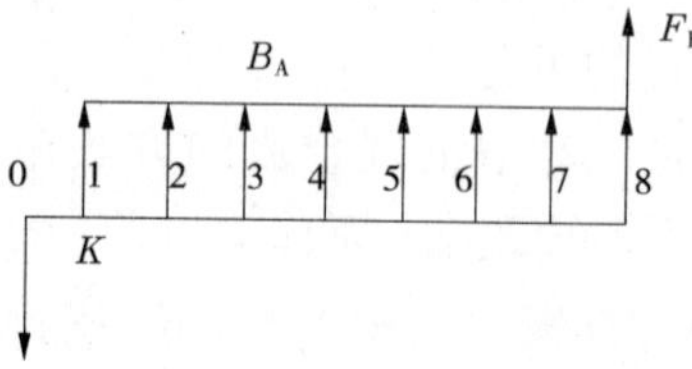

图 5-8　例 5-5 现金流量图

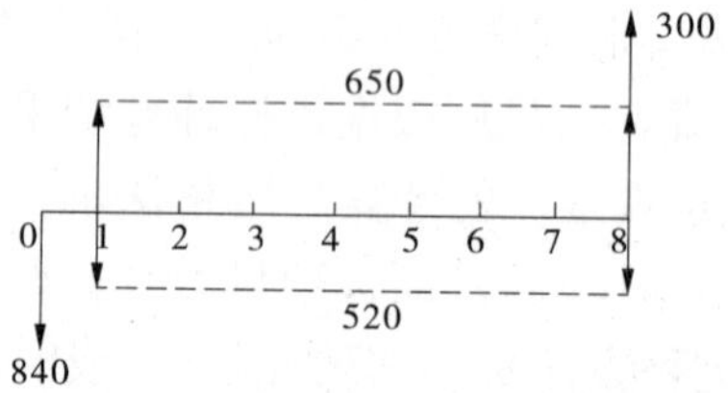

图 5-9

改造时投资财务净现值 NPV_a:

$$K = 840, F_B = 300, B_A = 130$$
$$NPV_a = -840 + 130 \times (P/A,10\%,8) + 300 \times (P/F,10\%,8) = -6.5(\text{万元})$$

不改造时投资财务净现值 NPV_b:

$$K = 700, F_B = 250, B_A = 105$$
$$NPV_b = -700 + 105 \times (P/A,10\%,8) + 250(P/F,10\%,8) = -23.2(\text{万元})$$

此时虽然 $NPV_a > NPV_b$,但两者都小于 0,不能通过绝对效果检验,因此不能作出应当改造的结论。

总量法的优点在于它不仅能够显示出改、扩建与否的相对效果,还能够显示出改、扩建与否的绝对效果。但总量法的缺点在于要对原有资产进行估价，好在现实经济生活中，改、扩建项目评价一般情况下只需要进行增量效果评价，只有当企业面临亏损，需要将企业关闭、拍卖还是进行改、扩建作出决策时，才需要同时进行增量效果评价和总量效果评价。

复习思考题

1. 项目投资的国民经济评价与财务评价有何区别？在投资项目的国民经济分析中，识别费用和效益的基本原则是什么？与财务分析的识别原则有何不同？

2. 在投资项目国民经济分析中，主要的费用项和效益项有哪些？当采用影子价格计量费用与效益时，哪些费用项和效益项需要列入国民经济分析的现金流量表中？

3. 在评价工程投资风险与不确定性时，项目经济效益期望值、标准差与离差系数有何作用？

4. 怎样应用净现值指标评价改造与扩建项目？

5. 某方案的参数预测结果如下：投资 10 000 元，年净收入 3 000 元，寿命 5 年，$i=12\%$，这些参数的可能变化范围为 ±30%。试对年净收入与寿命作单参数敏感性分析。

6. 加工某种产品有两种备选设备，若选用设备甲，初始投资 20 万元，加工每件产品的费用为 8 元；若选用设备乙需初始投资 30 万元，加工每件产品的费用为 6 万元。假定任何一年的设备残值均为 0，试回答下列问题：

(1) 若设备使用年限为 8 年，基准折现率为 12%，年产量为多少时选用设备甲比较有利？

(2) 若设备使用年限为 8 年，年产量为 13 000 件，基准折现率在什么范围内选用设备乙比较有利？

(3) 若年产量为 15 000 件，基准折现率为 12%，设备使用年限为多少时选用设备甲比较有利？

7. 某台钻厂现有固定资产价值 315 万元，占用流动资金 296 万元，年产台钻 1.45 万台，单价 460 元/台。为提高产品质量，降低成本，占领国际市场，拟进行技术改造。项目计算寿命为 10 年。有关数据资料见表 5-16、表 5-17。

表 5-16　不进行技术改造年费用、效益预测　（单位：万元）

年份	1	2	3	4	5	6～9	10
固定资产投资	2	2.5	3.5				
流动资金投资	10.3	10.3	10.4				
年销售量	1.5	1.55	1.6	1.6	1.6	1.6	1.6
年经营成本	587	602	611	614	638	654	654
固定资产残值							85
年折旧费	23	23	24	24	24	24	24

表 5-17　进行技术改造年费用、效益预测　（单位:万元）

年份	1	2	3	4	5	6 ~ 9	10
固定资产投资	200	420	170				
流动资金投资	46	45	30	113	286		
年销售量	1.7	2	2.2	3	5	5	5
年经营成本	644	735	772	998	1 579	1 579	1 579
固定资产残值							450
年折旧费	32	63	70	70	70	70	70

标准折现率取12%。作全投资分析,列出现金流量表,计算静态回收期、动态回收期、*NPV*、*IRR*。分别就销售收入及经营成本变动 +5%、+10%、+15%、+20%,对该项目全投资净现值作敏感性分析。

第六章 综合利用水利工程投资费用分摊

第一节 概 述

一、综合利用水利工程的经济特点

(一)效益的多面性

我国水利工程一般具有防洪、发电、灌溉、供水、航运等综合利用效益,其中的某几项效益对国民经济的发展影响较大。国民经济各部门,有的为直接的经济效益;有的为间接的经济效益。有的效益可用货币价值量表示,有的效益无法用货币价值量表示。例如:生态环境的改善、减少洪涝灾害对人民精神造成的痛苦等。

(二)效益的错综复杂性

综合利用水利工程的效益,随水文现象的随机性,各年之间的效益是不同的。各收益部门的效益有时利益是一致的,有时利益是相互矛盾的,在调度运用中,保证了主要部门的利益,就要减少次要部门的利益。随着时间的推移,经济形势的发展,各部门的效益有时需要重新分配、相互转移,称为效益再分配。例如,一个综合利用的水库工程,兴建时以灌溉为主,随着城市工业的发展,转为以供应城市饮用水为主。

(三)工程项目的多样性

综合利用水利工程中有一些工程项目是为各收益部门服务的,称为共用工程,其所需的工程费用,理应在各收益部门之间合理分摊;有一些工程项目是专门为某一部门服务的,称为专用和配套工程,其所需的工程费用,理应由各部门自己承担。枢纽中的各项工程各有其特点和要求,技术要求是不同的,有其独立性的一面。但各项工程之间又有紧密的联系,要相互协调。

(四)建设周期长,发挥效益的时间不同

由于综合利用水利工程项目多、工程量大,只有完成所有主体、专用、配套工程后,才能全部发挥效益,故建设期较长。枢纽工程主体完成后,有些部门就可以受益。例如,水库的主体工程完工后,就能拦蓄洪水,发挥效益。有的部门只有完成了相应的专用和配套工程后,才能发挥效益。由于人力、物力、财力等条件限制,不可能所有部门同时完成工程建设任务,故发挥效益的时间是有先有后的。

在过去一段时间内,由于缺乏经济核算,整个综合利用水利工程的投资,并不在各个受益部门之间进行投资分摊,主要由某一主要受益部门负担。而负担全部投资的部门认为,本部门的效益有限,而所需投资却较大,因而迟迟不下决心或者不愿兴办此项工程,使水资源得不到应有的开发与利用,任其白白浪费;或者主办单位由于受本部门投资额的限制,可能使综合利用水利工程的开发规模偏小,使得其综合利用效益得不到充分的发挥;

另外,如果综合利用水利工程牵涉的部门较多,相互关系较为复杂,有些不承担投资的部门往往提出过高的设计标准或设计要求,使工程投资不合理地增加,工期被迫拖延,不能以较少的工程投资在较短的时间内发挥较大的综合利用效益。

二、费用分摊的目的

由于综合利用各部门的自身特点,对水资源各有其不同的要求。这些要求既有一致的一面,又有矛盾的一面。为了保证水资源的综合利用,除在规划中从整体利益出发,通盘考虑安排外,在综合利用各部门之间进行合理的费用分摊,把综合利用各部门的经济效益与经济责任联系起来也是保证水资源得到充分、合理利用的一条重要措施。对综合利用水利工程进行投资分摊的主要目的是:

(1)合理分配国家资金,正确编制国民经济发展与建设规划,保证国民经济各部门有计划按比例协调发展。

(2)充分合理地开发和利用水利资源和各种能源,在满足国民经济各部门要求的条件下,使国家总投资和运行费用最少。

(3)协调国民经济各部门对综合利用水利工程的要求,选择经济合理的开发方式和规模,分析比较各部门有关参数和技术经济指标。

(4)充分发挥投资的经济效果,正确计算各部门费用与效益,以便加强经济核算,制定各种合理的价格,提高综合利用工程的经营和管理水平。

(5)有利于设备更新改造按计划实施。

国外对综合利用水利工程(一般称为多目标水利工程)的投资分摊问题曾做过较多的研究,提出很多计算方法。由于问题的复杂性,有些文献认为:到现在为止,还提不出一个可以普遍采用的、能够被各方面完全同意的多目标开发工程的投资分摊公式。我国过去对这方面的问题研究较少,也缺乏这方面的实践经验。随着改革开放和现代化建设的深入进行,我国水利事业又迎来了新的发展机遇。现在对水资源水能进行综合开发利用的工程越来越多,因而多目标开发工程投资分摊的问题得到我国专家学者和高层管理者的普遍重视。

第二节　综合利用水利工程的投资构成

综合利用水利工程费用的分摊,先要了解综合利用水利工程的投资构成。采用不同的分类方法可将综合利用水利工程投资分成不同的种类。

一、第一种分类

用第一种分类法把综合利用水利工程的投资划分为共用投资和专用投资两大部分。共用投资是指为各受益部门服务的水利枢纽工程建筑物(如水库和大坝等)的投资、工程用地投资和移民安置费,以及给受损失部门的补偿费。专用投资是指为某一部门服务的专用工程及其配套工程的投资,例如,电厂、船闸、灌溉引水渠系建筑物等的投资就属于专用投资。

二、第二种分类

用第二种分类法把综合利用水利工程的投资划分为可分投资和剩余投资两大部分。某一部门的可分投资是指水利工程中包括该部门时的总投资与不包括该部门时的总投资之差值。显然,某一部门的可分投资比它的专用投资要大一些,例如水电部门的可分投资,除电厂、调压室等专用投资外,还应包括为满足电力系统调峰、调谷等需要而增大压力引水管道的直径,为满足最低发电水头和事故备用库容的要求而必须保持一定死库容所需增加的那一部分投资。所谓剩余投资,就是总投资减去各部门可分投资后的差值。

在投资分摊计算中,还需考虑各个部门的最优替代工程方案。所谓最优替代工程方案,是指在能够同等程度满足国民经济发展要求的具有同等效益的许多方案中,选择一个在技术上可行的、经济上最有利的替代工程方案。例如,水电站的最优替代工程方案在一般情况下是凝汽式火电站;水库下游地区防洪的最优替代工程方案可能是在沿河两岸修筑堤防或在适当地区开辟蓄洪、滞洪区;地表水自流灌溉的最优替代工程方案可能是在当地抽引地下水灌溉等。

在具体研究综合利用水利工程投资构成时,还会遇到许多复杂的情况,如下所述:

(1)天然河道原来是可以通航的,由于修建水利工程而被阻隔,为了恢复原有河道的通航能力而增加的投资,不应由航运部门负担,而应由其他受益部门共同承担;但是为了提高通航标准而专门修建的建筑物,其额外增加的费用则应由航运部门负担。

(2)溢洪道和泄洪建筑物及其附属设备的投资,一般占水利枢纽工程总投资的比重相当大,上述建筑物的任务包括两个方面:一方面为保证工程本身的安全,当发生千年一遇或万年一遇洪水时,依靠泄洪建筑物的巨大泄洪能力而确保水库及大坝的安全,这一部分工程所需的投资,应由各个受益部门共同负担;另一方面,对于10年一遇或20年一遇的一般性洪水,依靠上述建筑物及泄洪设备的控泄能力而能确保下游河道的防汛安全。这一部分任务所需增加的投资,则应由下游防洪部门单独负担。

(3)灌溉、工业和城镇生活用水,常常须修建专用的取水口和引水建筑物,其所需的投资应列为有关部门的专用投资。当这些部门所引用的水量与其他部门用水(例如发电用水)结合时,在此情况下投资分摊计算就比较复杂。但无论在上述何种情况下,一般认为任一部门所负担的投资,不应超过该部门的最优替代工程方案所需的投资,也不应少于专为该部门服务的专用建筑物的投资。

综上所述,综合利用水利工程的投资构成可用下列公式表示

$$K_{总} = K_{共} + \sum_{t=1}^{n} K_{专,j} \quad (j = 1,2,\cdots,n) \tag{6-1}$$

式中　$K_{总}$——工程总投资;

$K_{共}$——几个部门共用建筑物的投资;

$K_{专,j}$——第j部门的专用建筑物的投资。

也可用下式表示

$$K_{总} = K_{剩} + \sum_{t=1}^{n} K_{分,j} \quad (j = 1,2,\cdots,n) \tag{6-2}$$

式中　$K_{分,j}$——第 j 部门的可分离部分的投资，简称可分投资；

$K_{剩}$——工程总投资减去各部门可分投资后所剩余的投资。

第三节　投资和费用的分摊方法

国内外已提出和使用过的费用分摊方法有30多种，本节主要介绍实际工作中较常用的费用分摊方法。

一、按各部门的主次地位分摊

在综合利用水利工程中各部门所处的地位并不相同，往往某一部门占主导地位，要求水库的运行方式服从它的要求，其他次要部门的用水量及用水时间则处在从属的地位。在这种情况下，各个次要部门只负担为本身服务的专用建筑物的投资或可分投资，其余部分的投资则全部由主导部门负担。这种投资分摊方法适用于主导部门的地位十分明确，工程的主要任务是满足该部门所提出的防洪或兴利要求。

如以灌溉为主的水库，该部门应承担单独兴建的灌溉工程，并达到同等抗旱标准时所需要的全部工程费用，发电部门仅承担由于发电需要而扩建的工程设施所需要的相应费用。这种按主次任务来进行费用分摊，相对来说比较合理。

二、按各部门利用建设项目的某些指标（用水量、库容等）的比例分摊

水是水利工程特有的指标，综合利用各部门要从综合利用工程得到好处都离不开水，防洪需要利用水库拦蓄超额洪水，削减洪峰；发电需要利用水库来获得水头和调节流量；灌溉需要利用水库来储蓄水量；航运需要利用水库抬高水位，淹没上游险滩和增加下游枯水期流量，提高航深，等等。同时，水利工程费用也是与水库规模大小成正比的，水库规模越大，费用也越多。因此，按各部门利用库容或水量的比例来分摊综合利用工程的费用是比较合理的。

此法概念明确、简单易懂、直观，分摊的费用较易被有关部门接受，在世界各国获得了广泛的应用，适用于各种综合利用工程的规划设计、可行性研究及初步设计阶段的费用分摊。此法存在的主要缺点有：一是它不能确切地反映各部门用水的特点。如有的部门只利用库容，不利用水量（如防洪）；有的部门既利用库容，又利用水量（如发电、灌溉）。同时，利用库容的部门其利用时间不同，使用水量的部门随季节变化对水量的要求不一样，水量保证程度也不一样（如工业供水的保证程度一般高于农业供水）。二是它不能反映各部门需水的迫切程度。三是由于水库水位是综合利用各部门利益协调平衡的结果，水库建成后又是在统一调度下运行的，因此不能精确划分出各部门利用的库容或者水量。为了克服上述缺点，可以适当计入某些权重系数，如时间权重系数、迫切程度权重系数、保证率权重系数等。例如，对共用库容和重复使用的库容（或水量）可根据使用情况和库容时间长短或主次地位划分，对死库容可按主次地位法、优先使用权法等在各部门之间分摊，并适当计入某些权重系数。

【例 6-1】　某水利枢纽,以灌溉为主,防洪次之。总库容 6 300 万 m^3,其中兴利库容 4 500万 m^3,防洪库容 1 100 万 m^3,死库容 700 万 m^3。共用工程的总投资为 1 250 万元。试用枢纽库容系数结合工程任务主次,分摊该枢纽共用工程的投资。

解:该枢纽以灌溉为主,因此灌溉部门应承担兴建水库死库容及兴利库容的全部投资;防洪部门承担增加的防洪库容的投资。灌溉部门应分摊的投资

$$K_1' = \left[\frac{V_0 + V_1}{V_0 + V_1 + V_2}\right]K = \left[\frac{700 + 4\ 500}{6\ 300}\right] \times 1\ 250 = 1\ 032(\text{万元})$$

防洪部门应分摊的投资

$$K_1'' = \left[\frac{V_2}{V_0 + V_1 + V_2}\right]K = \left[\frac{1\ 100}{6\ 300}\right] \times 1\ 250 = 218(\text{万元})$$

三、可分离费用－剩余效益法

可分离费用－剩余效益法(Seperable Cost – Remaining Benefit method,SCRB 法),其基本原理是把综合性水利工程各部门多目标开发与单目标开发进行比较,所节省的投资费用被看作是剩余效益的体现,所有参加的部门都有权分享。某部门的剩余效益 PS_j 是指某部门的效益与其合理替代方案费用两者之中的较小值减去该部门的可分离费用的差值。此法分摊比例是按各部门剩余效益占各部门剩余效益总和的比例计算的。第 j 部门分摊比例 α_j 表达式如下

$$\alpha_j = \frac{PS_j}{\sum_{j=1}^{m} PS_j} \tag{6-3}$$

【例 6-2】　计算整个水利工程的投资、年费用和年平均效益,求出各部门的可分费用及其替代工程和专用工程的投资与年费用,如表 6-1 所示。

表 6-1　各部门的投资、年费用和年平均效益表　(单位:万元)

项目		投资	年费用			年平均效益
			投资年回收值	年运行费	合计	
综合水利工程		20 000	1 635	1 000	2 635	3 000
可分费用	发电	10 000	817	600	1 417	2 000
	灌溉	4 000	327	150	477	1 000
替代工程	发电	14 000	1 144	1 000	2 144	2 000
	灌溉	8 000	654	100	754	1 000
专用工程	发电	7 000	572	520	1 092	
	灌溉	2 000	164	120	284	

注:投资年回收值 = 投资[$A/P,i,n$],在本表计算中,假设 n = 50 年,i = 8%。

解:用 SCRB 法进行分摊计算见表 6-2。

表 6-2　用 SCRB 法进行分摊计算表　（单位：万元）

项目	内容	发电	灌溉	合计	备注
年费用分摊	a. 年平均效益	2 000	1 000	3 000	表 6-1
	b. 替代工程年费用	2 144	754		表 6-1
	c. 选用年效益	2 000	754	2 754	选用 a,b 中较小者
	d. 可分费用	1 417	477	1 894	表 6-1
	e. 剩余效益	583	277	860	(c) - (d)
	f. 分摊百分比	67.8%	32.2%	100%	按 e 比例
	g. 剩余年费用分摊	502	239	741	(2 635 - 1 894) 按 f 分摊
	h. 总分摊额	1 919	716	2 635	(d) + (g)
年运行费分摊	i. 可分年运行费	600	150	750	表 6-1
	j. 剩余年运行费分摊	170	80	250	(1 000 - 750) 按 f 分摊
	k. 总分摊额	770	230	1 000	(i) + (j)
投资分摊	l. 可分投资	10 000	4 000	14 000	表 6-1
	m. 剩余投资分摊	4 068	1 932	6 000	按 f 分摊
	n. 总分摊额	14 068	5 932	20 000	(l) + (m)

计算步骤如下：

(1)基础资料的计算，即确定工程的总投资、年费用和年平均效益，各部门的可分费用及其替代工程和专用工程的投资与费用。

(2)选择部门的直接收益和最优替代工程的年费用的最小值作为本部门的选用年效益。

(3)利用剩余效益求出分摊百分比。

(4)利用求出的分摊百分比分别对年运行费和投资进行分摊。

为了发挥此法的优点，克服其不足，有的学者和专家在 SCRB 法的基础上，提出了修正 SCRB 法和可分离费用 - 某某法。

修正 SCRB 法主要考虑到综合利用工程各部门的效益并不是立即同时达到设计水平的，而是有一个逐渐增长的过程，计算各部门效益时应考虑各部门的效益增长情况，在效益增长阶段分年进行折算。如增长是均匀的，可运用增长系列复利公式计算；达到设计水平后则运用复利等额系列公式计算。然后把两部分加起来，即可得出各部门在计算期的总效益现值。

可分离费用 - 某某法主要是考虑分离费用这一思路的合理性，近年来国内外开始把这一思路推广应用于按库容（或用水量）比例、按分离费用比例、按净效益比例、按替代方案费用比例、按优先使用权等方法分摊剩余共用费用。

四、按各部门最优等效替代方案费用现值的比例分摊

基本思想：如果不兴建综合利用水利工程，各部门为了满足自身的需要，用能取得同等效益的其他工程代替，其所需投资费用反映各部门为满足自身需要付出代价的大小。

此法的优点:不需要计算效益,比较适合效益不易计算的综合利用工程。缺点:需要进行最优等效替代方案的设计,以估算各部门的最优等效替代措施的投资。这项工作牵涉面广,工作量大,而且往往需要有关部门的密切配合,有时因条件限制,估算的替代方案的投资费用可靠性较差,这将直接影响分摊投资的效果。

采用此法时,一般应按替代方案在经济分析期内的总费用折现总值的比例,分摊综合利用水利工程的总费用。第 j 部门分摊比例 α_j 表达式如下

$$\alpha_j = \frac{C_j}{\sum_{j=1}^{m} C_j} \tag{6-4}$$

式中　C_j——第 j 部门等效最优替代措施折现费用;

m——参与综合利用费用分摊的部门个数。

按此比例计算各部门分摊的总费用现值 PA_j,该值减去各部门配套工程费用 PP_j,即为所分摊的枢纽工程总费用 PQ_j。

第 j 部门分摊总费用现值

$$PA_j = PC \times \alpha_j \tag{6-5}$$

式中　PC——综合利用工程的总费用现值。

第 j 部门分摊的枢纽工程总费用现值

$$PQ_j = PA_j - PP_j \tag{6-6}$$

按各部门分摊的枢纽工程费用的比例,再进一步计算各部门分摊枢纽工程投资和年运行费用的数额。

【例 6-3】 某综合利用水利工程的总投资为 4 600 万元,其中共用工程的总投资为 3 200万元,专用工程的总投资为 1 400 万元。各部门最优等效替代方案的总投资见表 6-3。试计算各受益部门应承担的投资总额。

表 6-3　各部门最优等效替代方案及专用工程的投资　(单位:万元)

项目投资	防洪	灌溉	发电
最优等效替代方案	1 800	1 980	2 990
专用工程	350	450	600

解:分析:应对共用工程 3 200 万元按照替代工程投资比例分摊法进行分摊,各部门承担的投资总额等于分摊的共用工程投资与专用工程投资之和,如表 6-4 所示。

如果估算最优等效替代工程投资的计算工作量较大或最优等效替代方案不易确定,在水利工程实践中也可按各部门专用工程投资比例来分摊共用工程的投资,方法类似。

五、按各部门可获得效益现值的比例分摊法

兴建综合利用水利工程的基本目的是获得经济效益,因此按各部门获得经济效益的大小来分摊综合利用工程的费用也是比较公平合理的,也易被接受。不过综合利用工程各部门的效益是由共用、专用、配套工程共同作用的结果, 如果按各部门获得的总效益的

表 6-4　按替代工程投资比例计算共用工程的投资分摊表　　（单位：万元）

序号	项目	防洪	灌溉	发电	合计
1	综合利用水利工程总投资				4 600
2	共用工程总投资				3 200
3	专用工程总投资	350	450	600	1 400
4	替代工程总投资	1 800	1 980	2 990	6 770
5	替代工程投资比例	0.27	0.29	0.44	1.00
6	各部门分摊共用工程投资	864	928	1 408	3 200
7	各部门应承担的总投资	1 214	1 378	2 008	4 600

比例分摊共用工程费用，则加大了专用工程和配套工程大的部门分摊的费用；另外，综合利用工程各部门开始发挥效益和达到设计效益的时间长短不同，一般情况是防洪、发电部门开始发挥效益和达到设计效益的时间较快；灌溉部门因受配套工程建设的制约，航运部门因受货运量增长速度的影响，均要较长的时间才能达到设计效益。如果按各部门的年平均效益的比例分摊共用工程费用，将使效益发挥慢的部门分摊的费用偏多，效益发挥快的部门分摊的费用偏少。

因此，采用此法计算分摊比例较合理的做法是，按各部门效益现值减去各部门专用工程和配套工程费用现值之差（剩余的效益现值）占各部门剩余的效益现值总和的比例计算。第 j 部门分摊比例 α_j 计算表达式如下

$$\alpha_j = \frac{PB_j - PO_j}{\sum_{j=1}^{m}(PB_j - PO_j)} \tag{6-7}$$

式中　PB_j——第 j 部门经济效益现值；

PO_j——第 j 部门配套工程和专用工程费用现值。

第 j 部门分摊的共用工程总费用现值

$$PP_j = (PC - \sum_{j=1}^{m} PO_j) \times \alpha_j \tag{6-8}$$

第 j 部门应承担的总费用现值

$$PA_j = PO_j + PP_j \tag{6-9}$$

【例 6-4】　某综合利用水利工程，总投资为 2.0 亿元，其中，专用水利工程设施的投资为 0.8 亿元，共用工程设施的投资为 1.2 亿元。各受益部门的效益现值及其专用水利工程的年运行费现值见表 6-5。试用各受益部门获得净效益现值来分摊投资。

表 6-5　综合利用水利工程各部门受益情况表　（单位:万元）

项目	防洪	灌溉	发电
各专用工程投资	3 500	1 500	3 000
毛效益现值	1 400	1 200	800
专用工程年运行费现值	280	350	200

解:综合利用水利工程投资分摊计算见表 6-6。

表 6-6　综合利用水利工程投资分摊计算表　（单位:万元）

序号	项目	防洪	灌溉	发电	合计
1	共用工程投资				12 000
2	专用工程投资	3 500	1 500	3 000	8 000
3	毛效益现值	1 400	1 200	800	3 400
4	年运行费现值	280	350	200	830
5	净效益现值	1 120	850	600	2 570
6	净效益现值比例	0.44	0.33	0.23	1.00
7	共用工程分摊投资	5 280	3 960	2 760	12 000
8	各部门总投资	8 780	5 460	5 760	20 000

由于费用分摊涉及工程特性、任务、水资源利用方式和经济效益计算等许多因素,不确定性程度较大,在理论和实践上,至今还没有一种能为各方面完全接受的最好方法,但许多方法都从不同侧面反映了费用分摊的合理性。同时,不同部门、不同人对不同的分摊方法又有不同的意见,这就可能导致各部门、各人对所选费用分摊方法的意见分歧。为了避免按单一分摊方法所得结果可能出现的片面性,提高费用分摊成果的合理程度,我国有关规程规范和许多专家学者都建议,对重要的大、中型综合利用水利工程进行费用分摊时,采用多种方法进行费用分摊的定量计算,然后通过分析方法确定各部门应承担综合利用水利工程费用数额。本节主要讨论如何在采用多种费用分摊方法计算的基础上,合理确定各部门应承担综合利用水利工程费用的综合比例及其份额问题。

采用多种方法进行费用分摊计算后,求各部门综合分摊系数和份额的基本思路是根据各种费用分摊方法对该工程的具体适应情况,分别给予不同的权重(权分),然后进行有关运算,得出其综合分摊结果,最后,再综合考虑其他情况(如各部门的经济承受能力),确定其分摊比例和份额。

采用综合分析方法如同多目标方案综合评价一样,关键在于合理确定各种分摊方法的权重系数。

复习思考题

1. 综合利用工程为什么要进行投资分摊？应遵循哪些原则？

2. 综合利用水利工程有哪些经济特征？费用分摊的目的是什么？投资和费用如何分摊？

3. 果园灌溉和粮食灌溉合资修建一个供水水库，该水库还可以为下游城镇提供防洪效益。工程使用期为 50 年。经计算，年平均防洪效益约 40 万元。果园灌区每年需水量为 50 万 m^3，每立方米水量均可获利 1.5 元。粮食灌区每年需水量为 200 万 m^3，但因农产品价值低，每立方米水量只能获利 0.2 元。该工程的基建投资为 1 500 万元，分摊给两个灌区和政府，政府负担防洪部分的费用。这个工程基建投资中的 80% 用于水库，20% 用于从水库到两灌区的分水点的总干渠。已经计算出水库和总干渠的分离费用，各个部门替代方案费用如表 6-7 所示。试计算各个部门分摊的费用。（经济报酬率为 8%）

表 6-7　各个部门替代方案费用　（单位：万元）

项目		果园灌区	粮食灌区	防洪
分离费用	水库	150	350	200
	总干渠	50	150	0
最优替代工程费用		950	2 000	700

第七章　水利工程项目后评价

第一节　概　述

水利工程建设项目后评价，指的是项目已经建成通过竣工验收并经过一段时期的生产运行后，对项目全过程进行的总结评价。通过对项目前期工作、项目实施、项目运行情况的综合研究，衡量和分析项目的实施运行与经济效益情况及其与预测情况的差距，研究项目预测和立项决策是否正确并分析其原因，从中吸取经验教训，为今后改进项目规划、设计、立项、决策、施工、监理、管理运用等工作创造条件，并为提高项目投资效益提出切实可行的对策措施。

我国的建设项目后评价始于20世纪80年代初，国家计划委员会首先提出开展建设项目后评价工作，并选定一些项目进行试点。20世纪90年代，中国国际工程咨询公司组织实施了国家重点建设项目。除中国国际工程咨询公司外，我国国家开发银行、中国人民建设银行、交通部、农业部、煤炭部、建设部、电力部、化工部、冶金部、水利部、石油部等也相继开展了项目后评价工作。水利建设项目方面，在20世纪80年代中期，对葛洲坝和三门峡两项水利工程进行了经济后评价，但较全面的后评价工作是在1993年底，由中国水利经济研究会和丹江口水利枢纽管理局联合组织我国部分水利经济专家教授，对丹江口水利枢纽进行了全面的后评价工作，为1996年上网电价大幅度提高做了重要的贡献。从1994年开始，对水利工程项目展开了全面的后评价工作，提出的后评价报告基本肯定了水利工程项目的作用和效益，同时指出其不足之处和存在的问题，总结经验教训，提出结论和建议，为进一步提高水利项目的综合效益做出贡献。水利工程后评价发展较快，已颁布《水利建设项目后评价报告编制规程》（SL 489—2010），相应的如《水利建设项目后评价》等著作已出版。

一、水利工程项目后评价的内容

项目后评价实际上是前评价工作的延伸和完善，是实现科学管理的重要组成部分，是水利建设项目技术经济评价体系中不可缺少的一环。评价的内容可分为两类：一类是全过程评价，即从项目的勘测设计、立项决策等前期工作开始，到项目建成投产运营若干年以后的全过程进行评价；另一类是阶段性评价或专项评价，可分为规划、设计、立项决策和建设必要性评价、施工监理评价、运行管理评价或经济后评价、防洪后评价、灌溉后评价、发电后评价、环境生态后评价、移民安置后评价等。由于水利的特殊性，它是国民经济的基础设施和基础产业，对社会和环境的影响十分大，内容也较广泛。结合水利项目的特点，本书后评价内容侧重于后者。

（一）规划、设计和立项决策后评价

根据建成后历年的观测资料和发现的问题，进一步核查原来的地质勘测资料。对于建成运用10年以上或建成后不久即发生特大洪水或遭遇连续干旱的水利项目，此时应进行水文水利复核计算，修正原来的水文水利计算成果和工程规划设计。

（二）工程建设后评价

在叙述本工程原来的施工组织设计的基础上，调查研究实际施工情况和竣工、验收报告是否符合施工组织设计要求，实际施工过程有无改进和不足之处，工程质量有无问题，总结经验教训，提出合理化建议。

（三）工程管理后评价

着重研究历年调度运用和经营管理情况，从中发现问题，提出改进办法和措施，并在水工建筑物运行工况和监测数据分析的基础上，分析建筑物的安全稳定，是否存在工程质量问题，最后对整个水利工程提出工程后评价结论和建议。

（四）财务后评价

由于大多数水利工程都处于入不敷出的困难境地，因此在水利工程后评价中，财务评价是整个后评价的重点。在进行评价时，其参数和计算方法应以《建设项目经济评价方法与参数》（第2版）和《水电建设项目经济评价规范》（DL/T 5441—2010）为依据。在计算时，首先应进行固定资产重估，对综合利用水利工程还应进行投资分摊。对财务收入和财务支出均采用历年实际数字列表计算，但应考虑物价指数进行调整。

（五）国民经济后评价

国民经济评价和财务评价相同，也应以《建设项目经济评价方法与参数》（第2版）和规范为依据，把财务评价中的重估投资和重估年运行费换算为影子投资和影子年运行费，效益也应按影子价格进行调整，并应注意采用与财务评价相同的价格水平年。

（六）移民安置后评价

首先叙述移民安置后评价的目的、意义和要求，接着介绍工程初步设计阶段已批准的移民安置规划，并把目前已实施的移民安置情况和规划进行对比，发现问题，提出对策和建议。

（七）环境影响后评价

介绍工程初步设计阶段已批准的环境保护设计及环境监测站网布置，把目前情况和环境保护设计做对比，发现问题，提出评价结论和建议。

（八）社会影响评价

首先说明本工程过去是否进行社会影响后评价。复核本项目对社会环境、社会经济的影响以及与社会的相互适应性分析，并与前评价进行对比，从中发现问题，提出对策和结论及建议。

（九）综合后评价

根据以上各部分的深入调研和评价结论，提出本工程的综合后评价成果。

二、水利项目后评价中的几个问题

根据近年来水利工程后评价情况，需要注意以下几个问题。

（一）基准年、基准点的选择和价格水平年问题

由于资金的价值随时间而变，相同的资金在不同的年份其价值各不相同，因此在后评价中，需要选择一个标准年份作为基准年。对于后评价，基准年可以选择在工程开工年份、工程竣工年份或者开始进行后评价的年份。为了避免计算的现值太大，一般以选在工程开工年为宜，当然选在工程竣工开始发挥效益年也是可以的。由于基准年较长，因此还有一个基准点的问题，因为所有复利公式都是采用第1年年初作为折算的基准点，后评价时必须选择年初作为折算的基准点，而不能选用年末或年中为基准点。

（二）固定资产价值重估问题

由于很多水利工程工期在10年以上，有可能发生大幅度物价上涨，原来的投资或固定资产原值已不能反映其真实价值，因此在后评价时，应对其固定资产价值进行重估算。国有固定资产评估方法中的重置成本法比较适合水利工程情况。

（三）费用和效益计算期不对应问题

大型水利工程的计算期一般长达50年，在进行后评价时，工程的生产运行期往往只有10~20年，甚至更少，此时如果只计算到后评价开始年份（如2005年）为止，这时工程的后期效益尚未发生，因此就产生费用和效益的计算期不对应问题，导致后评价的国民经济效益和财务效益都过分偏低的虚假现象。对此有两种解决办法：一种是把尚未发生年份的年效益、年运行费和年流动资金均按后评价开始年份（如2005年）的年值或按发展趋势延长至计算期末；另一种是在后评价开始年份（如2005年）列入回收的固定资产余值（残值）和回收的流动资金作为效益回收。

（四）后评价要突出重点

后评价内容广泛，应采用两阶段，第一阶段可通过初步调查研究，进行粗评价，发现问题和重点后，再进行第二阶段有目的、有重点的详细评价，深入分析研究，找出问题发生的原因以及可能采取的对策、解决办法等，最后提出后评价的结论和切实可行的建议，并上报上级主管部门和有关单位。因此，后评价还要注意"突出重点、解决问题"，切忌面面俱到、不解决问题的后评价。

第二节　水利工程后评价的步骤、方法和主要指标

由于水利工程项目类型多，涉及经济、社会、技术、环境及经营管理等方面，情况复杂，因此每个项目后评价的内容、方法和步骤并不完全一致。但一般项目的后评价都遵循一个客观的循序渐进的基本程序，都要选适宜的方法，设置一套科学的后评价指标体系，以全面反映项目从准备、决策、实施到运行全过程的实际状况。

一、水利工程后评价的步骤

水利工程后评价的步骤，一般分为提出问题、筹划准备、深入调查收集资料、选择后评价指标、分析评价和编制后评价报告等。

（一）提出问题

首先要明确后评价的任务、具体对象、目的及要求，提出进行后评价的单位，可以是国

家计划部门、银行部门、水利主管部门,也可以是工程管理单位自身。

(二)筹划准备

问题提出,任务明确后,项目后评价的提出单位可以委托工程咨询公司或其他有资格单位进行后评价,也可以自己组织实施。接受任务的承办单位即可组织一个相对独立的后评价小组进行筹备工作,根据拟评价工程的具体情况和适用的评价内容,制订较为详尽的后评价工作计划,其中包括后评价人员的配备、组织机构的建立、评价内容与深度的确定、时间进度的安排和经费预算,以及评价方法、指标的选择等,报请上级有关部门批准后,便可开始进行评价工作。

(三)深入调查收集资料

后评价成果的可靠性在很大程度上取决于基本资料的精度,因此对基本资料的调查、收集、整理、综合分析和合理性检查,是做好后评价工作的重要环节。本阶段的主要任务是制订详细的调查提纲,确定调查对象和调查方法并开展实际调查工作,收集后评价所需要的各种资料和数据。

1. 工程规划设计资料

工程规划设计资料如工程设计任务书或项目建议书、可行性研究报告、初步设计等。具体内容包括工程的主要设计方案和设计实物工程量、工程效益、工程成本、环境影响等资料,以及工程国民经济评价和财务评价成果等。

2. 工程施工建设和竣工资料

工程施工建设和竣工资料如工程竣工验收报告及有关合同文件等。具体内容包括实际建成的工程方案和施工方法,实际完成的工程量(与设计施工量项目一一对应),实际完成的投资额(含总投资、分项投资与分年投资),施工建设总结性材料等。

3. 项目运行管理资料

项目运行管理资料包括管理体制、机构设置、人员编制及职责等资料;各年的实际年运行费(经营成本)及成本构成、成本计算资料;历年的实际效益,包括经济效益和财务收入(如逐年发电量、减免的洪涝灾害损失、城镇供水量、实际灌溉用水量和灌溉面积,以及用货币表示的效益价值量及其计算依据、单价等);历年上缴税金及利润等资料;投入运行后工程设备运行工况和工程质量、工程安全复核、工程加固等方面的资料;运行管理中经验教训总结资料等。

4. 社会经济和社会环境资料

社会经济和社会环境资料指反映项目实施和运行实际影响的有关资料,如移民搬迁安置、移民生产生活恢复、环境监测报告、对项目区社会经济发展的影响等。

5. 国家经济政策资料

国家经济政策资料指与项目有关的国家宏观经济政策、产业政策,国家金融、价格、投资、税收政策及其他有关政策法规等。

6. 本行业有关资料

本行业有关资料指国内外同类已建、在建和拟建项目的投资及年运行费(经营成本),各种工程量单价和经济效益、社会影响、环境影响等资料。

7. 与项目后评价有关的其他技术经济资料

与项目后评价有关的其他技术经济资料指国家、省(自治区、直辖市)、地、县的年度国民经济与社会发展报告、年度财政执行报告和统计年鉴,以及各地方、各流域水利年鉴等。

(四)选择后评价指标

选择指标是后评价中关键的一步,要根据工程规划、设计、建设及运行管理状况,结合流域和地区的经济和社会发展计划,针对工程特点,揭示工程本身存在的问题和对工程所在地经济、技术、环境和社会的影响,选择合适的评价指标。

(五)分析评价

根据调查资料,对工程进行定量与定性分析评价,一般步骤为:

(1)对调查资料和数据的完整性和准确性进行检验,并依据核实后的资料数据进行分析研究。

(2)计算各项能够定量的经济、技术、环境及社会评价指标。运用调查资料和各种有关评价参数,通过对过程中历史资料的分析及对同类工程历史经验的参照,对比工程实际效果和原规划设计,对比有、无工程不同的情况,计算出各项定量指标,并评价其优劣,对比后评价实际值与前评价预测值,找出问题所在,总结经验教训。

(3)对难以定量的效益,以及工程与所在地之间的社会因素进行定性分析;判断各定性指标对经济、社会发展目标与环境影响的程度;揭示工程实施过程中所在地因工程导致的经济、社会变化而实际产生的问题,揭示工程存在的经济、社会和环境的风险,提出减轻或消除不利影响的措施。

(4)进行综合分析评价。采用有无对比分析或多目标综合分析评价等方法对工程进行综合评价,得出后评价结论,提出今后的改进措施和建议。

(六)编制水利工程项目后评价报告

将上述调查分析评价成果,写成书面报告,总结经验教训,提出对策和建议,提交委托单位和上级有关部门。

二、水利工程后评价的基本方法

水利工程后评价的基本方法是对比法,包括有无项目的对比、预测和实际的对比、前评价与后评价的对比等。对比的目的是找出不同,为发现问题和分析原因找到重点,以便总结经验教训,提出改进措施和建议。

(一)调查、收集资料方法

调查、收集资料方法很多,有利用现有资料法、参与观察法、访谈法、专题调查会、问卷调查、抽样调查等。一般视水利工程的具体情况,后评价的具体要求和资料收集的难易程度,选用适宜的方法。在条件许可时,往往采用多种方法对同一调查内容相互验证,以提高调查成果的可信度和准确性。

1. 利用现有资料法

通过收集各种有关经济、技术、社会及环境资料,摘取其中对后评价有用的相关信息的方法。

2. 参与观察法

这是一种通过后评价人员亲临项目现场，直接观察，从而发现问题的调查方法，该法十分灵活，调查者可能发现一些不愿意在意见征询表或调查会上直接回答的问题，但成本较高，费时较长，同时实地观察的结果可能带有调查者个人的偏见。

3. 访谈法

访谈也是一种直接调查方法，有助于了解工程涉及的较敏感的经济、技术、社会、环境、文化、政治等方面的问题，更重要的是，直接了解访谈对象的观点、态度、意见、情绪等方面的信息。如对移民、业主、决策部门的访谈等。

4. 专题调查会

针对后评价过程中发现的重大问题，邀请有关人员共同研讨，揭示矛盾，分析原因。要事先通知会议的内容，提出探讨的问题。各个部门的人员在会上从不同角度分析产生问题的原因。

5. 问卷调查

这是一种以书面形式提问来收集有关资料的方法，要求全体被调查者按事先设计好的意见征询表中的问题和格式回答所有同样的问题。问卷调查所获得的资料信息易于定量，便于对比。在水利建设项目社会影响后评价和环境影响评价中，多采用此方法。但存在因各种原因导致问卷回收率低的问题。

6. 抽样调查

当需要调查的面广，调查对象数量多，不可能或没有条件全面调查时，就可以采用此法。例如，调查项目建成后对社会环境的影响、水库移民安置效果等涉及面广的问题。

（二）分析研究方法

分析研究常用的方法有定量分析方法、定性分析方法、有无项目对比分析方法、逻辑框架法和综合评价法等。

1. 定量分析法

在经济、社会、环境或投资、效益、就业、文教、卫生、收益分配、水量、水质等方面，凡是能够采用定量指标表示其效果的方法为定量分析法。

2. 定性分析法

水利工程经济、技术、社会及环境影响比较广泛，关系复杂，虽然绝大多数可以定量，但是也有一些影响往往很难定量计算，只能进行定性分析的方法为定性分析法。根据水利工程的特点和我国的国情，在项目后评价中，宜采用定量分析和定性分析相结合的方法。

3. 有无项目对比分析法

有无项目对比分析法指有项目情况与无项目情况的对比分析，通过对比分析，可以确定项目实际引起的经济效益、技术效益、社会效益及环境变化，即项目真实的经济效益、社会效益和环境效益的总体情况，从而判断该项目对经济、技术、社会、环境的作用和影响。要求投入的代价与产出的效果口径一致。

4. 逻辑框架法

逻辑框架法指将建设项目几个内容紧密相关、必须同步考虑的动态因素组合起来，通过分析它们之间的逻辑关系来评价项目的目标实现程度和原因，以及项目的效果、作用和影响。

5. 综合评价法

对单项有关经济效益、社会效益、环境效益进行定量与定性分析评价后，还需进行综合评价，确定工程的经济、技术、社会、环境等总体效益的实现程度和对工程所在地的经济等影响程度，得出后评价结论。

三、水利工程后评价主要指标

水利工程后评价指标，应能反映项目从准备阶段到正常运行全过程的状况，并体现水利项目的特点，具有针对性、重点性、可比性和可操作性。同时，要遵循动态指标与静态指标相结合、综合指标与单项指标相结合、项目微观投资效果指标与项目宏观投资效果指标相结合，以及价值指标与实物指标相结合的原则。

（一）规划设计和立项决策后评价指标

规划设计和立项决策后评价指标包括能够全面反映开发任务、建设方案与规模、经济效益与社会效益，以及工程量等设计与实际情况的指标。

（二）工程建设后评价指标

（1）实际建设工期。指建设项目从开工之日起至竣工之日止所实际经历的有效日历天数，不包括开工后停、缓建所间隔的时间和竣工后等待验收所花费的时间。工期的长短对项目投资效益影响极大。

（2）实际工期偏离率。反映实际建设工期与计划安排工期的偏离程度，即实际工期与计划工期的比率。通过它可对竣工项目的实际建设速度做出正确的评价。该值大于1，表明项目实际工期比计划工期长；反之则短。

（3）实际投资总额。是投资项目竣工投产后重新核定的实际完成投资额，包括固定资产投资、建设期贷款利息和流动资金投资。实际投资总额包括项目前期工作中实际发生的费用、建筑工程实际投资额、实际机电设备及金属结构购置费、实际机电设备及金属结构安装费，以及实际水库淹没补偿费、引进国外技术和购买国外设备时实际支付的技术资料费、其他费用和流动资金等。

（4）实际投资总额偏离率。反映实际投资总额与项目前评价中预计的投资总额偏离大小的指标，可按实际投资总额与预计投资总额之差占预计投资总额的比率计算。当偏离率较大时，应分析研究其原因。

（三）工程管理后评价主要指标

（1）工程质量复核合格品率。在后评价进行工程质量复核时，达到规定的合格标准的单位工程个数占复核的单位工程总个数的百分比。合格品率越高，表明质量合格的工程所占比例越大。

（2）运行中工况合格率。在进行后评价时，运行工况合格的单位工程个数占复核的单位工程总个数的比率。

（3）安全复核率。后评价进行工程安全复核时，按断面、抗洪、结构、渗流、抗震等核算结果，均能满足安全要求的工程个数占复核的工程总个数的百分比。

(四)财务后评价主要指标

(1)实际产品成本及其偏离率。是衡量项目前评价成本预测水平的指标。它可以部分地解释实际投资效益与预测效益偏差的原因,也是重新预测项目在寿命周期内产品成本变化情况的依据。产品从投产到后评价时的实际产品成本偏离率,可按实际产品成本与预测成本之差占预测成本的百分率计算。

(2)实际产品价格及其偏离率。

(3)实际运行费及其偏离率。年运行费宜按工程的实际年运行费计算,工程正常运行需要的年运行费可采用调整后固定资产价值的1% ~1.5%计。

(4)实际效益及其偏离率。偏离率指实际效益与预测效益之差占预测效益的百分率。

(5)实际财务净现值及其偏离率,实际财务内部收益率及其偏离率,实际借款偿还期及其偏离率。

(五)国民经济后评价主要指标

(1)经济净现值及其偏离率。

(2)经济内部收益率及其偏离率。

(3)经济效益费用比及其偏离率。

(六)移民安置后评价指标

(1)移民安置完成率。包括移民涉及村庄、搬迁人口、生活生产用地、房屋建设等实际完成数占计划的比率。

(2)移民生产生活条件达标率。包括移民居住环境、住房条件、划拨的耕地、发展生产的措施、资金拨付及实际投资等达到规划指标的比率。

(七)环境影响后评价主要指标

环境影响后评价主要指标包括局地气候、水文、土壤环境、水质、水温、陆生和水生生物、水土流失、农业生态、人群健康、文物景观和移民安置等。

(八)社会影响后评价主要指标

社会影响后评价主要指标有社会就业效果、效益分配效果、项目满足社会需求程度,包括项目满足需求的百分数、受损群众的补偿程度等。

上述各项指标,可以根据水利项目的功能情况增减。如属于社会公益性质或财务收入很少的项目,评价指标可适当减少;涉及外汇收支的项目,应增加经济换汇成本、经济节汇成本等指标。

第三节　某水电站财务和国民经济后评价

一、水电站概况

1956 年 5 月,前电力工业部建立水力发电工程局,开始组建施工队伍,1957 年 4 月 1 日,电站主体工程开工,1959 年 9 月 21 日大江截流,水库开始蓄水,1960 年 4 月 22 日第 1 台 7.25 万 kW水轮发电机组投产,通过 200 kV 高压输电线路联入华东电网。后来由于受各种因素的影响，结尾工程时间拖得长，最后 1 台机组直到 1977 年 10 月才投产，电站最终装机 9 台，总装机容量为 66.25 万 kW，设计年发电量 18.63 亿 kWh，其中 5 台机组的单机容量为 7.25 万 kW，4 台机组的单机容量为 7.5 万 kW。

工程施工建设共投用劳动力 2 013 万工日，完成土石方量 586 万 m^3，混凝土量 176 万 m^3，金属结构制造和机电设备安装共 40 000 余 t，耗用钢材 3.62 万 t、水泥 34.74 万 t、木材 13.55 万 m^3。据该电站工程局 1977 年竣工决算报告，1956 ~ 1977 年工程总投资 44 068万元，回收 10 995 万元，实际总造价 33 073 万元。该水电站为多目标开发工程，以发电为主，兼有防洪、航运、排灌、渔业、林果业、旅游业等综合利用效益。

二、固定资产投资重估

为了进行国民经济后评价和财务后评价，必须重估已建成的水利建设项目的固定资产投资及其年运行费与年效益，尤其是 20 世纪 50 ~ 60 年代建成的水利工程，当时物价水平较低，其固定资产原值已大大低于其实际价值，据此进行国民经济后评价和财务后评价，不可能得出合理的评价结果。本例水电站于 1957 年正式动工兴建，1960 年正式建成，1977 年全部 9 台机组总装机容量 66.25 万 kW 投入电力系统运行，1994 年固定资产清产核资值为 74 300 万元（1992 年价格水平），其中并未包括移民安置等费用。现在看来该值显然是偏低的。现拟用物价指数法及重置费用（重置成本）法分别重估该水电站的固定资产投资值。

（一）物价指数法

现采用历年中国统计年鉴刊载的全国零售物价指数（简称物价指数），假设以 1995 年为基准年，基准年的物价指数等于 1.00，已知 1995 年底比 1994 年底零售物价年上涨率为 14.8%，故 1994 年的物价指数为：1.000 × (1 + 14.8%) = 1.148；又已知 1994 年底比 1993 年底零售物价年上涨率为 21.7%，故 1993 年的物价指数为：1.148 × (1 + 21.7%) = 1.397。余类推，可求出 1957 年的物价指数为 4.444。该水电站 1957 年固定资产投资为 5 393 万元。对基准年 1995 年的价格水平而言，相当于 5 393 × 4.444 = 23 966（万元）；余类推，据此可求出水电站固定资产总投资为 187 500 万元（1995 年价格水平）。

根据 20 世纪 90 年代后期新建成的大型水电站投资资料统计，平均单位千瓦投资约为10 000元/kW。已知该水电站装机容量为 66.25 万 kW，可估算水电站的投资重估值约为 70 亿元，大大高于物价指数法的 18.75 亿元。因此认为，用物价指数法重估该水电站固定资产投资是偏低的。

（二）重置费用（重置成本）法

所谓重置成本法，是指在当前物价水平下重新修建一座同等规模的水电站所需的投资费用。设固定资产投资为 I，则

$$I = \sum_{i=1}^{m} W_i P_i \tag{7-1}$$

式中 W_i——第 i 类工程量；

m——工程量的种类数；

P_i——第 i 类工程量的单价。

根据重置成本法，按1995年价格水平，该水电站固定资产总投资估值为798 112万元，其中水库淹没补偿费及移民安置费共计589 800万元（水库淹没耕地32.58万亩，实际移民29.49万人，重建房屋28万间），拦河坝工程55 855万元，水电厂工程74 355万元，升船机工程2 260万元，运输及通信工程57 700万元，施工临时工程15 000万元，其他工程（包括办公大楼等）2 000万元。计算成果见表7-1。

根据重置成本法所求出的该水电站固定资产投资为798 112万元（1995年价格水平），看来是比较合理的。

表7-1 水电站固定资产投资重估成果汇总表

项目	工程量	竣工决算（1977年）		重估值（1995年）	
		综合单价	投资（万元）	综合单价	投资（万元）
第一部分 永久性工程					
第一项 水库淹没补偿			21 527.7	20 000元/人	589 800
第二项 主要工程项目					
一、拦河坝工程			5 880.522 9		55 855
1. 坝基开挖	692 293 m^3	8.31元/m^3	575.295 4	70元/m^3	4 846
2. 基础处理					
固结灌浆	42 240 m	32.64元/m	137.871 3	250元/m	1 056
帷幕灌浆	35 396 m	75.0元/m	265.47	500元/m	1 770
3. 坝体混凝土浇捣	1 363 080 m^3	32.0元/m^3	4 361.856	320元/m^3	43 619
坝体钢筋制作安装	5 152 t	557.5元/t	287.224	5 000元/t	2 576
坝体冷却系统	155 797 m	6.25元/m	97.373 1	60元/m	935
坝体混凝土预制构件	2 475 m^3	390.4元/m^3	96.624	2 000元/m^3	495
4. 阻水工程	9 320 m	63.1元/m	58.809 2	600元/m	559
二、水电厂工程			8 275.21		74 355
1. 机组及设备	4台7.5万kW 5台7.25万kW	770万元/台	6 930	7 000万元/台	63 000
2. 输水钢管	2 347 t	1 156.6元/t	271.45	8 000元/t	1 878
3. 厂房混凝土浇捣	134 124 m^3	35.52元/m^3	476.408 4	400元/m^3	5 365
厂房钢筋制作安装	4 610 t	500.2元/t	230.592 2	5 000元/t	2 305
厂房顶承重构架	303 t	1 003元/t	30.391	8 000元/t	242
厂房预制混凝土梁	2 234 m^3	148元/m^3	33.063 2	1 500元/m^3	335
厂房顶环氧砂浆	4 085 m^3	166元/m^3	67.811	1 500元/m^3	613
4. 尾水平台混凝土	1 332 m^3	79元/m^3	10.523	400元/m^3	53
尾水平台钢筋混凝土	2 894 m^3	161元/m^3	46.593 4	600元/m^3	174

续表 7-1

项目	工程量	竣工决算(1977 年)		重估值(1995 年)	
		综合单价	投资(万元)	综合单价	投资(万元)
5. 开关站混凝土构架	2 604 m^3	685 元/m^3	178.374	1 500 元/m^3	391
三、升船机工程			235.865 6		2 260
石方开挖	97 586 m^3	7 元/m^3	68.310 2	70 元/m^3	683
混凝土浇捣	49 281 m^3	34 元/m^3	167.555 4	320 元/m^3	1 577
四、运输及通信工程			5 432.9		57 700
公路	300 km	9 万元/km	2 700	80 万元/km	24 000
铁路	55.4 km	38.5 万元/km	2 132.9	480 万元/km	26 592
通信工程			600		7 108
五、住宅文化福利公共建筑			118.747 6		1 142
办公大楼	1 665 m^2	67.4 元/m^2	11.222 1	600 元/m^2	100
家属住宅	13 353 m^2	58.6 元/m^2	78.248 5	600 元/m^2	801
招待所	1 560 m^2	130.5 元/m^2	20.358	1 000 元/m^2	156
永久仓库	1 058 m^2	84.3 元/m^2	8.918 9	800 元/m^2	85
第二部分　施工临时工程			1 468.129 6		15 000
第三部分　其他工程			1 132.241 5		2 000
合计			44 071		798 112

三、国民经济后评价

(一)影子投资计算

为了推求国民经济后评价所需的影子投资,尚需对表 7-1 所列出的投资重估值进行调整计算。限于资料条件,拟采用下列简化方法进行调整计算。

(1)扣除投资重估值中属于国民经济内部转移支付的部分 A。

这部分例如建筑工程、安装工程中的利润和税金等。

A =(投资重估值 - 水库淹没补偿费和移民费 - 水电厂机组设备费)×投资年利润率

$= (798\ 112 - 589\ 800 - 63\ 000) \times 8\% = 11\ 625$(万元)

(2)扣除价差预备费 B。

B = 投资重估值 × 平均价差率(预估) $= 798\ 112 \times 4.7\% = 37\ 511$(万元)

(3)按影子价格调整项目主要材料的差值 C。

已知该水电站全部工程耗用钢材 36 150 t,木材 135 500 m^3,水泥 347 350 t,燃料 84 200 t,其中:

钢材影子价格 = 出厂影子价格 × (1 + 贸易费用率) + 影子运杂费
$= 2\ 300 \times 1.15 = 2\ 645$(元/t)

木材影子价格 = 进口到岸价 × 影子汇率 × (1 + 贸易费用率) + 国内影子运杂费
$= 850 \times 1.3 = 1\ 105$(元/$m^3$)

水泥影子价格 = 出厂影子价格 × (1 + 贸易费用率) + 影子运费
$= 230 \times 1.2 = 276$(元/t)

燃料影子价格 = (燃料出口离岸价 × 影子汇率 − 国内影子运费) ÷ (1 + 贸易费用率)
= 1 750 元/t

$$C = (2\ 645 - 3\ 000) \times 36\ 150 + (1\ 105 - 1\ 500) \times 135\ 500 + (276 - 300) \times 347\ 350 + (1\ 750 - 1\ 964) \times 84\ 200 = -9\ 271\text{(万元)}$$

(4)按淹没耕地影子总费用调整水库淹没补偿费及移民安置费的差额 D。

已知水库淹没耕地 32.58 万亩,其中旱田占 30%,水田占 70%。旱田按种植小麦计,水田均种植水稻,在水库淹没前旱田每亩产量 250 kg,水田每亩产量 500 kg,亩产量均按年增长率 $g = 2\%$ 逐年递增。

①小麦影子价格计算。小麦为外贸进口货物,1995 年到岸价是 133 美元/t,影子汇率 8.87 元/美元,贸易费用率 6%,产地到口岸国内运杂费 15 元/t,影子运费换算系数 1.84,则

小麦影子价格 = (小麦到岸价 × 影子汇率) × (1 + 贸易费用率) + 国内影子运杂费
$= (133 \times 8.87) \times (1 + 6\%) + 15 \times 1.84 = 1\ 278$(元/t)

假设小麦生产成本 = 1 278 × 40% = 511(元/t),则生产每吨小麦的净效益 = 767 元/t,水库淹没占用每亩旱田的机会成本

$$OC_1 = NB_1 \frac{1+g}{i-g}\left[\frac{(1+i)^n - (1+g)^n}{(1+i)^n}\right] = 767 \times 0.25 \times 10.2 \times 0.994\ 6 = 1\ 945\text{(元/亩)}$$

式中　i——社会折现率,取 0.12,$n = 50$ 年;
　　g——亩产量增长率。

②水稻影子价格计算。水稻为外贸出口货物,1995 年大米离岸价是 255 美元/t,折合稻谷离岸价 157 美元/t,贸易费用 6%,产地到口岸的国内影子运杂费为 27.6 元/t,则

水稻影子价格 = (离岸价 × 影子汇率 − 国内影子运杂费) ÷ (1 + 贸易费用率)
$= (157 \times 8.87 - 27.6) \div 1.06 = 1\ 288$(元/t)

假设水稻生产成本 = 1 288 × 40% = 515(元/t),则生产每吨稻谷的净效益 = 773 元/t,水库淹没占用每亩水田的机会成本

$$OC_2 = NB_2 \frac{1+g}{i-g}\left[\frac{(1+i)^n - (1+g)^n}{(1+i)^n}\right] = 773 \times 0.5 \times 10.2 \times 0.994\ 6 = 3\ 921\text{(元/亩)}$$

③水库淹没、占用耕地 32.58 万亩的机会成本 = 1 945 × 32.58 × 30% + 3 921 × 32.58 × 70% = 108 433(万元)。

④水库淹没、占用耕地及迁移、安置移民的新增资源消耗费用。包括剩余劳动力安置、设施拆迁费、征地管理费等在内的新增资源消耗费用，根据统计资料，可按每亩15 000元计，则水库淹没、占用耕地32.58万亩的新增资源消耗费用＝15 000×32.58＝488 700（万元）。

⑤水库淹没、占用耕地的影子总费用＝水库淹没、占用耕地的机会成本＋新增资源消耗费用＝108 433＋488 700＝597 133（万元）。

⑥按水库淹没、占用耕地的影子总费用调整水库淹没补偿费及移民安置费的差额 $D=597\ 133-589\ 800=7\ 333$（万元）。

（5）价格调整。

按影子价格调整国产机组设备费及按影子工资调整劳动力费用等，因缺乏资料，拟不加调整，即 $E=0$。

（6）水电站国民经济后评价采用的影子投资 I_s。

$$
\begin{aligned}
I_s &= (\text{投资重估值} - A - B + C + D + E) \\
&= 798\ 112 - 11\ 625 - 37\ 511 - 9\ 271 + 7\ 333 + 0 \\
&= 747\ 038(\text{万元})
\end{aligned}
$$

现将该水电站竣工决算投资（1977年）、投资重估值（1995年价格水平）及影子投资 I_s 一并列于表7-2，方便比较。

表7-2　水电站固定资产投资表　（单位：万元）

项目	1977年竣工决算	1995年价格投资重估值	1995年价格影子投资	备注
第一部分　永久性工程	41 468	781 112	734 809	
第一项　水库淹没、移民费	21 528	589 800	597 133	淹没耕地32.58万亩，实际移民29.49万人
第二项　主要工程项目			137 676	
拦河坝	5 878	55 853	40 194	混凝土重力坝
水电站	8 275	74 357	53 510	包括水电设备、升压变电站等
升船机	236	2 260	1 627	
运输及通信	5 432	57 700	41 523	
住宅、办公、福利建筑	119	1 142	822	
第二部分　施工临时工程	1 468	15 000	10 795	
第三部分　其他工程	675	2 000	1 439	
合计	43 611	798 112	747 043	

（二）影子投资在综合利用各部门之间进行分摊

投资分摊的原则是：先按所占库容的比例在防洪与兴利两大部门之间进行分摊，然后按效益比例在兴利各部门之间进行分摊。

（1）在防洪与兴利两大部门之间分摊投资。

已知防洪库容 $V_{洪}=47.32-9.5=37.82$（亿 m^3）；兴利库容 $V_{兴}=102.66$ 亿 m^3；设计低水位之下的库容，对该水电站而言主要是为了保证水电站的最小发电水头，故防洪投资的分摊系数 $\alpha_{洪}=\dfrac{V_{洪}}{V_{洪}+V_{兴}+V_{死}}=\dfrac{37.82}{216}=17.5\%$，兴利投资的分摊系数 $\alpha_{兴}=\dfrac{V_{兴}+V_{死}}{V_{洪}+V_{兴}+V_{死}}=\dfrac{102.66+75.752}{216}=82.5\%$。

已知本工程影子投资 = 747 043 万元，其中水电站专用工程投资 53 510 万元，故共用工程投资 = 747 043 - 53 510 = 693 533（万元），其中：

防洪部门应分摊的共同工程投资 = 693 533 × 17.5% = 121 368（万元）

兴利部门应分摊的共同工程投资 = 693 533 × 82.5% = 572 165（万元）

（2）兴利各部门之间的投资分摊。

根据初步统计资料，水力发电效益约占全部兴利效益的 97.53%，灌溉、航运及其他兴利效益约合占全部兴利效益的 2.47%，因此水电站应分摊的共用工程投资 = 572 165 × 0.975 3 = 558 033（万元），加上影子发电专用工程投资，即得水电站承担的影子投资 = 558 033 + 53 510 = 611 543（万元）。

（3）水电站各年投资分配。

已知水电站 1977 年竣工决算投资及其各年投资比例，由上述计算已求出水电站国民经济后评价影子投资 611 543 万元，则水电站各年影子投资分配额 = 国民经济后评价影子投资 × 竣工决算各年投资比例，所求出的水电站各年影子投资列于表 7-3。

（三）影子年运行费及流动资金

（1）水电站年运行费（1995 年影子价格水平）。

根据实际资料，该水电站年运行费约为其固定资产投资的 1%，因此水电站的正常年运行费 = 影子投资 × 0.01 = 6 115 万元/年，现按 6 120 万元计（9 台机组）。

至于各年运行费，则根据投产机组台数、管理水平以及其他因素确定。水电站年运行费包括材料费、水费、工资、职工福利基金、维修费以及其他费用，其中水费随发电量多少而有变动。现将年运行费各部分所占百分比列于表 7-4，供参考。

（2）水电站流动资金（1995 年影子价格水平）。

由于每月向用户定期征收电费，故流动资金稍大于一个月的运行费即可保证工程正常运行所需购买燃料、材料、备品、备件和支付职工工资的周转资金。流动资金应在工程投入运行之前筹措，作为工程总投资的组成部分（总投资 = 固定资产投资 611 543 万元 + 流动资金 1 000 万元）。因流动资金仅占总投资的 0.15% 左右，为简化计算，暂不列入计算。

（四）国民经济年效益

该水电站的国民经济年效益，可按上网年供电量 × 影子电价确定，由于缺乏 1995 年该地区影子电价资料，故拟按该地区最优等效替代火电站所需的年费用计算，现说明于下。

已知该地区替代火电站的厂用电比水电站多 10%，为了向电网提供同等容量，替代火电站的装机容量应比水电站约增加 10%。已知水电厂装机容量 $N_{水}=66.25$ 万 kW，故替代火电站的装机容量 $N_{火}=1.1N_{水}=72$ 万 kW。假设替代火电站的机组亦为 9 台，则每台机组容量为 8 万 kW。根据 1995 年影子价格水平，该地区替代火电站单位千瓦投资为

表 7-3　水电站国民经济后评价效益费用流量表

（计算基准年（点）在 1957 年初，社会折现率 $i_s=12\%$）

年份	水电站装机台数—容量（万 kW）	水电站年发电量（亿 kWh）	水电站年费用 C（万元）			$C_t\cdot(1+i_s)^{-t}$	替代火电站各年费用 = 水电厂各年效益 B（万元）				$B_t\cdot(1+i_s)^{-t}$	$(B-C)_t$	$(B-C)_t\cdot(1+i_s)^{-t}$
			年投资	年运行费	合计		投资	运行费	燃料费	合计			
1957			71 248		71 248	63 614	100 000			100 000	89 286	28 752	
1958			130 261		130 261	103 843	50 000			50 000	39 860	−80 261	
1959			144 326		144 326	102 728						−144 326	
1960	2—15.5	2.10	68 105	2 360	70 465	44 782		8 000	3 221	11 221	7 131	−59 244	
1961	3—21.75	9.77	10 714	2 640	13 354	7 577	50 000	12 000	14 987	76 987	43 684	63 633	
1962	3—21.75	11.77	18 052	2 640	20 692	10 483	50 000	12 000	18 055	80 055	40 558	59 363	
1963	3—21.75	6.44	10 469	2 640	13 109	5 930	50 000	12 000	9 877	71 877	32 513	58 768	
1964	4—29.00	10.94	21 404	2 720	24 124	9 743		16 000	16 782	32 782	13 240	8 658	
1965	5—36.50	10.68	31 923	3 400	35 323	12 738	50 000	20 000	16 383	86 383	31 151	51 060	
1966	6—44.00	17.01	35 181	3 880	39 061	12 578		24 000	26 093	50 093	16 129	11 032	
1967	6—44.00	16.27	7 461	4 080	11 541	3 318		24 000	24 958	48 958	14 074	37 417	
1968	7—51.25	11.10	5 209	4 260	9 469	2 430		28 000	17 027	45 027	11 557	35 558	
1969	7—51.25	18.79	21 927	4 360	26 287	6 024		28 000	28 824	56 824	13 023	30 537	
1970	7—51.25	14.34	1 646	4 460	6 106	1 249		28 000	21 997	49 997	10 230	43 891	
1971	7—51.25	17.77	23 414	4 460	27 874	5 092		28 000	27 259	55 259	10 096	27 385	
1972	7—51.25	12.14	420	4 340	4 760	776	50 000	28 000	18 622	96 622	15 761	91 862	
1973	7—51.25	20.58	520	4 240	4 760	693		28 000	31 570	59 570	8 676	54 810	
1974	7—51.25	23.98	600	4 160	4 760	619	50 000	28 000	36 785	114 785	14 926	110 025	
1975	8—58.75	16.97	870	4 510	5 380	625		32 000	26 032	58 032	6 730	52 592	
1976	8—58.75	13.92	400	5 040	5 440	564		32 000	21 353	53 353	5 531	47 913	

续表 7-3

年份	水电站装机台数—容量（万 kW）	水电站年发电量（亿 kWh）	水电站年费用 C(万元)			$C_t \cdot (1+i_s)^{-t}$	替代火电站各年费用 = 水电厂各年效益 B(万元)				$B_t \cdot (1+i_s)^{-t}$	$(B-C)_t$	$(B-C)_t \cdot (1+i_s)^{-t}$
			年投资	年运行费	合计		投资	运行费	燃料费	合计			
1977	9—66. 25	17. 19	1 000	5 120	6 120	566		36 000	26 370	62 370	5 773	56 250	
1978	9—66. 25	9. 48	950	5 170	6 120	506		36 000	14 542	50 542	4 177	44 422	
1979	9—66. 25	4. 48	900	5 220	6 120	452		36 000	6 872	42 872	3 163	36 752	
1980	9—66. 25	11. 20	850	5 270	6 120	403		36 000	17 180	53 180	3 504	47 060	
1981	9—66. 25	18. 78	800	5 320	6 120	360		36 000	28 808	64 808	3 812	58 688	
1982	9—66. 25	16. 90	750	5 370	6 120	321		36 000	25 924	61 924	3 252	55 804	
1983	9—66. 25	20. 61	700	5 420	6 120	287		36 000	31 615	67 615	3 171	61 495	
1984	9—66. 25	17. 20	650	5 470	6 120	256		36 000	26 385	62 385	2 612	56 265	
1985	9—66. 25	16. 82	600	5 520	6 120	229		36 000	23 010	59 010	2 206	52 890	
1986	9—66. 25	14. 78	550	5 570	6 120	204		36 000	21 905	57 905	1 933	51 785	
1987	9—66. 25	13. 30	500	5 620	6 120	182		36 000	20 402	56 402	1 681	50 282	
1988	9—66. 25	15. 79	450	5 670	6 120	163		36 000	24 222	60 222	1 602	54 102	
1989	9—66. 25	19. 07	400	5 720	6 120	145		36 000	29 253	65 253	1 550	59 133	
1990	9—66. 25	14. 92	350	5 770	6 120	130		36 000	22 887	58 887	1 249	52 767	
1991	9—66. 25	24. 10	300	5 820	6 120	116		36 000	36 969	72 969	1 382	66 849	
1992	9—66. 25	15. 68	250	5 870	6 120	103		36 000	24 053	60 053	1 016	52 933	
1993	9—66. 25	18. 42	200	5 920	6 120	92		36 000	28 256	64 256	970	58 136	
1994	9—66. 25	17. 76		6 120	6 120	82		36 000	27 244	63 244	853	57 124	
1995	9—66. 25	22. 95		6 120	6 120	73		36 000	35 216	71 216	857	65 096	
累计			611 430			400 075					468 921		68 846

5 000 元/kW，考虑到环境保护等要求，替代火电站需额外增加投资 25%，故替代火电站总投资 $I_{火}=5\ 000\times(1+25\%)\times72=450\ 000$（万元），相当于每台火电机组投资 $450\ 000/9=50\ 000$（万元）。替代火电站建设期为 3 年，要求与水电站机组同步投产，例如 1977 年某水电厂第 9 台机组投入运行，相应替代火电站的各年投资、固定年运行费及燃料费，以便估算该水电站的国民经济效益。

表 7-4　水电站年运行费各部分所占百分比

项目	水费	材料费	维修费	工资	福利基金	其他
所占百分比(%)	13.7	5.0	43.2	18.4	1.5	18.2

注：维修费包括库区维护基金及大修理费等。

(1)替代火电站固定资产投资 $I_{火}$。

该水电站于 1960 年投产 2 台机组，替代火电站相应于 1857 年投产 $2\times50\ 000=100\ 000$（万元），以便 3 年后与该水电厂同步投产 2 台机组。同理，替代火电站应分别于 1958 年、1961 年、1962 年、1963 年、1965 年、1972 年、1974 年各投资 50 000 万元，以便于 1961 年、1964 年、1965 年、1966 年、1968 年、1975 年、1977 年分别投产第 3 台、第 4 台、第 5 台、第 6 台、第 7 台、第 8 台及第 9 台机组。

(2)替代火电站的固定年运行费 $C_{火}$。

替代火电站的固定年运行费，包括材料费、维修费、工资和福利费以及其他费用（不包括发电燃煤费用），根据统计资料约为其总投资的 8%，即 9 台机组全部投产后的年固定运行费为 $450\ 000\times8\%=36\ 000$（万元），相当于每台机组的固定年运行费为 4 000 万元/年。

(3)替代火电站的燃料费 F。

已知替代火电站位于负荷中心某市附近，使用热值 $Q=16.728$ MJ/kg 的动力原煤发电，据调查，热值为 20.91 MJ/kg 动力原煤在该市 1995 年的影子价格为 200 元/t，则热值为 16.728 MJ/kg 的动力原煤影子价格 $=P_{影}+5.77\times(Q-20.91)=200+5.77\times(16.728-20.91)=176$（元/t）。此外，尚需考虑动力原煤运输到替代火电站的影子运费 $=1.84\times2.2=4$（元/t），故运到替代火电站的动力原煤（热值为 16.728 MJ/kg）的影子价格 $P_{影}=176+4=180$（元/t）。

已知替代火电站担任峰荷时的标准煤度电煤耗率为 0.45 kg/kWh，标准煤热值为 29.274 MJ/kg，折算为热值 16.728 MJ/kg 的原煤耗率为 0.79 kg/kWh，由此求出单位发电量燃料费 $=0.142$ 元/kWh。设已知 1995 年替代火电站的发电量 $E_{火}=1.08E_{水}=1.08\times22.95=24.8$（亿 kWh），故该年燃料费 $F=24.8\times0.142\times10^4=35\ 216$（万元），其他年份类推。现将水电站各年费用及替代火电站各年费用（水电站各年效益）计算，列于表 7-3。

(五)国民经济后评价

水利建设项目国民经济后评价，可根据经济效益内部收益率 *EIRR*、经济净现值 *ENPV* 或经济效益费用比 *EBCR* 等评价指标进行。

根据表 7-3 所列的该水电站国民经济后评价费用流量表折现计算，当计算基准年

(点)定在建设期初即 1957 年初,社会折现率 $i_s=12\%$,对计算期 39 年(1957 ~ 1995 年,其中建设期 3 年,投产期 17 年,正常运行期 19 年)内,该水电站各年费用 C_t(包括投资、年运行费)及替代火电站各年费用(包括投资、固定年运行费、燃料费),即对水电站各年效益 B_t 进行折现计算,求出 $\sum_{t=1}^{39} B_t(1+i_s)^{-t}=468\ 921$ 万元,$\sum_{t=1}^{39} C_t(1+i_s)^{-t}=400\ 075$ 万元。

由此求出:

(1)经济净现值 $ENPV=\sum_{t=1}^{n=39}(B-C)_t(1+i_s)^{-t}=468\ 921-400\ 075=68\ 846$(万元)($>0$)。

(2)经济效益费用比 $EBCR=\dfrac{\sum_{t=1}^{39} B_t(1+i_s)^{-t}}{\sum_{t=1}^{39} C_t(1+i_s)^{-t}}=\dfrac{468\ 921}{400\ 075}=1.17(>1.0)$。

(3)经济内部收益率 $EIRR$,可由 $\sum_{t=1}^{n=39}(B-C)_t(1+EIRR)^{-t}=0$ 求出,通过试算,$EIRR\approx 13\%(>i_s=12\%)$。

因而认为:通过国民经济后评价,水电站投入运行 36 年后,证明在经济上是有利的。由于投产期长达 17 年,到 1977 年才装完第 9 台机组,影响发电效益甚大。

在后评价计算中,未考虑机组设备的中间更新改造费用,亦未考虑水电站在计算期末固定资产余值回收,两者折算后可消除部分误差。

(六)敏感性分析

(1)在国民经济后评价中,计入与不计入流动资金,究竟对计算结果影响多大。据该水电站资料,流动资金约占固定资产原值的 0.2%,如果在水电站投产前的 1959 年投入流动资金 $u=1\ 000$ 万元(1995 年影子价格水平),则 1960 ~ 1995 年均需考虑流动资金的年费用 $ui_s=1\ 000\times 0.12=120$(万元/年)。折现至计算基准年 1957 年初,$\sum_{t=1960}^{1995} ui_s(1+i_s)^{-t}=983$ 万元。该流动资金应于计算期末即 1995 年底回收作为效益,其现值 $=u[P/F,i_s,n]=18$ 万元。两者差值 965 万元,约占经济净现值 $ENPV$ 的 1.8%。为简化计算,可暂不列入效益费用流量表中计算。

(2)在国民经济后评价中,该水电站投产期长达 17 年(1960 ~ 1976 年)。经调查,直到 1990 年以后每年才开始投资 1 000 万元作为设备更新改造费用,1991 ~ 1995 年设备更新改造费用折现至计算基准年 1957 年初,其现值仅约为 85 万元。另一方面,在 1995 年底固定资产投资余值回收为 $611\ 550\times 10/50\approx 122\ 310$(万元),折现至计算基准年 1957 年初,其现值 $=122\ 310\times[P/F,i_s,n]=1\ 468$ 万元,两者差值 $=1\ 468-85=1\ 383$(万元),约占经济净现值 $ENPV$ 的 2.6%。

(3)如果在国民经济后评价中,既不计入流动资金及计算期中间的更新改造等费用,又不考虑在计算期末回收固定资金余值作为效益,两者差值 $=1\ 383-965=418$(万元),约占经济净现值的 0.8%。考虑到该水电站影子投资计算误差较大,暂不考虑以上各值进入计算是不可行的。

四、财务后评价

根据《水利建设项目经济评价规范》(SL 72—2013)，对于供水、发电等有一定财务收入的水利建设项目，应以现行的水、电价格体系为基础进行财务评价。其内容包括以下各项。

(一)财务支出

水利建设项目的财务支出，包括建设项目的总投资、年运行费、流动资金和税金等费用。

1. 固定资产投资

该水电站是1957年4月主体工程正式开工，当年投资5 393万元，1958年投资9 292万元，1959年投资10 296万元，1960年投资4 994万元，水电站基本建成。由于尾工较大，以后各年仍需投资，但数额明显减少，截止到正常运行的1977年前，财务决算总投资为44 068万元。其中混凝土拦河坝工程5 878万元，发电厂工程8 275万元(包括机电设备、升压、变电工程等)，升船机工程236万元，运输及通信工程5 432万元，住宅、办公、福利等公共建设工程119万元，施工临时工程1 468万元，水库淹没处理补偿费及移民安置费用21 528万元，其他工程费用1 132万元。

该水电站全部投资费用是由政府拨款建成的，无论建设期和投产期均无借款利息，也无固定资产投资方向调节税。在建设期末，回收大型临时建筑工程设备器材和施工设备的购置费及移交给其他单位的固定资产值，共折合10 995万元，从固定资产投资中扣除后确定工程造价为33 073万元。

2. 年运行费

年运行费包括材料、维修费、工资及福利费、燃料及动力费和其他费用等。该水电站的年运行费分为两类：一类为变动费用，从1981年起，遵照国务院的规定，每年从水电站发电收入中按每千瓦时提取0.001元作为水库维护基金；另一类为固定费用，包括材料费、工资、职工福利基金、大修理费和管理费用等。其中材料费包括事故备品、配件、工具和运输用油等辅助材料的费用，职工福利基金按工资总额的11%提取，大修理费自1980年起按固定资产原值的1.4%提取，管理费用包括办公费、水电费、劳动保护费、修缮费、运输费、保险费、研究试验费，以及房产税、车船使用税、土地使用税等。

3. 流动资金

流动资金包括维持项目正常运行所需的全部周转资金。水电站的流动资金按定额和非定额两大类实行分口管理：定额流动资金(包括材料、事故备品、低值易耗品、委托加工材料等所需资金)和非定额流动资金中的“特准贮备物资”资金，由供应科实行指标管理；其余非定额流动资金由财务科实行控制监督管理。根据该电站实际统计资料，定额流动资金年平均约为年运行费的12%。

4. 产品销售税金及附加

水电站的产品为供电量，销售税金及附加按销售收入(供电量×上网电价)的20%计算。应纳的所得税按应纳税所得额的33%计算。

(二)总成本费用

按照1993年财务制度规定,水利建设项目总成本费用按经济性质分类,包括材料,燃料及动力费,工资及福利费,维修费,折旧费,摊销费及其他费用等项。水电站的折旧费为

$$年折旧费=固定资产原值\times年综合折旧费率 \tag{7-2}$$

摊销费是指项目的无形资产和递延资产的年摊销费用,据1994年以前的统计资料,该水电站在总成本费用中尚未考虑计入。

该水电站的发电总成本支出,在1961~1979年之间保持在810万元以下,1980年以后,由于物资调价、职工人数增加(现约850人)、工资调整以及库区维护基金、保险费、税金等各种费用支出增加较多,故总成本费用逐年上升,1988年总成本支出达2 071万元(其中折旧费932万元、年运行费1 139万元)。1994年水利电力部清产核资组确定其固定资产为74 300万元(1992年价格水平),因而1995年的发电总成本上升到8 040万元(其中折旧费2 700万元,年运行费5 340万元)。现将1977~1988年历年发电成本支出情况列于表7-5。

表7-5 历年发电成本表(当年价格) (金额单位:万元)

年份	发电总成本	基本折旧费	年运行费						单位成本(元/kWh)
			小计	材料	工资	职工福利基金	维护及修理费	其他	
1977	736	583	153	35	45		62	11	4.30
1978	797	610	187	40	48		81	18	8.46
1979	805	631	174	36	51		67	20	18.18
1980	1 279	700	579	24	57		473	25	11.53
1981	1 326	719	607	30	53		474	50	8.09
1982	1 334	727	607	29	55		476	47	8.93
1983	1 358	728	630	31	60	7	477	55	7.62
1984	1 414	734	680	33	70	8	479	90	9.26
1985	1 446	736	710	35	98	10	480	87	9.64
1986	1 561	747	814	49	117	12	484	152	11.62
1987	1 695	836	859	58	125	13	487	176	13.82
1988	1 915	932	983	57	210	17	493	206	13.18

注:1988以后缺乏正式统计资料。

(三)财务收入

水电站的财务收入为向电网供电所得的销售收入。年财务收入扣除年总成本和年销售税金后为年利润总额,按有关规定缴纳所得税后再按财务制度进行分配。有关该水电站的历年财务指标见表7-6。

表 7-6　水电站历年财务指标表(当年价格)

年份	固定资产(万元)	基本折旧费(万元)	年运行费(万元)	发电总成本(万元)	单位发电成本(元/kWh)	上网电价(元/kWh)	销售收入(万元)	销售税金(万元)
1960	21 791	45	33	78	3. 71	15. 0	315	63
1961	21 890	248	123	371	3. 80	15. 0	1 456	293
1962	25 198	273	109	382	3. 26	15. 0	1 765	359
1963	25 232	274	118	392	6. 10	15. 0	966	193
1964	26 068	493	149	642	5. 88	15. 0	1 641	328
1965	26 691	383	138	521	4. 89	15. 0	1 602	320
1966	26 671	458	183	641	3. 77	15. 0	2 551	510
1967	26 976	508	181	689	4. 23	15. 0	2 440	488
1968	27 689	516	166	682	6. 15	15. 0	1 665	333
1969	27 695	538	202	740	4. 02	15. 0	2 818	563
1970	27 707	539	102	641	4. 48	15. 0	2 151	430
1971	27 745	540	97	637	3. 60	18. 0	3 198	639
1972	27 744	541	110	651	5. 38	18. 0	2 185	437
1973	27 773	542	127	669	3. 26	18. 0	3 704	740
1974	27 810	543	153	696	2. 91	18. 0	4 316	863
1975	28 780	544	156	700	4. 13	18. 0	3 054	610
1976	28 812	581	144	725	5. 23	20. 0	2 784	557
1977	28 865	583	154	737	4. 30	20. 0	3 438	687
1978	30 028	610	188	798	8. 64	20. 0	1 896	379
1979	33 859	631	174	805	8. 18	20. 0	896	179
1980	33 905	700	583	1 283	11. 53	20. 0	2 240	448
1981	34 074	719	794	1 513	8. 09	20. 0	3 756	751
1982	34 113	727	776	1 503	8. 93	20. 0	3 380	676
1983	34 220	728	835	1 563	7. 62	36. 0	7 420	1 484
1984	34 293	734	851	1 585	9. 26	36. 0	6 192	1 238
1985	34 465	736	877	1 613	9. 64	36. 0	6 055	1 210
1986	34 846	747	962	1 709	11. 62	36. 0	5 320	1 064
1987	35 036	836	992	1 828	13. 82	36. 0	4 788	956
1988	35 629	923	1 139	2 071	13. 18	65. 0	10 263	2 052
⋮	⋮	⋮	⋮	⋮	⋮	⋮	⋮	⋮
1995	清产核资额 74 306	2 700	5 340	8 040	35. 03	78. 0	17 901	3 580

注:1988 年以后缺乏正式统计资料。

为了把历年财务支出 CO 与财务收入 CI 及该水电站财务现金流量表(见表 7-7)中的当年净现金流量 $CI-CO$ 均折算为 1995 年价格水平,拟采用各年的零售物价指数(见历年中国统计年鉴)进行计算。例如,1960 年当年 $CI-CO=-4\ 775$ 万元,折算为 1995 年价格水平为 $-4\ 775\times4.095\ 7=-19\ 557$(万元);1995 年当年 $CI-CO=8\ 981$ 万元,折算为 1995 年价格水平为 $8\ 981\times1.000\ 0=8\ 981$(万元),余类推,见表 7-7。

表 7-7　水电站财务现金流量表　　(单位:万元)

年份	销售收入 CI	CO(当年价格)			当年净现金流量 $CI-CO$	按零售物价指数,1995 年价格 $(CI-CO)_t(1+i)^{-t}$			备注
		当年投资	当年运行费	当年税金		当 $i=0$	当 $i=3\%$	当 $i=10\%$	物价指数
1957		5 393			-5 393	-23 966	-23 268	-21 787	4.443 9
1958		9 292			-9 292	-41 284	-38 914	-34 117	4.442 8
1959		10 296			-10 296	-43 470	-39 779	-32 659	4.224 8
1960	315	4 994	33	63	-4 775	-19 558	-17 377	-13 358	4.095 7
1961	1 456	805	123	293	235	860	742	534	3.524 5
1962	1 765	1 333	109	359	-36	-122	-102	-69	3.395 2
1963	966	790	118	193	-135	-487	-396	-250	3.608 0
1964	1 641	1 523	150	328	-360	-1 348	-1 064	-629	3.746 2
1965	1 602	2 273	138	320	-1 192	-4 346	-3 330	-1 843	3.849 2
1966	2 551	2 496	183	510	-638	-2 463	-1 832	-949	3.860 7
1967	2 440	530	181	488	1 241	4 827	3 487	1 692	3.889 6
1968	1 665	334	165	333	833	3 238	2 271	1 032	3.886 7
1969	2 818	1 538	202	563	515	-2 024	-1 378	-586	3.930 9
1970	2 151	395	102	430	1 224	4 841	2 128	1 275	3.939 9
1971	3 198	1 651	97	639	811	3 220	2 067	771	3.970 2
1972	2 185	60	109	437	1 579	6 283	3 916	1 367	3.979 3
1973	3 704	65	127	740	2 772	10 963	6 633	2 168	3.955 0
1974	4 316	70	153	863	3 230	12 706	7 464	2 286	3.934 0
1975	3 054	80	156	610	2 208	8 673	7 246	1 418	3.928 0
1976	2 784	50	143	557	2 034	7 965	4 410	1 183	3.916 1
1977	3 438	100	153	687	2 498	9 587	5 308	1 295	3.837 8
1978	1 896	95	187	379	1 235	4 708	2 532	578	3.812 4
1979	896	90	174	179	453	1 693	858	198	3.738 2
1980	2 240	85	582	448	1 125	4 123	2 028	418	3.665 0

续表 7-7

年份	销售收入 CI	CO(当年价格)			当年净现金流量 $CI-CO$	按零售物价指数,1995 年价格 $(CI-CO)_t(1+i)^{-t}$			备注
		当年投资	当年运行费	当年税金		当 $i=0$	当 $i=3\%$	当 $i=10\%$	物价指数
1981	3 756	80	794	751	2 131	7 627	3 643	704	3.579 0
1982	3 380	75	776	676	1 853	6 507	3 017	546	3.512 0
1983	7 420	70	835	1 484	5 031	17 407	7 837	1 328	3.460 0
1984	6 192	65	850	1 238	4 039	13 595	5 942	942	3.366 0
1985	6 055	60	877	1 210	3 908	12 091	5 768	762	3.094 0
1986	5 320	55	962	1 064	3 239	7 454	3 071	542	3.919 0
1987	4 788	50	991	956	2 791	7 591	3 036	396	2.720 0
1988	10 263	45	1 140	2 052	7 026	16 124	6 261	763	2.295 0
1989	12 395	40	1 740	2 479	8 136	15 857	5 977	682	1.949 0
1990	9 698	35	2 340	1 939	5 384	10 278	3 761	402	1.909 0
1991	15 665	30	2 940	3 133	9 562	17 737	6 304	631	1.855 0
1992	10 192	25	3 540	2 038	4 589	7 668	2 646	248	1.671 0
1993	11 973	20	4 140	2 394	5 419	7 570	2 536	223	1.397 0
1994	13 852		4 740	2 770	6 342	7 280	2 367	195	1.148 0
1995	17 901		5 340	3 580	8 981	8 981	2 835	218	1.000
现值累计值					117 078	-11 349	-81 450		

(四)财务后评价

该水电站财务后评价,拟根据财务内部收益率、投资回收期、财务净现值、投资利润率、投资利税率等后评价指标进行。

1. 财务内部收益率($FIRR$)

财务内部收益率应以项目计算期内各年净现金流量观测值累计等于零时的折现率表示。其计算公式为

$$\sum_{t=1}^{n}(CI-CO)_t(1+FIRR)^{-t}=0 \tag{7-3}$$

式中 CI——现金流入量,万元,主要指销售电量所得的收入;

CO——现金流出量,万元,主要指固定资产投资、年运行费、销售税金(包括附加,下同)等;

n——计算期,年,包括建设期 3 年,投产期 17 年,正常运行期 19 年,共计 39 年(1957~1995 年)。

在财务内部收益率试算中，暂不考虑流动资金（所占比例很小）、更新改造投资（正常运行期仅 19 年）和固定资产余值回收（计算期 39 年，其折算值不大，且可抵消上述部分计算误差）。通过试算，当财务内部收益率 *FIRR* 大于或等于电力行业财务基准收益率（$i_c = 10\%$）时，才认为该水电站在财务上是可行的。表 7-7 列出了水电站的财务现金流量表，表中计算基准年为 1957 年初。

现对表 7-7 水电站财务现金流量表中的折现计算做些说明。

1960 年该水电站两台 7.25 万 kW 水轮发电机组先后投产，当年发电量 $E = 2.10$ 亿 kWh，电价 $P = 0.015$ 元/kWh，故销售收入 $CI = EP = 2.10 \times 10^8 \times 0.015 = 315$（万元），销售税金 = 销售收入 ×20% =315 ×0.2 =63（万元）。当年投资 4 994 万元，年运行费 33 万元，故现金流出量 $CO = 4\,994 + 33 + 63 = 5\,090$（万元），当年净现金流量 $CI - CO = 315 - 5\,090 = -4\,775$（万元）。1960 年的物价指数为 4.096，故该年净现金流量 $CI - CO$ 换算为 1995 年价格水平则为 $-4\,775 \times 4.096 = -19\,558$ 万元（$i = 0$）。当 $i = 3\%$ 时，$[P/F, i, 4] = 0.888\,5$，故 1960 年末 $(CI - CO)(1 + i)^{1957 - 1960 - 1} = -19\,558 \times 0.888\,5 = -17\,377$（万元）；当 $i = 10\%$ 时，$[P/F, i, 4] = 0.683\,0$，故 $(CI - CO)(1 + i)^{-4} = -19\,558 \times 0.683\,0 = -13\,358$（万元），余类推。全部计算见表 7-7，计算结果见表 7-8。

表 7-8　*FIRR* 与净现金流量现值累计 $\sum_{t=1}^{39}(CI - CO)_t(1 + FIRR)^{-t}$ 的关系

财务内部收益率 $FIRR(i)$	当 $i = 0$	当 $i = 3\%$	当 $i = 10\%$	用内插法，当 $i = 2.3\%$
净现金流量现值累计（万元）	+117 078	−11 349	−81 450	0

由表 7-8 可知：用内插法可求出水电站的财务内部收益率 $FIRR = 2.3\%$（小于行业基准收益率 $i_c = 10\%$），因而认为财务上不可行。

2. 财务净现值 *FNPV*

财务净现值是以用行业财务基准收益率（i_c）将项目计算期内各年净现金流量折算到计算期初的现值之和表示。其表达式为

$$FNPV = \sum_{t=1}^{n}(CI - CO)_t(1 + i_c)^{-t} \tag{7-4}$$

已知电力行业财务基准收益率 $i_c = 10\%$，由表 7-8 可知，当 $i = 10\%$ 时，水电站财务净现值 $FNPV = -81\,450$ 万元（<0），因而认为财务上不可行。

3. 投资回收期 P_t

投资回收期是以项目的净现金流量累计等于零时所需要的时间（以年计）表示，从建设开始年算起。其表达式为

$$\sum_{t=1}^{P_t}(CI - CO)_t = 0 \tag{7-5}$$

这是一个静态财务指标，由表 7-7 知，当 $i = 0$ 时，可求出 $\sum_{t=1957}^{1985}(CI - CO)_t \approx 0$，即投资回收期 $P_t = 1985 - 1957 + 1 = 29$（年）（从 1957 年初起算），大大超过一般规定的 10 年以内。

4. 投资利润率

投资利润率应以项目达到设计规模后的一个正常运行年份的年利润总和与项目总投资的比率表示。年利润总额为年财务收入与年销售税金和总成本费用的差值。项目总投资为固定资产投资、流动资金与建设期和部分运行初期的借款利息之和（水利建设项目免交固定资产投资方向调节税）。

已知水电站固定资产投资全部为政府拨款，故无借款利息。存在的问题是，在财务后评价中如何确定该水电站的固定资产投资值（1995 年价格水平）。

设该水电站在建设期（1957 年初至 1959 年底）与投产期（1960～1976 年）内第 t 年的投资为 I，该年物价指数为 k_t，则固定资产投资 $I_{新} = \sum_{t=1957}^{1976} I_t k_t \approx 187\ 500$万元（远小于用重置成本法所求出的 $I_{新} = 798\ 112$ 万元）。

设固定资产形成率为 0.8，则该水电站的固定资产 = 187 500 × 0.8 = 150 000（万元）。设 1995 年年折旧费 = 150 000 × 3.5% = 5 250（万元），年运行费 = 5 340 万元，则发电总成本 = 5 250 + 5 340 = 10 590（万元）。设正常运行期内年平均发电量 16 亿 kWh，电价按 0.078 元/kWh 计（均为 1995 年价格），则年销售收入 = 12 480 万元，销售税金 = 2 496 万元，年利润总额 = 12 480 − (10 590 + 2 496) = −606（万元），故

$$投资利润率 = \frac{年利润}{固定资产投资} = \frac{-606}{187\ 500} = -0.32\%$$

5. 投资利税率

$$投资利税率 = \frac{利润 + 税金}{固定资产投资} = \frac{-606 + 2\ 496}{187\ 500} = 1\%$$

即使在固定资产投资明显偏低的情况下，无论投资回收期、投资利润率、投资利税率等静态评价是否可行，仍然认为在财务上不可行。

（五）合理上网电价测算

根据《水利建设项目经济评价规范》（SL 72—2013），对于供水、发电等有一定财务收入的水利建设项目，应以现行的水、电价格体系为基础进行财务评价，如果评价结果不可行，应按满足行业财务基准收益率（i_c）等要求，测算水价、电价，并分析其现实性和可行性。

对水电站财务后评价指标进行分析，即使采用物价指数法，相应固定资产投资 = 187 500万元（1995 年价格水平），财务内部收益率 $FIRR = 2.3\%$（$< i_c = 10\%$）、财务净现值$FNPV = -81\ 450$ 万元（<0）、投资利润率 = −0.32%，均认为在财务上不可行。解决问题的关键在于：在满足行业财务基准收益率 $i_c = 10\%$ 的要求下，如何测算合理的上网电价。

1. 上网电价测算

考虑到水电站的厂用电率很低，只占年发电量的 5% 左右，为简化计算，发电销售收入 ≈ 年发电量 × 上网电价 $P_{电}$。

当上网电价 $P_{电} = 0.078$ 元/kWh（1995 年价格水平），按物价指数法固定资产投资 187 500万元，所求出的在计算期（1957～1995 年，共 39 年）末，各年净现金流量现值累计

值 $=\sum_{i=1}^{39}(CI-CO)_t(1+i_c)^{-t}=-81\ 450$ 万元(见表 7-7)。为了使 $\sum_{t=1}^{39}(CI-CO)_t(1+i_c)^{-t}=0$,必须增加 CI 值,通过试算,只有当上网电价调整到 $P_{电}=0.14$ 元/kWh 才能满足此要求。

当上网电价 $P_{电}=0.078$ 元/kWh(1995 年价格水平),按重置成本法固定资产投资 798 112万元,所求出的在计算期末净现金流量现值累计值 $=\sum_{t=1}^{39}(CI-CO)_t(1+i_c)^{-t}=-1\ 375\ 554$ 万元,为了使该结果等于零,必须调整上网电价,只有当上网电价调整到 $P_{电}=0.34$ 元/kWh 才能满足此要求。

2. 调整水电站上网电价的现实性与可行性

电网向用户送电的现行售电价格见表 7-9。

表 7-9　华东电网向用户送电的现行售电价格

用电类别	负荷性质	供电价格(元/kWh)
居民生活用电	腰荷	0.50
工业用电	腰荷	0.60
商业用电	腰荷	0.75
峰荷电价 = 腰荷电价 ×1.5		
基荷电价 = 腰荷电价 ×0.5		

各类电站向电网供电的上网电价列于表 7-10。

表 7-10　各类电站的现行上网电价

电站	上网电价(元/kWh)	备注
火电站	0.35	以承担腰荷、基电为主
葛洲坝水电站	0.10	基荷
本例水电站	0.078	以承担峰荷为主

根据统计,在售电成本中发电成本约占 60%,供电成本约占 40%,因此该水电站的上网电价明显偏低,具有较大空间的调价现实性和可行性。

考虑到水电站固定资产投资重估值,无论从市场价格类比法或重置费用法(即重置成本法),均应为 70 亿 ~ 80 亿元,故应按此进行财务后评价,上网电价应调整到 0.34 元/kWh。考虑到调价的当前现实可行性,是否可以在 3 ~ 5 年内逐步调整到位。

五、结论与建议

(一)结论

本例水电站主体工程于 1957 年开工,1960 年基本建成并开始投入系统运行,1977 年最后一台机组投产,电站最终装机 9 台,总装机容量 66.25 万 kW,1960 ~ 1997 年平均年发电量为 15.1 亿 kWh。根据 1977 年竣工决算,固定资产投资合计 44 068 万元(按当年价格计算)；现按1995年价格水平，用重置成本法(工程量 ×1995年单价)可求出固定资产投资应为798 112万元(见表7-1)。

1. 国民经济后评价

当计算基准年(点)定在建设期初即1957年初，社会折现率 $i_s=12\%$，影子投资分摊值 =611 550万元，年运行费1995年为6 120万元，根据国民经济后评价效益费用流量计算结果(见表7-3)：

经济净现值 $ENPV=+52\ 452$ 万元(>0)；

经济效益费用比 $EBCR=1.13$(>1.0)；

经济内部收益率 $EIRR=13\%$(> $i_s=12\%$)。

通过国民经济后评价，认为该水电站投入运行36年(1960~1995年)以来，证明在经济上是有利的。应该指出，由于该水电站投产期(1960~1976年)长达17年，影响发电效益很大。

2. 财务后评价

由于通货膨胀的影响，水电站固定资产价值应做相应调整。根据历年中国统计年鉴的全国零售物价指数，假设以1995年为基准年，该年物价相对指数(简称物价指数)为1.00，则1957年的物价指数为4.444，同理，可以求出其他年份的物价指数，由此可以求出该水电站的固定资产总投资为187 500万元(1995年价格水平)。同法可求出该水电站的年运行费及年销售收入。

当计算基准年(点)定在建设初期即1957年初，行业基准收益率 $i_c=10\%$，根据该水电站财务后评价现金流量计算结果(见表7-8)：

财务净现值 $FNPV=-81\ 450$ 万元(<0)；

财务内部收益率 $FIRR=2.3\%$(< $i_c=10\%$)。

通过财务后评价，即使在固定资产总投资值(187 500万元，1995年价格水平)明显偏低的情况下，当规定该水电站的上网电价为0.078元/kWh时，仍然认为在财务上是不可行的。

3. 合理上网电价测算

现拟在满足电力行业财务基准收益率 $i_c=10\%$ 的要求下，测算该水电站合理的上网电价。

(1)按历年中国统计年鉴所刊载的全国零售物价指数，作为考虑历年的物价上涨水平，该水电站的固定投资资产重估值为187 500万元。通过试算，可以求出合理的上网电价为0.14元/kWh。

(2)按重置成本法重估该水电站的固定资产投资值为798 112万元(见表7-1)，通过试算，同法可求出合理的上网电价为0.34元/kWh(1995年价格水平)。

(二)建议

根据2000年4月调查，电网内的火电站主要承担系统的基荷和腰荷，平均上网电价为0.35元/kWh；电网内的葛洲坝水电站主要承担系统的基荷，上网电价为0.10元/kWh；而该水电站主要承担系统的峰荷，上网电价只有0.078元/kWh，明显偏低。根据同网、同质、同价的原则，该水电站的上网电价应在3~5年内逐步调整到0.30~0.35

元/kWh,其理由如下:

(1)根据电网向用户送电的现行售电价格,峰荷电价为腰荷电价的1.5倍,腰荷电价为基荷电价的2.0倍,即峰荷电价为基荷电价的3倍。已知葛洲坝水电站(承担系统的基荷)的现行上网电价为0.10元/kWh,故本例水电站(主要承担系统的峰荷)的上网电价应为0.30元/kWh左右。

(2)用重置成本法(工程量×1995年价格)所求出的总投资为798 112万元,根据试算所求出的合理上网电价应为0.34元/kWh(1995年价格水平)。

(3)用重置成本法所求出的某水电站总投资为798 112万元,水电站应分摊的投资为611 550万元,相当于单位电能投资3.8元/kWh(按年平均发电量16亿kW计)。已知该水电站1995年发电总成本8 040万元(包括折旧费与年运行费,见表7-6),相当于单位电能成本0.035元/kWh,当年单位售电税金0.015元/kWh,设该水电站投资年利润率为8%,则该水电站上网电价=0.035+0.015+3.8×8%=0.35(元/kWh)。

根据上述分析,该水电站的上网电价应为0.30~0.35元/kWh。鉴于现行上网电价仅为0.078元/kWh,与合理的上网电价差距较大,考虑到调整上网电价的现实性与可行性,故建议在3~5年内逐步调整到位。

复习思考题

1. 水利工程项目后评价的内容包括哪些?
2. 简述水利建设工程后评价的步骤和具体方法。
3. 针对灌溉工程建设项目,在后评价时,需要哪些主要评价指标?
4. 什么是重置成本法?其在水利工程后评价中的作用是什么?
5. 结合实例,分述如何对水利工程项目进行国民经济后评价和财务后评价?

第八章　工程经济评价与分析实例

案例一　柳林县薛家坪提黄灌溉工程的综合经济评价

一、工程背景

工程位于山西省柳林县薛家坪村，向柳林县循环经济工业园区供水，并对沿线的土地实施灌溉。工程由提水工程和灌溉工程两部分组成，泵站位于柳林县薛家坪村，规划灌溉面积2.35万亩。管道沿线设置排气阀井、排水阀井、检修阀井、流量计井等建筑物，工程的任务是将零级、一级、二级提水后送至官庄垣村附近的高位水池。期间农业灌溉（含红枣林）2.35万亩，并且满足工业园区企业用水量4.0万 m^3/d。灌溉流量为0.51 m^3/s，工业供水流量为0.49 m^3/s。

二、工程设计比选方案

该供水工程由于是提黄河水，含沙量较大（多年平均含沙量17.5 kg/m^3），设计时有三种取水方式可供选择，分别是大口井取水方式、沉沙池取水方式及浮船泵站取水方式。设计中，分别对不同投资的取水方案进行经济评价，综合考虑进行方案的优化比选。

（一）大口井取水方式

大口井即在河流旁开挖建设的开口较大的井，选择河流旁边，浅层地下水或地表水丰富的地方，孔隙水通过渗流渗透到大口井内部，再通过管路自流至泵站进水前池，为泵站提供水源。

（二）沉沙池取水方式

沉沙池是用以沉降挟沙水流中泥沙颗粒大于设计沉降粒径的悬移质泥沙、降低水流中含沙量的建筑物，使水的含沙量符合水质要求并与下游渠道挟沙能力相适应，满足供水的需要。

（三）浮船泵站取水方式

浮船泵站直接从河槽取水，浮船泵站主要结构是钢制浮筒及桁架固定水泵和电机，可以快速拆迁、安装并移动至主流靠岸的位置。

由于三种取水方案所需修建的建筑物不同，造成了施工过程中工程量以及所需设备及安装费用的差别，因此在三种不同的取水方案下，各方案工程总投资也不同。工程的建设期为1.5年，各方案的静态投资见表8-1。

该工程设计三级泵站引水流量1 m^3/s，装机容量为7 205 kW，结合工程运行管理特点设置柳林县薛家坪提黄灌溉工程管理站，负责组织工程建设和工程建成后的运营管理。根据水利部、财政部2004年5月颁布的《水利工程管理单位定岗标准》（试点）中《大中型泵站工程管理单位岗位定员》，单位定员级别为3级，管理站定员28人。

三、经济评价基本参数

(一)计算期及基本参数

工程建成后,总取水量为2 000 万 m^3。项目计算期为32 年。经济评价采用动态分析法,以建设期第1 年为基准年,并以第1 年初作为折算基准点,正常运行期为30 年,计算期为32 年。社会折现率采用8%,财务基准收益率采用4%。

(二)经济评价分析研究的主要依据

项目的经济评价遵照国家及水利行业有关法律、法规及规程、规范的要求。经济评价的主要依据有:

(1)国家发展和改革委员会、建设部《建设项目经济评价方法与参数》(第3 版)(发改投资〔2006〕1325 号)。

(2)水利部《水利建设项目经济评价规范》(SL 72—94),水利部1994 年3 月。

(三)费用与效益计算

1. 设计静态投资计算

各方案建设总投资及分年度投资见表8-1。

表8-1　各方案工程静态投资及分年度投资　　(单位:万元)

方案	年份		合计
	1	2	
大口井方案	11 168.63	2 769.07	13 937.70
沉沙池方案	11 617.19	2 802.70	14 419.89
浮船泵站方案	12 338.70	2 957.42	15 296.12

2. 流动资金计算

根据工程成本计算和推荐水价,项目计算期内营业收入额为160 320 万元,可计算得到流动资金为

$$y = 0.001x^{1.014} = 0.001 \times 160\ 320^{1.014} = 189.61(\text{万元})$$

流动资金在运行期第1 年一次性投入,运行期期末一次收回。

3. 固定资产原值形成

固定资产原值即固定资产原始价值,或原始成本。指工程在建造、购置固定资产时实际发生的全部费用。

4. 经营成本和总成本费用

工程成本费用估算采用要素成本法,按生产要素分项进行估算。本工程成本费用包括材料燃料动力费、工资及福利费、其他工程管理费、工程维护费、固定资产保险费、水资源费、其他费用、经营成本、年折旧费和总成本费用等。

1)材料燃料动力费

根据设计及未来工程的运行情况,工程年抽水耗电量为5 100 万 kWh。其中,工业年抽水耗电量为4 700 万 kWh,农业年抽水耗电量为400 万 kWh。

工业抽水电价按普通工商业电价 0.716 7 元/kWh 计算,农业抽水电价按提黄灌溉用电电价 0.07 元/kWh 计算,工程年抽水电费为 3 396.49 万元。

2)工资及福利费

该工程人员编制为 28 人,按项目所在地区的有关规定,人均年工资额 25 000 元/人,以工资总额为基数,基本福利费按 14% 计取。工资及福利费每年为 79.80 万元。

3)其他工程管理费

以工资总额为基数,医疗保险按 8% 计取,养老保险按 28% 计取,失业保险金按 3% 计取,劳保统筹费按 17% 计取,住房基金按 10% 计取。其他工程管理费总额为 46.20 万元。

4)工程维护费

工程维护费(不含库区维护费)包括日常修理费和大修理费,按建设投资的 0.1% 估算,各取水方案的工程维护费见表 8-2。

表 8-2　各方案经营成本　(单位:万元)

费用	方案		
	大口井方案	沉沙池方案	浮船泵站方案
材料燃料动力费	3 396.49	3 396.49	3 396.49
工资及福利费	79.80	79.80	79.80
其他工程管理费	46.20	46.20	46.20
工程维护费	13.94	14.42	15.30
固定资产保险费	20.91	21.63	22.94
水资源费	800	800	800
其他费用	6.97	7.21	7.65
经营成本	4 364.31	4 365.75	4 368.38

5)固定资产保险费

固定资产保险费取固定资产原值的 0.15%。各取水方案的工程固定资产保险费见表 8-2。

6)水资源费

根据 2008 年 12 月 30 日省物价局、省财政厅、省水利厅联合发出的《关于促进节约用水调整我省水资源费征收标准的通知》,地表水单方水资源费按 0.50 元计收,按工业水利用量计算水资源费的支出。该工程工业年水利用量为 1 600 万 m^3,则每年的水资源费为 800 万元。

7)其他费用

其他费用取固定资产原值的 0.05%。各取水方案的工程维护费见表 8-2。

8)经营成本

经营成本为以上各项成本费用之和。各取水方案每年的经营成本见表 8-2。

9)年折旧费

工程折旧费使用直线折旧法来计算,固定资产形成率为 100%,残值率为 5%,折旧年限为 32 年。经计算,大口井取水方案年折旧费为 413.78 万元,沉沙池取水方案年折旧费为 428.09 万元,浮船泵站取水方案年折旧费为 454.10 万元。

10)总成本费用

总成本费用为经营成本与年折旧费之和。经计算各方案总成本费用见表 8-3。

表 8-3　各方案总成本费用　(单位:万元)

方案	大口井方案	沉沙池方案	浮船泵站方案
静态投资(万元/年)	4 778.09	4 793.84	4 822.48

四、投资与成本费用的分摊

(一)投资与总成本费用分摊

水利工程项目的费用分摊包括固定资产投资分摊和年运行费分摊,费用分摊后,还应对分摊结果进行合理性检查,以使各功能分摊的费用公平合理。

(二)分摊结果

按照供水量的比例对投资进行分摊。项目建成后,总取水量为 2 000 万 m^3,其中农业水利年供水量为 400 万 m^3,工业水利年供水量为 1 600 m^3。各方案总投资分摊结果见表 8-4。

表 8-4　各方案总投资分摊结果　(单位:万元)

项目	类别		
	工业水利	农业水利	合计
大口井方案	11 150.16	2 787.54	13 937.70
沉沙池方案	11 535.91	2 883.98	14 419.89
浮船泵站方案	12 236.90	3 059.22	15 296.12
投资比例	80%	20%	100%

按照“可分离费用 - 剩余效益”分摊的方法,对农业及工业供水的年运行费进行分摊。农业供水经营成本计算了材料燃料动力费,按管理人员为 5 人计算工资福利和其他工程管理费用,按供水量 400 m^3分摊计算了工程维护费、固定资产保险费、水资源费及其他费用;工业供水经营成本计算了材料燃料动力费,按管理人员为 23 人计算工资福利和其他工程管理费用,按供水量 1 600 m^3分摊计算了工程维护费、固定资产保险费、水资源费及其他费用。年运行费分摊结果见表 8-5。

表 8-5　各方案年运行费分摊结果　(单位:万元)

项目	类别		
	工业水利	农业水利	合计
大口井方案	58.86	4 305.45	4 364.31
沉沙池方案	59.15	4 306.60	4 365.75
浮船泵站方案	61.16	4 307.22	4 368.38

（三）工程成本计算

本工程总成本费用包括固定资产折旧费、经营成本。

各方案工程成本分摊计算成果见表 8-6 ~ 表 8-8。

表 8-6　大口井方案工程成本计算

序号	项目	单位	农业水利	工业水利
1	投资	万元	2 787.54	11 150.16
2	固定资产原值	万元	2 787.54	11 150.16
3	水利总成本费	万元	141.62	4 636.47
①	基本折旧费	万元	82.76	331.02
②	年运行费	万元	58.86	4 305.45
4	水利经营成本费	万元	58.86	4 305.45
5	水利总成本	元/m^3	0.35	2.90
6	水利经营成本	元/m^3	0.15	2.69

表 8-7　沉沙池方案工程成本计算

序号	项目	单位	农业水利	工业水利
1	投资	万元	2 883.98	11 535.91
2	固定资产原值	万元	2 883.98	11 535.91
3	水利总成本费	万元	144.77	4 649.07
①	基本折旧费	万元	85.62	342.47
②	年运行费	万元	59.15	4 306.60
4	水利经营成本费	万元	59.15	4 306.60
5	水利总成本	元/m^3	0.36	2.91
6	水利经营成本	元/m^3	0.15	2.69

表 8-8　浮船泵站工程成本计算

序号	项目	单位	农业水利	工业水利
1	投资	万元	3 059.22	12 236.90
2	固定资产原值	万元	3 059.22	12 236.90
3	水利总成本费	万元	151.98	4 670.50
①	基本折旧费	万元	90.82	363.28
②	年运行费	万元	61.16	4 307.22
4	水利经营成本费	万元	61.16	4 307.22
5	水利总成本	元/m^3	0.38	2.92
6	水利经营成本	元/m^3	0.15	2.69

（四）工程水价预测

考虑到农业灌溉的实际承受能力，工业供水在保障工程有一定的盈利以维持正常运营的前提下，推荐三种取水方案的工程末端农业水价为 0.36 元/m^3，工业水利水价为 3.25 元/m^3。

五、财务分析

（一）水利工程运营收入和税金

1. 财务收入

根据推荐的工程末端水价，经计算，工程每年的营业收入均为 5 344 万元。

2. 销售税金估算

水利项目涉及的税金包括增值税、销售税金及附加和所得税。销售税金及附加包括城市维护建设税及教育费附加，城市维护建设税为增值税的 5%，教育费附加为增值税的 3%。增值税税率为 17%，所得税税率为 25%。经计算，工程的营业税金及附加费每年为 72.68 万元。

（二）盈利能力分析

利润总额为财务收入（不含增值税）扣除总成本费用与销售税金及附加。税后利润为利润总额扣除所得税，所得税税率为 25%。法定盈余公积金为本年净利润的 10%。

1. 大口井取水方案盈利能力分析

从大口井取水方案的利润与利润分配表（限于篇幅，附表只给出沉沙池取水方案的计算成果）可以看出，工程投入运行后，年财务收入为 5 344 万元，年利润总额为 493.23 万元。所得税税后可供分配的利润额为 369.92 万元。

经水利工程经济评价系统计算得出，项目投资财务内部收益率所得税税前为 4.71%，项目财务净现值 1 285.72 万元，项目投资回收期为 17.59 年。因此在该方案下，本项目在计算期内具有一定的财务盈利能力。

2. 沉沙池取水方案盈利能力分析

沉沙池取水方案年财务收入为 5 344 万元，年利润总额为 477.48 万元。所得税税后可供分配的利润额为 358.11 万元。经计算，项目投资财务内部收益率所得税税前为 4.43%，项目财务净现值为 807.13 万元，项目投资回收期为 18.13 年。因此，在该方案下，本项目在计算期内具有一定的财务盈利能力，具体见附表 2。

3. 浮船泵站取水方案盈利能力分析

浮船泵站年财务收入为 5 344 万元，年利润总额为 447.89 万元。所得税税后可供分配的利润额为 335.92 万元。经计算，项目投资财务内部收益率所得税税前为 3.96%，项目财务净现值为 -74.41 万元，项目投资回收期为 19.17 年。显然，浮船泵站取水方案在财务上不可行。

（三）财务分析结论

对各方案财务评价指标（见表 8-9）分析可以得出，大口井取水方案和沉沙池取水方案的税前财务内部收益率分别为 4.71%、4.43%，均大于税前财务基准收益率 4%，且财务净现值均大于 0，项目投资回收期分别为 17.59 年、18.13 年，均在计算运行期内。说明大口井取水方案和沉沙池取水方案具有一定的财务生存能力和盈利能力。

而浮船泵站取水方案的税前财务内部收益率为3.96%，小于税前财务基准收益率4%，且财务净现值为 -74.41 万元，小于0。说明浮船泵站取水方案在财务上不可行。

表8-9　各方案财务评价指标

评价指标	方案		
	大口井方案	沉沙池方案	浮船泵站方案
财务内部收益率(%)	4.71	4.43	3.96
财务净现值(万元)	1 285.72	807.13	-74.41

六、经济分析

(一)效益分析

该水利工程的经济效益有工业供水和农业灌溉。

1. 工业水利效益

该工程建成后工业年用水量为1 600万 m^3，工业水利影子价格3.25元/m^3，则工业水利年效益为5 200万元。

2. 灌溉效益

项目实施后，可增加供水400万 m^3，农业水利影子价格为0.36元/m^3，其年水利效益为144万元。由于农业产量的增加，改善灌溉面积2.35万亩，改善灌溉效益每亩为200元，计算得每年农业灌溉效益为470万元。因此，农业灌溉的总效益为614万元。

3. 固定资产余值的回收

固定资产残值率为5%，在计算期末一次回收，并计入工程的效益中。

大口井取水方案的固定资产余值为698.89万元，沉沙池取水方案的固定资产余值为720.99万元，浮船泵站取水方案的固定资产余值为764.81万元。

(二)费用分析

费用主要包括工程投资、年运行费和流动资金。

大口井取水方案工程静态总投资扣除投资计算中属于转移支付的税金，调整后的投资为13 519.58万元。年运行费为4 364.31万元。项目正常运行期需要的流动资金为189.61万元。

沉沙池取水方案工程静态总投资扣除投资计算中属于转移支付的税金，调整后的投资为13 987.30万元。年运行费为4 365.75万元。项目正常运行期需要的流动资金为189.61万元。

浮船泵站取水方案工程静态总投资扣除投资计算中属于转移支付的税金，调整后的投资为14 837.24万元。年运行费为4 368.38万元。项目正常运行期需要的流动资金为189.61万元。

(三)经济分析结论

计算经济内部收益率(*EIRR*)和经济净现值(*ENPV*)的成果见表8-10。

表 8-10　各方案国民经济评价指标

评价指标	方案		
	大口井方案	沉沙池方案	浮船泵站方案
经济内部收益率(%)	9.20	8.83	8.23
经济净现值(万元)	1 566.98	1 123.83	317.84

可以得出,该工程在三种取水方案下,经济内部收益率均大于社会折现率 8%,经济净现值均大于零,所以大口井、沉沙池和浮船泵站取水方案在经济上都是合理的。

七、经济方案的选择

三种取水方案的综合经济评价分析结论如下:

(1)大口井取水方案满足财务上的可行性和经济上的合理性,财务内部收益率(4.71%)和经济内部收益率(9.20%)均比财务基准收益率(4%)和社会折现率(8%)高出较多。

(2)沉沙池取水方案也满足财务上的可行性和经济上的合理性,财务内部收益率(4.43%)和经济内部收益率(8.83%)均比财务基准收益率(4%)和社会折现率(8%)高出的幅度适中。

(3)浮船泵站取水方案满足国民经济上的合理性,但在财务分析上内部收益率和财务净现值均小于基准值。

经过工程经济分析比较可以得出,大口井取水方案和沉沙池取水方案均符合经济评价的要求。虽然沉沙池取水方案的投资额较大口井取水方案要多,但水利工程兴建的主要目的是方便民众并带动当地经济发展而不以盈利为主,且沉沙池取水方案在财务上和经济上的盈利和收益较大口井取水方案都要少,但已足够满足工程的正常运行要求,因而从经济评价和社会福利的角度看,沉沙池方案较优。

综上所述,从经济、社会、工程实际的角度分析,选沉沙池取水方案为最优方案。

在确定沉沙池最优方案的基础上,为提高工程规避风险的能力,确保在运行期内正常运转,经济评价还需要进行敏感性分析。

八、不确定因素的选择

选择工程投资、工程效益作为不确定因素。变化范围如下:工程固定资产投资:-20%,-10%,-5%,+5%,+10%,+20%;工程效益:-15%,-10%,-5%,+5%,+10%,+15%。

(一)工程固定资产投资变化敏感性分析

(1)工程固定资产投资变化指标计算。

固定资产投资变化时评价指标如表 8-11 所示。显然,当工程固定资产投资变化率为+10%、+20%时,工程不符合经济上的合理性。

(2)工程固定资产投资变化对 *EIRR* 及 *ENPV* 的敏感程度。分别对 *EIRR* 和 *ENPV* 做出敏感性分析，绘出敏感性分析图见图 8-1 及图 8-2。

表 8-11 工程投资变化经济内部收益率和敏感性分析

因素	变化率(%)	*EIRR*	因素	变化率(%)	*EIRR*
基本方案	0	8.83	4. 固定资产	+5	8.34
1. 固定资产	-20	11.32	5. 固定资产	+10	7.90
2. 固定资产	-10	9.97	6. 固定资产	+20	7.04
3. 固定资产	-5	9.38			

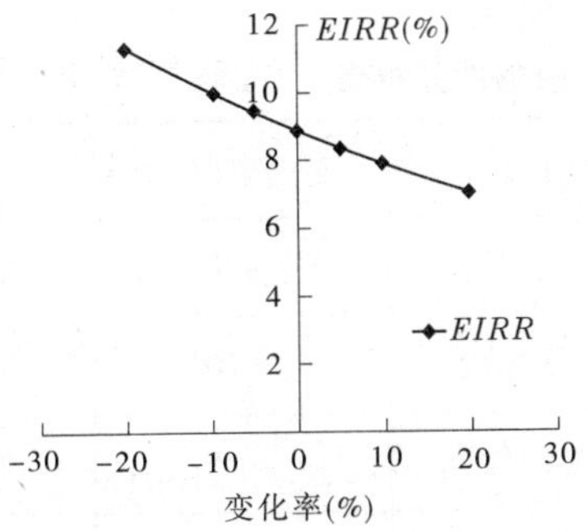

图 8-1 工程投资变化 *EIRR* 敏感性分析图

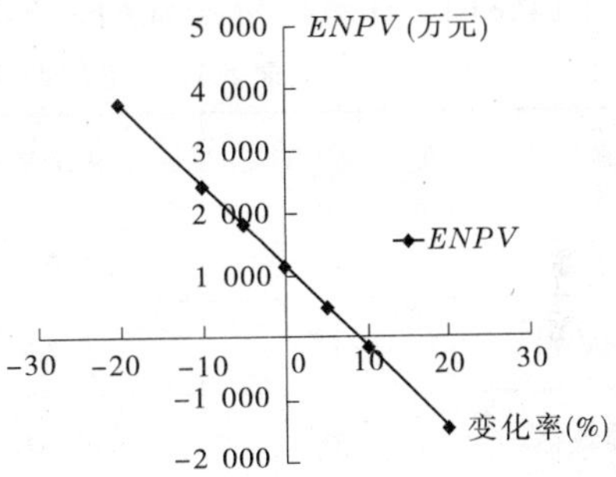

图 8-2 工程投资变化 *ENPV* 敏感性分析图

从图 8-1、图 8-2、表 8-11 可以看出，当工程固定资产投资变化率为 -20%、-10%、-5%、+5%时，经济内部收益率大于社会折现率 8%，净现值大于 0，符合工程经济上的要求。当投资变化率为 +10%，+20%时，经济内部收益率小于国家规定的社会折现率 8%，不符合工程经济上的要求。

从图 8-1、图 8-2 中可以看出随着固定资产的变化 *EIRR* 和 *ENPV* 呈线性趋势。通过对图中曲线的拟合（见图 8-3、图 8-4），可以求出固定资产变化对 *EIRR* 和 *ENPV* 影响的临界值。

当经济内部收益率为其基准值社会折现率 8%，即 $y=8$ 时，由拟合的线性曲线公式 $y=-0.106x+8.968$ 可以得出，此时 $x=9.13$。即若工程固定资产投资增加 9.13%，其经济内部收益率将降至基准值，如果再增加投资，则项目在经济上就不可行了。

当经济净现值为 0 时，即 $y=0$ 时，由拟合的线性曲线公式 $y=-131.1x+1\,133$ 可以得出，此时 $x=8.64$。即若工程固定资产投资增加 8.64%，其经济净现值将小于 0，如果再增加投资，则项目在经济上就不可行了。

综上所述，该工程的固定资产投资增加额度不能超过 8.64%，否则工程在经济上不合理。

（二）工程效益变化敏感性分析

（1）工程效益变化指标计算。当工程效益变化为 -15%、-10%、-5%、+5%、

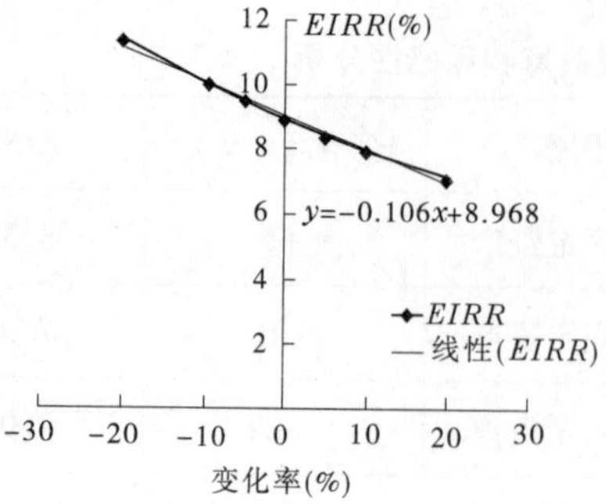

图 8-3　拟合趋势线的 *EIRR* 敏感性分析图

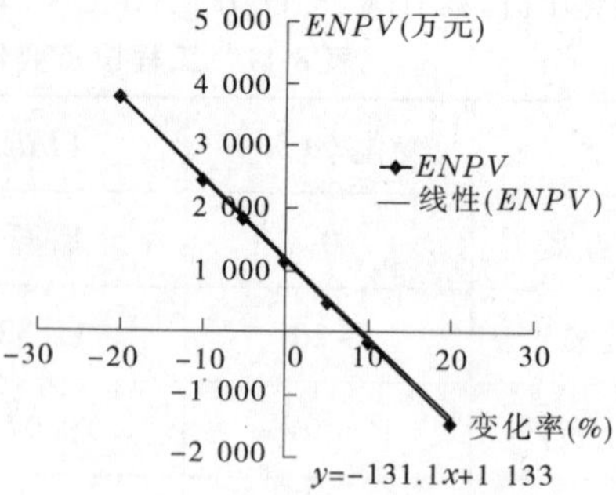

图 8-4　拟合趋势线的 *ENPV* 敏感性分析图

+10%、+15%时，计算评价指标如表 8-12、表 8-13 所示。

表 8-12　工程效益变化 *EIRR* 敏感性分析表

因素	变化率(%)	*EIRR*	因素	变化率(%)	*EIRR*
基本方案	0	8.83	4. 工程效益	+5	10.81
1. 工程效益	-15	1.48	5. 工程效益	+10	12.68
2. 工程效益	-10	4.30	6. 工程效益	+15	14.46
3. 工程效益	-5	6.69			

表 8-13　工程效益变化 *ENPV* 敏感性分析表

因素	变化率(%)	*ENPV*	因素	变化率(%)	*ENPV*
基本方案	0	1 123.83	4. 工程效益	+5	3 929.59
1. 工程效益	-15	-7 293.45	5. 工程效益	+10	6 735.35
2. 工程效益	-10	-4 487.69	6. 工程效益	+15	9 541.11
3. 工程效益	-5	-1 681.93			

(2)工程效益变化对 *EIRR* 及 *ENPV* 的敏感程度。分别对 *EIRR* 和 *ENPV* 做出敏感性分析，据此绘出敏感性分析如图 8-5、图 8-6 所示。

从图 8-5、图 8-6、表 8-12、表 8-13 分析中可以看出，当工程效益变化率为 +5%、+10%、+15%时，经济内部收益率大于社会折现率 8%，净现值大于 0，符合工程经济上的要求。当工程效益变化率为 -15%、-10%、-5%时，经济内部收益率小于国家规定的社会折现率 8%，不符合工程经济上的要求。

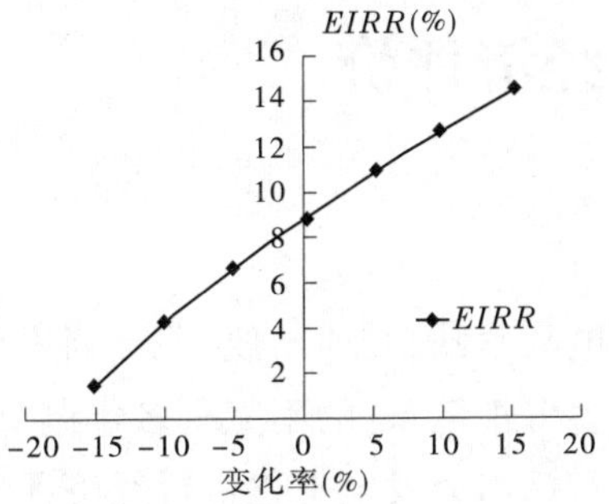

图 8-5　工程效益变化 *EIRR* 敏感性分析

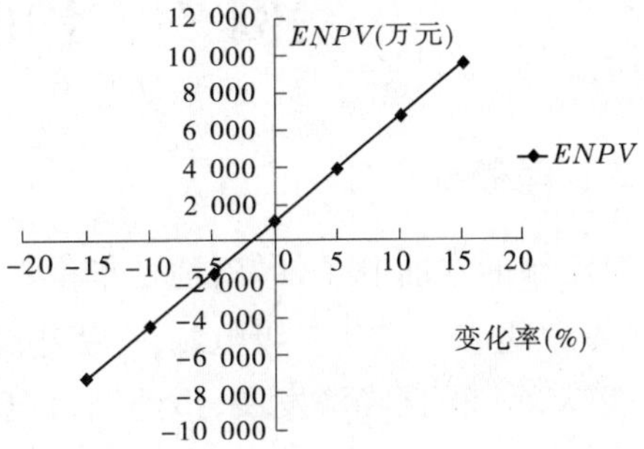

图 8-6　工程效益变化 *ENPV* 敏感性分析

同理，也对经济 *EIRR* 和 *ENPV* 的敏感性分析图中的曲线进行拟合（见图 8-7、见图 8-8），可得到两个线性公式以计算出不确定因素的临界值。

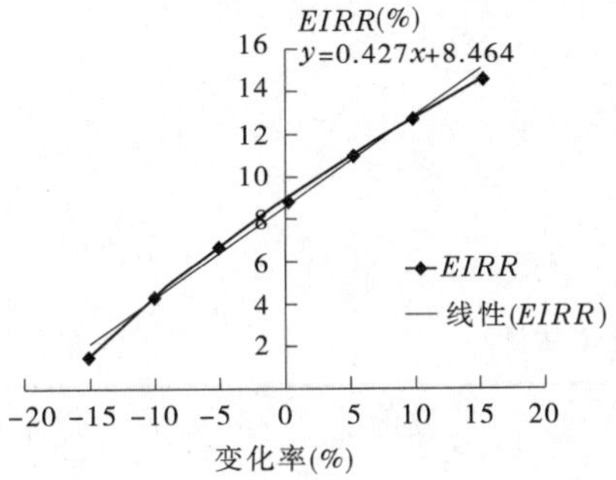

图 8-7　拟合趋势线 *EIRR* 敏感性分析

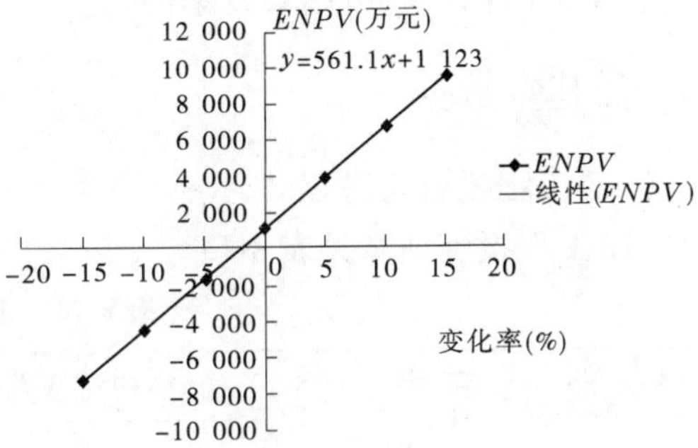

图 8-8　拟合趋势线 *ENPV* 敏感性分析图

当经济内部收益率为其基准值社会折现率 8%，即 $y=8$ 时，由拟合的线性曲线公式 $y=0.427x+8.464$ 可以得出，此时 $x=-1.09$。即若工程效益减少 1.09% 时，其经济内部收益率将降至基准值，如果工程效益继续减少，则项目在经济上就不可行了。

当经济净现值为 0，即 $y=0$ 时，由拟合的线性曲线公式 $y=561.1x+1\ 123$ 可以得出，此时 $x=-2$。即若工程效益减少 2%，其经济净现值将小于 0，如果工程效益继续减少，则项目在经济上就不可行了。

综上可以得出，该工程的工程效益减少不得低于 1.09%，否则工程在经济上不可行。

（三）综合分析结论

通过对比工程固定资产投资和工程效益允许变动的幅度，可以得出工程效益对项目经济评价指标的影响程度较大，其允许变动的幅度较小，较工程固定资产投资而言，项目的经济效果对工程效益的变动更为敏感。

案例二　水电工程经济评价

一、工程概况

某河流域的水能源条件好,地处华中大别山区,电力紧缺,交通不便,原计划进行梯级开发,已先后建成一、二、三级电站,一级电站有总库容1.4亿m^3的不完全多年调节水库,调节性能较好。根据经济发展,拟建四级电站,本例对该水力发电工程进行经济评价。

本电站装机容量6 000 kW,年发电量1 984万kWh,属小水电范畴。在三级电站尾水处建浆砌石重力滚水坝一座,长80 m,高14.2 m;梯形块石护砌引水明渠一条,长3.7 km,流量18.0 m^3/s;冲沙渠一条,长120 m,流量3.0 m^3/s ;厂房为钢筋混凝土框架结构。原一、二、三级电站发电升至35 kW与电网联网运行,四级电站建成后,容量增大,须升至110 kV送至30 km与大电网并网运行。联网设备线路投资由本工程支付。上网电价按120元/MWh计算,本电站只发不供。

二、基本数据

(一)工程投资与进程

(1)工程投资估算见表8-14。

表8-14　电站投资估计　　(单位:万元)

序号	工程、费用项目	建筑及安装	设备	合计
1	坝	91.42	4.58	96.00
2	引水渠	298.15		298.15
3	前池	108.71	7.50	116.21
4	压力管	69.15		69.15
5	厂房	211.10	307.10	518.20
6	升压站及送电联网	68.43	228.32	296.75
7	尾水渠	23.05	2.75	25.80
8	公路	29.50		29.50
9	其他工程	75.50	11.50	87.00
10	其他费用	40.98		40.98
合计		1 015.99	561.75	1 577.74

(2)工程投资来源。县自筹以电养电资金578万元;建设银行贷款500万元,年利率3.6%,15年还清;工商银行贷款200万元,年利率14.4%,10年还清;农业银行贷款300万元,年利率19.26%,10年还清,均按复利计息。建设期3年,第3年末试车验收。投资

安排见表 8-15。

表 8-15　工程进度与资金安排　（单位：万元）

资金来源单位	建设期（含试车验收）			生产期	资金合计
	1	2	3	4～23	
自筹资金	200	200	178		578
建设银行	300	200			500
工商银行		200			200
农业银行			300		300
合计	500	600	478		1 578

（3）建设期利息与工程造价。投资贷款按复利计算，当年借款按年中利息，即按 1/2 计息，如表 8-16 所示。

表 8-16　建设期借款利息表　（单位：万元）

单位	建设银行			工商银行		农业银行	合计
年利率	3.6			14.4		19.26	
年序	1	2	3	2	3	3	
当年借款	300	200		200	0	300	1 000
利息	5.4	14.594 4	18.719 8	14.4	30.873 6	28.98	112.877 8
年末累计	305.40	519.944	538.714 2	214.40	245.273 6	328.98	1 112.877 8

工程在可行性研究阶段，固定资产形成率为 1，工程造价分计算建设期利息（用于计算成本中的折旧费）和不计算建设期利息（用于计算大修费）。计算建设期利息的工程造价为 1 690.88 万元，不计算建设期利息工程造价为 1 578 万元。

（二）年运行费数据

（1）电站职工定员，根据水利部农村水电司《小水电建设项目经济评价暂行规程》（1989 年 12 月）（简称《规程》）定员 52 人，人均年工资 2 000 元，职工福利计算费为工资总额的 12%，年工资福利为 11.65 万元。

（2）材料费用是指建设项目运行、维修、事故处理等耗用材料的费用，根据《规程》取 4.5 元/kW。

（3）其他费用包括公费差旅费和科研教育费等，因地区偏僻，设计中取 10.8 元/kW。

（4）水费，本电站属小水电站，梯级用水，根据水费计收办法，标准为 0.36 分/kWh，按售电量计算。

(5)大修费按不计算建设期利息基本折旧费的 40% 计算。

(三)折旧费

根据单项工程基本折旧费,计算电站综合折旧率为 2.8%。

(四)税金

根据产品税条例规定,小水电站产品税率 5%;小水电站“以电养电”,地方免征所得税;实行“以电养电”政策,免征所得税的企业,均免征调节税;教育费附加为产品税额的 2%;因地处偏僻山区,免纳城市维护建设税;本电站不投保,不计保险费。

(五)能源交通建设基金

能源交通建设基金按基本折旧费的 15% 上缴;国家预算调节基金,按基本折旧费的 10% 缴纳。

(六)线损率等指标

厂用电率 1%,上网线损费 2%,有效电量系数按《规定》选用 0.95。

(七)有关数据

社会折现率 $I_s = 10\%$;基准收益率 $I_c = 10\%$;基准年为建设开始;建设期 3 年;生产期计算到 20 年,计算期末收回固定资产余值。

(八)影子价格调整

投入采用 1.25 的调整系数,进行投资和运行费的调整计算;产出采用《建设项目经济评价参数》1990 年调整发布华中全网平均电力影子价格 20.34 分/kWh,根据电力部门有关规定取与大电网关系调整系数 $K_1 = 1.5$;缺电情况 $K_2 = 1.3$;交通运输条件调整系数 $K_3 = 1.15$;当地经济条件调整系数 $K_4 = 1.00$。根据水能计算和已建梯级电站,季节性电量占 15%,质量调整系数为 0.5;可靠电量占 65%,调整系数为 1.0;调峰电量占 20%,调整系数为 1.5。

三、财务评价

根据现行财税制度,计算本电站的成本、收入、税金、利润、核算偿债能力,计算财务内部收益率等评价指标。

(一)成本与利润

根据编制的成本和利润表(见表 8-17)计算投资利润率和投资利税率。

(1)年运行费(经营成本):

$$\text{年工资总额} = 52 \times 2\,000 = 10.40\text{(万元)}$$

$$\text{职工福利费} = 10.4 \times 12\% = 1.25\text{(万元)}$$

$$\text{材料及其他费用} = (4.5 + 10.8) \times 6\,000 = 9.18\text{(万元)}$$

$$\text{大修费} = 1\,578 \times 2.8\% \times 40\% = 17.67\text{(万元)}$$

$$\text{水费} = 1\,984 \times (1 - 1\%) \times (1 - 2\%) \times 0.95 \times 36 \times 10^{-4} = 6.58\text{(万元)}$$

年经营成本合计 45.08 万元。

(2)基本折旧费:

$$\text{基本折旧费} = \text{工程造价(含建设期利息)} \times \text{综合折旧率} = 1\,690.88 \times 2.8\% = 47.34\text{(万元)}$$

发电总成本 = 经营成本 + 基本折旧费 = 45.08 + 47.34 = 92.42(万元)

售电量 = 1 984 × (1 − 1%) × (1 − 2%) × 0.95 = 1 828.63(万 kWh)

单位发电经营成本 = 45.08/1 984 = 0.022 7(元/kWh)

单位售电经营成本 = 45.08/1 828.63 = 0.024 7(元/kWh)

表 8-17　成本和利润

序号	项目	生产期(4～23)	合计	说明
一	年发电量(万 kWh)	1 984 × 20	39 680	
	厂用电率(%)	1		
	上网线损率(%)	2		
	有效电量系数	0.95		
	售电量(万 kWh)	1 828.63 × 20	36 572.6	
二	售电收入	219.44 × 20	4 388.8	
三	发电总成本	92.42 × 20	1 848.4	
1	水费	6.58 × 20	131.6	
2	材料及其他费用	9.18 × 20	183.6	
3	工资	10.40 × 20	208.0	
4	职工福利	1.25 × 20	25	
5	大修理费	17.67 × 20	353.4	
6	年折旧费	47.34 × 20	946.8	
四	税金	11.19 × 20	223.8	
1	产品税	10.97 × 20	219.4	
2	教育费附加	0.22 × 20	4.4	
五	销售利润	115.83 × 20	2 316.6	
六	售电经营成本	45.08 × 20	901.6	年运行费

(3)售电收入:

售电收入 = 售电量 × 售电价 = 18 286.3 × 120 = 219.44(万元)

(4)税金:

税金包括产品税与教育费附加,共 11.19 万元。

产品税 = 219.44 × 5% = 10.97(万元)

教育费附加 = 10.97 × 2% = 0.22(万元)

(5)利润:

利润 = 售电收入 − 发电总成本 − 税金 = 219.44 − 92.42 − 11.19 = 115.83(万元)

（6）年利税：

$$年利税总额 = 219.44 - 92.42 = 127.02(万元)$$

$$投资利润率 = (115.83/1\ 690.88) \times 100\% = 6.85\%$$

$$投资利税率 = (127.02/1\ 690.88) \times 100\% = 7.51\%$$

$$单位千瓦投资 = (1\ 690.88 \times 10^4)/6\ 000 = 2\ 818(元/kWh)$$

$$单位电能投资 = 1\ 690.88/1\ 984 = 0.852(元/kWh)$$

（二）借款偿还期

本工程共贷款 1 000 万元，还款方案在满足还款期要求的前提下，先还利率高的借款，由利率高到低的顺序偿还，还款期为借款日至还款日，例如第 1 年借建设银行 300 万元，在第 15 年末以前还清即可，依此第 2 年借款 200 万元，应在第 16 年末以前还清。

（1）还贷资金来源：一是利润扣除企业发展基金和奖励基金，余额可用于还贷；二是基本折旧费扣除交通能源基金和国家预算调用基金，余额前 3 年 80% 用于还贷，20% 企业留用，3 年后 50% 用于还贷，50% 企业留用。

企业发展基金一般为利润的 1% ~3%，本企业取 2%，奖励基金为工资的 12%。

$$还贷利润 = 115.83 \times (1 - 2\%) - 1.25 = 112.26(万元)$$

$$还贷折旧 = 47.34 \times 0.75 \times 80\% = 28.40(万元)$$

前 3 年：　$还贷折旧 = 47.34 \times 0.75 \times 50\% = 17.75(万元)$

3 年后：前 3 年还贷能力每年为 140.66 万元，3 年后为 130.01 万元。

（2）编制偿还贷款资金计划表，如表 8-18 所示。

表 8-18　偿还贷款资金计划　（单位：万元）

单位	农业银行					工商银行			
利率	19.26%					14.4%			
年序	3	4	5	6	7	6	8	9	10
当年借款	300.0	0	0	0	0	0	0	0	0
本年计息基数	150.0	258.56	167.698 7	59.337 5	0.218	320.998 4	216.238 8	117.367 2	34.631 6
本年利息	28.89	49.798 7	32.298 8	11.428 4	0.042	46.223 8	31.138 4	16.900 9	4.987
本年还本付息	0	140.66	140.66	140.66	0.477 9	0	130.01	130.01	74.250 1
年末贷款累计	328.89	238.028 7	129.667 5	0.435 9	0	367.222 2	182.372 2	69.263 1	0

续表 8-18

单位	建设银行						
利率	3.6%						
年序	10	11	12	13	14	15	16
当年借款	0	0	0	0	0	0	0
本年计息基数	638.185 6	568.275 3	458.723 2	345.227 2	227.645 4	105.830 6	22.317 8
本年利息	22.974 7	20.457 9	16.514	12.428 2	8.195 2	9.809 9	0.803 4
本年还本付息	55.759 9	130.01	130.01	130.01	130.01	130.01	45.438 9
年末贷款累计	633.280 3	523.728 2	410.2322	292.650 4	170.835 6	44.635 5	0

由表 8-18 可见,农业银行贷款 300 万元 5 年偿还,工商银行贷款 9 年偿还,建设银行第一年 300 万元 13 年偿还,第 2 年 200 万元 14.4 年偿还,说明本工程的偿还能力能满足要求。偿还贷款后,第 16 年尚余还贷折旧 11.55 万元,转入企业留用折旧,还贷利润余 73.02 万元,转入以电养电基金,以后各年均依次统计。

(三)编制财务现金流量表

根据以上计算结果,计算财务内部收益率和财务净现值。回收固定资产余值,因计算期末电站未到使用寿命,用造价 1 690.88 万元减去折旧费之和 946.8 万元,余值为 744.08 万元(见表 8-19)。

表 8-19 财务现金流量表 (单位:万元)

项目		建设期(年)			生产期(年)		合计	现值
		1	2	3	4~22	23		
现金流入	售电收入				219.44×19	219.44	4 388.8	$i=10\%$,1 486.70
	固定资产余值					744.08	744.08	$i=8\%$,1 836.94
现金流出	固定资产投资	500	600	478			1 578.0	$i=10\%$,1 669.42
	税金				11.19×19	11.19	223.8	$i=8\%$,1 795.31
	年运行费				45.08×19	45.08	901.6	
	流出小计	500	600	478	56.27×19	59.27	2 703.4	

$$\text{财务内部收益率 } IRR = IRR_1 + (IRR_2 - IRR_1)\frac{|NPV_1|}{|NPV_1| + |NPV_2|}$$

$$= 8\% + (10\% - 8\%) \times \frac{|41.63|}{|41.63| + |-182.72|} = 8.37\%$$

财务净现值 = 1 486.7 − 1 669.42 = −182.72(万元)

净投资回收期 = 1 578/163.17 = 9.7(年)(不含建设期)

(四)编制财务平衡表

为了全面掌握财务状况,规定要求编制财务平衡表,如表 8-20 所示。

表 8-20　财务资金平衡

（单位：万元）

项目	建设期			生产期							合计
	1	2	3	4	5	6	7～15	16	17～22	23	
资金来源											
1. 销售利润				115.83	115.83	115.83	115.83×9	115.83	115.83×6	115.83	2 316.6
2. 折旧费				47.34	47.34	47.34	47.34×9	47.34	47.34×6	47.34	946.8
3. 自筹资金	200.0	200.0	178.0								578.0
4. 上级借款	300.0	200.0									500.0
5. 工商、农业银行借款		200.0	300.0								500.0
6. 回收固定资产余额										744.08	744.08
资金来源小计	500.0	600.0	478.0	163.17	163.17	163.17	163.17×9	163.17	163.17×6	907.25	5 585.48
资金运用											
1. 固定资产投资	500.0	600.0	478.0								1 578.0
2. 能源交通基金				7.10	7.10	7.10	7.10×9	7.10	7.10×6	7.10	142.0
3. 企业留用折旧				7.11	7.11	7.11	17.76×9	29.31	35.51×6	35.51	459.05
4. 预算调节基金				4.73	4.73	4.73	4.73×9	4.73	4.73×6	4.73	94.6
5. 企业留利				3.57	3.57	3.57	3.57×9	3.57	3.57×6	3.57	71.4
6. 还贷折旧				28.40	28.40	28.40	17.75×9	6.20	0	0	251.15
7. 还贷利润				112.26	112.26	112.26	112.26×9	39.24	0	0	1 386.36
8. 以电养电基金								73.03	112.26×6	856.34	1 602.92
资金运用小计	500.0	600.0	478.0	163.17	163.17	163.17	163.17×9	163.17	163.17×6	907.25	5 585.48

表 8-20 中以电养电的计算：第 16 年还清贷款后尚余 73.03 万元，转为以电养电基金；第 17 年到第 22 年每年 112.26 万元利润，均列入此栏；计算期末回收固定资产余值，作为以电养电基金。

由此可知，计算期除按规定偿还贷款、上交能源交通基金、预算调节基金税外，尚有企业留利 71.4 万元，留用折扣 459.05 万元和以电养电基金 1 602.92 万元，财务状况较好。财务内部收益率小于基准收益率，不做敏感性分析。

四、国民经济评价

国民经济评价是从综合评价角度，分析评价建设项目对国民经济的贡献。此评价以财务评价数据为依据，采用影子价格对费用和效益进行调整，计算经济内部收益率、经济净现值和投资净现值，判别建设项目的经济合理性。

（一）费用调整

（1）投资调整。按影子价格和调整系数对材料、设备、人工和土地等进行计算，得到国民经济评价投资为 1 972.5 万元，不计利息的财务评价投资为 1 578 万元，两者的比值为 1.25。按此系数调整各年投资，如表 8-21 所示。

表 8-21　投资调整　（单位：万元）

序年	1	2	3
调整投资	500.00	600.00	478.00
调整系数	1.25		
调整后投资	625.0	750.0	597.5

（2）年运行费和固定资产余值调整。均用调整系数进行调整，年运行费调整为 56.35 万元，固定资产余值调整为 930.1 万元。

（3）单位经营成本，按上网电量 1 828.63 万 kWh 计算，则

$$发电经营成本 = 56.35/1\,828.63 = 0.03(元/kWh)$$

供电经营成本，按电网统计为 0.01 元/kWh。

（二）效益调整

（1）电力影子价格。以电力影子价格 0.203 4 元/kWh 为基础，根据小水电的特殊条件，调整小水电影子价格，本电站的影子价格为

$$S = K_1K_2K_3K_4 \times 20.34 分/kWh = 1.5 \times 1.30 \times 1.15 \times 1.0 \times 20.34 = 45.61(分/kWh)$$

$$质量调整系数 = 0.15 \times 0.5 + 0.65 + 0.2 \times 1.5 = 1.025$$

$$本电站售电影子价格 = 1.719\,25 \times 1.025 \times 20.34 = 35.84(分/kWh)$$

（2）发供电环节分摊，售电影子价格是通过发电与供电两个环节创造的，因此需要分摊，分摊比例为供电 30%、发电 70%。

$$单位售电毛利 = 售电影子价 - 发、供电经营成本$$

$$= 35.84 - (1.0 + 3.0) = 31.84(分/kWh)$$

影子电价减去单位经营成本,扣除折旧的成本,称毛利,以便与利润区别。

$$供电环节毛利 = 31.84 \times 30\% = 9.55(分/kWh)$$

$$发电环节毛利 = 31.84 - 9.55 = 22.29(分/kWh)$$

$$供电环节收益 = 9.55 + 1.0 = 10.55(分/kWh)$$

$$发电环节收益 = 22.29 + 3.0 = 25.29(分/kWh)$$

(3)发电年收益,在发、供电收益分摊后,发、供电单位电量收益与上网电量收益电量的乘积,即为发电年收益。

$$发电年收益 = 1\ 828.63 \times 25.29 \times 10^{-2} = 462.46(万元)$$

(三)编制国民经济现金流量表

根据调整后的数据,贷款利息、税金等属于国民经济内部费用转移,均不计入。由表 8-22 的结果计算评价指标。

表 8-22　国民经济现金流量表　　(单位:万元)

序号	项目	建设期			生产期		合计	现值		
		1	2	3	4～22	23		I(%)		金额
一	现金流入							10	1	1 958.02
1	售电收益				462.46×19	162.46	9 249.2		2	103.87
									3	3 061.89
2	回收固定资产余额					930.10	930.10	16	1	1 756.75
									2	30.60
									3	1 787.35
								18	1	1 506.62
									2	20.65
3	流入小计				462.46×19	1 092.56	10 180.3		3	1 527.27
二	现金流出						1 972.5	10	1	1 636.89
1	固定资产投资	625.0	750.0	597.5					2	360.89
									3	1 997.32
								16	1	1 479.03
2	年运行费				56.35×19	56.35	1 127.0		2	214.06
									3	1 693.09
								18	1	1 431.98
									2	183.58
3	流出小计	625.0	750.0	597.5	56.35×19	56.35	3 099.5		3	1 615.56
三	净现金流量	−625.0	−750.0	−597.5	−406.11×19	1 336.21	7 079.8			1 064.57

(1)编制国民经济现金流量表。

(2)计算国民经济评价指标。

$$经济内部收益率 = 16\% + (18\% - 16\%) \times \frac{|94.26|}{|94.26| + |-88.26|} = 17.03\%$$

经济净现值 $I_s = 3\ 061.89 - 1\ 997.32 = 1\ 064.57$(万元)

经济净现值率 $= 1\ 064.57/1\ 636.89 \times 100\% = 65\%$

(四)敏感性分析

设投资增加20%,收益减少20%,投资增加20%的同时收益减少20%,分别计算经济内部收益率,分析抗风险能力见表8-23。

表8-23　经济敏感性分析

不确定因素变幅	估计值不变	投资增加20%	收益减少20%	投资增加20%,收益减少20%
EIRR(%)	17.03	14.22	13.26	10.88

在投资增加20%的同时收益减少20%,经济内部收益率为10.88%,但仍然大于社会折现率,说明投资方案具有较强的抗风险能力。

五、结论与建议

从计算结果看经济内部收益率为17.03%,大于社会折现率10%;当投资增加20%,收益减少20%的情况同时发生时,内部收益率仍达到10.88%,说明经济上合理可行,效益好,能抗风险。

财务内部收益率为8.19%,小于基准收益率10%,但能依靠自身的经济力量,按期偿还固定资产借款的本息。

财务可行与不可行不能只凭借内部收益率大于基准收益率,从财务评价计算看,578万元的自筹资金,不仅按期偿还贷款本息,在计算期末,上缴税金、能源交通、预算调节基金共460.4万元,企业留利和折旧共计530.45万元,以电养电基金1 602.92万元。这些数据说明,企业不但可以生存,而且还有求得经济发展的力量。

此外,电站兴建对缓解电力紧缺,促进地方经济发展,增加就业机会等社会效益也显而易见。

鉴于以上分析,建议尽快修建此项小水电工程,以满足经济发展的需要。

附　录

由于篇幅所限，附录中仅附沉沙池取水方案经济评价成果表。

附表 1　沉沙池方案总成本费用计算

序号	项目	合计	计算期															
			1	2	3	4	5	6	7	8	9	10	11	12	13	14	15	16
1	材料燃料动力费	101 894.7			3 396.49	3 396.49	3 396.49	3 396.49	3 396.49	3 396.49	3 396.49	3 396.49	3 396.49	3 396.49	3 396.49	3 396.49	3 396.49	3 396.49
2	工资及福利费	2 394			79.8	79.8	79.8	79.8	79.8	79.8	79.8	79.8	79.8	79.8	79.8	79.8	79.8	79.8
3	其他工程管理费	1 386			46.2	46.2	46.2	46.2	46.2	46.2	46.2	46.2	46.2	46.2	46.2	46.2	46.2	46.2
4	工程维护费	432.6			14.42	14.42	14.42	14.42	14.42	14.42	14.42	14.42	14.42	14.42	14.42	14.42	14.42	14.42
5	固定资产保险费	648.9			21.63	21.63	21.63	21.63	21.63	21.63	21.63	21.63	21.63	21.63	21.63	21.63	21.63	21.63
6	水资源费	24 000			800	800	800	800	800	800	800	800	800	800	800	800	800	800
7	其他费用	216.3			7.21	7.21	7.21	7.21	7.21	7.21	7.21	7.21	7.21	7.21	7.21	7.21	7.21	7.21
8	经营成本	130 972.5			4 365.75	4 365.75	4 365.75	4 365.75	4 365.75	4 365.75	4 365.75	4 365.75	4 365.75	4 365.75	4 365.75	4 365.75	4 365.75	4 365.75
9	折旧费	12 842.7			428.09	428.09	428.09	428.09	428.09	428.09	428.09	428.09	428.09	428.09	428.09	428.09	428.09	428.09
10	摊销费	0			0	0	0	0	0	0	0	0	0	0	0	0	0	0
11	利息支出	0			0	0	0	0	0	0	0	0	0	0	0	0	0	0
11.1	长期借款利息	0			0	0	0	0	0	0	0	0	0	0	0	0	0	0
11.2	流动资金借款利息	0			0	0	0	0	0	0	0	0	0	0	0	0	0	0
12	总成本费用合计	143 815.2			4 793.84	4 793.84	4 793.84	4 793.84	4 793.84	4 793.84	4 793.84	4 793.84	4 793.84	4 793.84	4 793.84	4 793.84	4 793.84	4 793.84

续附表 1

序号	项目	计算期															
		17	18	19	20	21	22	23	24	25	26	27	28	29	30	31	32
1	材料燃料动力费	3 396.49	3 396.49	3 396.49	3 396.49	3 396.49	3 396.49	3 396.49	3 396.49	3 396.49	3 396.49	3 396.49	3 396.49	3 396.49	3 396.49	3 396.49	3 396.49
2	工资及福利费	79.8	79.8	79.8	79.8	79.8	79.8	79.8	79.8	79.8	79.8	79.8	79.8	79.8	79.8	79.8	79.8
3	其他工程管理费	46.2	46.2	46.2	46.2	46.2	46.2	46.2	46.2	46.2	46.2	46.2	46.2	46.2	46.2	46.2	46.2
4	工程维护费	14.42	14.42	14.42	14.42	14.42	14.42	14.42	14.42	14.42	14.42	14.42	14.42	14.42	14.42	14.42	14.42
5	固定资产保险费	21.63	21.63	21.63	21.63	21.63	21.63	21.63	21.63	21.63	21.63	21.63	21.63	21.63	21.63	21.63	21.63
6	水资源费	800	800	800	800	800	800	800	800	800	800	800	800	800	800	800	800
7	其他费用	7.21	7.21	7.21	7.21	7.21	7.21	7.21	7.21	7.21	7.21	7.21	7.21	7.21	7.21	7.21	7.21
8	经营成本	4 365.75	4 365.75	4 365.75	4 365.75	4 365.75	4 365.75	4 365.75	4 365.75	4 365.75	4 365.75	4 365.75	4 365.75	4 365.75	4 365.75	4 365.75	4 365.75
9	折旧费	428.09	428.09	428.09	428.09	428.09	428.09	428.09	428.09	428.09	428.09	428.09	428.09	428.09	428.09	428.09	428.09
10	摊销费	0	0	0	0	0	0	0	0	0	0	0	0	0	0	0	0
11	利息支出	0	0	0	0	0	0	0	0	0	0	0	0	0	0	0	0
11.1	长期借款利息	0	0	0	0	0	0	0	0	0	0	0	0	0	0	0	0
11.2	流动资金借款利息	0	0	0	0	0	0	0	00	0	0	0	0	0	0	0	
12	总成本费用合计	4 793.84	4 793.84	4 793.84	4 793.84	4 793.84	4 793.84	4793.84	4 793.84	4 793.84	4 793.84	4 793.84	4 793.84	4 793.84	4 793.84	4 793.84	4 793.84

附表 2　沉沙池方案利润及利润分配

序号	项目	合计	计算期															
			1	2	3	4	5	6	7	8	9	10	11	12	13	14	15	16
1	营业收入	160 320			5 344	5 344	5 344	5 344	5 344	5 344	5 344	5 344	5 344	5 344	5 344	5 344	5 344	5 344
2	营业税金及附加	2 180.4			72.68	72.68	72.68	72.68	72.68	72.68	72.68	72.68	72.68	72.68	72.68	72.68	72.68	72.68
3	总成本费用	143 815			4 793.84	4 793.84	4 793.84	4 793.84	4 793.84	4 793.84	4 793.84	4 793.84	4 793.84	4 793.84	4 793.84	4 793.84	4 793.84	4 793.84
4	补贴收入	0			0	0	0	0	0	0	0	0	0	0	0	0	0	0
5	利润总额	14 324.4			477.48	477.48	477.48	477.48	477.48	477.48	477.48	477.48	477.48	477.48	477.48	477.48	477.48	477.48
6	弥补以前年度亏损	0			0	0	0	0	0	0	0	0	0	0	0	0	0	0
7	应纳税所得额	14 324.4			477.48	477.48	477.48	477.48	477.48	477.48	477.48	477.48	477.48	477.48	477.48	477.48	477.48	477.48
8	所得税	3 581.1			119.37	119.37	119.37	119.37	119.37	119.37	119.37	119.37	119.37	119.37	119.37	119.37	119.37	119.37
9	净利润	10 743.3			358.11	358.11	358.11	358.11	358.11	358.11	358.11	358.11	358.11	358.11	358.11	358.11	358.11	358.11
10	期初未分配利润	0			0	0	0	0	0	0	0	0	0	0	0	0	0	0
11	可供分配的利润	10 743.3			358.11	358.11	358.11	358.11	358.11	358.11	358.11	358.11	358.11	358.11	358.11	358.11	358.11	358.11
12	提取法定盈余公积金	1 074.33			35.811	35.811	35.811	35.811	35.811	35.811	35.811	35.811	35.811	35.811	35.811	35.811	35.811	35.811
13	可供投资者分配的利润	9 668.97			322.299	322.299	322.299	322.299	322.299	322.299	322.299	322.299	322.299	322.299	322.299	322.299	322.299	322.299
14	应付优先股股利	0			0	0	0	0	0	0	0	0	0	0	0	0	0	0
15	提取任意盈余公积金	0			0	0	0	0	0	0	0	0	0	0	0	0	0	0
16	应付普通股股利	0			0	0	0	0	0	0	0	0	0	0	0	0	0	0
17	未分配利润	9 668.97			322.299	322.299	322.299	322.299	322.299	322.299	322.299	322.299	322.299	322.299	322.299	322.299	322.299	322.299
	附：息税前利润	14 324.4			477.48	477.48	477.48	477.48	477.48	477.48	477.48	477.48	477.48	477.48	477.48	477.48	477.48	477.48
	息税折旧摊销前利润	27 167			905.57	905.57	905.57	905.57	905.57	905.57	905.57	905.57	905.57	905.57	905.57	905.57	905.57	905.57

续附表 2

序号	项目	计算期															
		17	18	19	20	21	22	23	24	25	26	27	28	29	30	31	32
1	营业收入	5 344	5 344	5 344	5 344	5 344	5 344	5 344	5 344	5 344	5 344	5 344	5 344	5 344	5 344	5 344	5 344
2	营业税金及附加	72.68	72.68	72.68	72.68	72.68	72.68	72.68	72.68	72.68	72.68	72.68	72.68	72.68	72.68	72.68	72.68
3	总成本费用	4 793.84	4 793.84	4 793.84	4 793.84	4 793.84	4 793.84	4 793.84	4 793.84	4 793.84	4 793.84	4 793.84	4 793.84	4 793.84	4 793.84	4 793.84	4 793.84
4	补贴收入	0	0	0	0	0	0	0	0	0	0	0	0	0	0	0	0
5	利润总额	477.48	477.5	477.5	477.48	477.48	477.48	477.48	477.48	477.48	477.48	477.48	477.48	477.48	477.48	477.48	477.48
6	弥补以前年度亏损	0	0	0	0	0	0	0	0	0	0	0	0	0	0	0	0
7	应纳税所得额	477.48	477.48	477.48	477.48	477.48	477.48	477.48	477.48	477.48	477.48	477.48	477.48	477.48	477.48	477.48	477.48
8	所得税	119.37	119.4	119.4	119.37	119.37	119.37	119.37	119.37	119.37	119.37	119.37	119.37	119.37	119.37	119.37	119.37
9	净利润	358.11	358.1	358.1	358.11	358.11	358.11	358.11	358.11	358.11	358.11	358.11	358.11	358.11	358.11	358.11	358.11
10	期初未分配利润	0	0	0	0	0	0	0	0	0	0	0	0	0	0	0	0
11	可供分配的利润	358.11	358.1	358.1	358.11	358.11	358.11	358.11	358.11	358.11	358.11	358.11	358.11	358.11	358.11	358.11	358.11
12	提取法定盈余公积金	35.811	35.81	35.81	35.811	35.811	35.811	35.811	35.811	35.811	35.811	35.811	35.811	35.811	35.811	35.811	35.811
13	可供投资者分配的利润	322.299	322.299	322.299	322.299	322.299	322.299	322.299	322.299	322.299	322.299	322.299	322.299	322.299	322.299	322.299	322.299
14	应付优先股股利	0	0	0	0	0	0	0	0	0	0	0	0	0	0	0	0
15	提取任意盈余公积金	0	0	0	0	0	0	0	0	0	0	0	0	0	0	0	0
16	应付普通股股利	0	0	0	0	0	0	0	0	0	0	0	0	0	0	0	0
17	未分配利润	322.299	322.3	322.3	322.299	322.299	322.299	322.299	322.299	322.299	322.299	322.299	322.299	322.299	322.299	322.299	322.299
	附:息税前利润	477.48	477.5	477.5	477.48	477.48	477.48	477.48	477.48	477.48	477.48	477.48	477.48	477.48	477.48	477.48	477.48
	息税折旧摊销前利润	905.57	905.6	905.6	905.57	905.57	905.57	905.57	905.57	905.57	905.57	905.57	905.57	905.57	905.57	905.57	905.57

附表3 沉沙池方案财务计划现金流量

序号	项目	合计	计算期															
			1	2	3	4	5	6	7	8	9	10	11	12	13	14	15	16
3	筹资活动净现金流量	0																
3.1	现金流入	0																
3.1.1	项目资本金投入	0																
3.1.2	建设投资借款	0																
3.1.3	流动资金借款	0																
3.1.4	债券	0																
3.1.5	短期借款	0																
3.1.6	其他流入	0																
3.2	现金流出	0																
3.2.1	各种利息支出	0																
3.2.2	偿还债务本金	0																
3.2.3	应付利润	0																
3.2.4	其他流出	0																
4	净现金流量	8 976.49	-11 617.2	-2 802.7	596.59	786.2	786.2	786.2	786.2	786.2	786.2	786.2	786.2	786.2	786.2	786.2	786.2	786.2
5	累计盈余资金		-11 617.2	-14 420	-13 823	-13 037	-12 251	-11 465	-10 679	-9 892	-9 106	-8 320	-7 533.7	-6 747.5	-5 961	-5 175	-4 389	-3 603

续附表 3

序号	项目	计算期															
		17	18	19	20	21	22	23	24	25	26	27	28	29	30	31	32
3	筹资活动净现金流量																
3.1	现金流入																
3.1.1	项目资本金投入																
3.1.2	建设投资借款																
3.1.3	流动资金借款																
3.1.4	债券																
3.1.5	短期借款																
3.1.6	其他流入																
3.2	现金流出																
3.2.1	各种利息支出																
3.2.2	偿还债务本金																
3.2.3	应付利润																
3.2.4	其他流出																
4	净现金流量	786.2	786.2	786.2	786.2	786.2	786.2	786.2	786.2	786.2	786.2	786.2	786.2	786.2	786.2	786.2	786.2
5	累计盈余资金	−2 816.51	−2 030.31	−1 244.1	−457.9	328.29	1 114.5	1 900.7	2 686.9	3 473.1	4 259.3	5 045.5	5 831.7	6 617.9	7 404.1	8 190.3	8 976.5

附表 4　沉沙池方案项目投资财务现金流量

序号	项目	合计	计算期															
			1	2	3	4	5	6	7	8	9	10	11	12	13	14	15	16
1	现金流入	161 231	0	0	5 344	5 344	5 344	5 344	5 344	5 344	5 344	5 344	5 344	5 344	5 344	5 344	5 344	5 344
1.1	营业收入	160 320			5 344	5 344	5 344	5 344	5 344	5 344	5 344	5 344	5 344	5 344	5 344	5 344	5 344	5 344
1.2	补贴收入	0																
1.3	回收固定资产原值	720.99																
1.4	回收流动资金	189.61																
2	现金流出	147 762	11 617.2	2 802.7	4 628	4 438.4	4 438.4	4 438.4	4 438.4	4 438.4	4 438.4	4 438.4	4 438.4	4 438.4	4 438.4	4 438.4	4 438.4	4 438.4
2.1	建设投资	14 419.9	11 617.2	2 802.7														
2.2	流动资金	189.61			189.61													
2.3	经营成本	130 973			4 365.8	4 365.8	4 365.8	4 365.8	4 365.8	4 365.8	4 365.8	4 365.8	4 365.8	4 365.8	4 365.8	4 365.8	4 365.8	4 365.8
2.4	营业税金及附加	2 180.4			72.68	72.68	72.68	72.68	72.68	72.68	72.68	72.68	72.68	72.68	72.68	72.68	72.68	72.68
2.5	维持运营投资	0																
3	所得税前净现金流量	13 468.2	−11 617.2	−2 802.7	715.96	905.57	905.57	905.57	905.57	905.57	905.57	905.57	905.57	905.57	905.57	905.57	905.57	905.57
4	累计所得税前净现金流量		−11 617.2	−14 419.9	−13 704	−12 798	−11 893	−10 987	−10 082	−9 176.1	−8 271	−7 365	−6 459	−5 553.8	−4 648.2	−3 743	−2 837.1	−1 932
5	调整所得税	6 744.37			178.99	226.39	226.39	226.39	226.39	226.39	226.39	226.39	226.39	226.39	226.39	226.39	226.39	226.39
6	所得税后净现金流量	6 723.82	−11 617.2	−2 802.7	536.97	679.18	679.18	679.18	679.18	679.18	679.18	679.18	679.18	679.18	679.18	679.18	679.18	679.18
7	累计所得税后净现金流量		−11 617.2	−14 419.9	−13 883	−13 204	−12 525	−11 845	−11 166	−10 487	−9 808	−9 128.7	−8 450	−7 770.3	−7 091.2	−6 412	−5 732.8	−5 054

续附表4

序号	项目	计算期															
		17	18	19	20	21	22	23	24	25	26	27	28	29	30	31	32
1	现金流入	5 344	5 344	5 344	5 344	5 344	5 344	5 344	5 344	5 344	5 344	5 344	5 344	5 344	5 344	5 344	6 254.6
1.1	营业收入	5 344	5 344	5 344	5 344	5 344	5 344	5 344	5 344	5 344	5 344	5 344	5 344	5 344	5 344	5 344	5 344
1.2	补贴收入																
1.3	回收固定资产原值																720.99
1.4	回收流动资金																189.61
2	现金流出	4 438.43	4 438.43	4 438.43	4 438.4	4 438.4	4 438.4	4 438.4	4 438.4	4 438.4	4 438.4	4 438.4	4 438.4	4 438.4	4 438.4	4 438.4	4 438.4
2.1	建设投资																
2.2	流动资金																
2.3	经营成本	4 365.75	4 365.75	4 365.75	4 365.8	4 365.8	4 365.8	4 365.8	4 365.8	4 365.8	4 365.8	4 365.8	4 365.8	4 365.8	4 365.8	4 365.8	4 365.8
2.4	营业税金及附加	72.68	72.68	72.68	72.68	72.68	72.68	72.68	72.68	72.68	72.68	72.68	72.68	72.68	72.68	72.68	72.68
2.5	维持运营投资																
3	所得税前净现金流量	905.57	905.57	905.57	905.57	905.57	905.57	905.57	905.57	905.57	905.57	905.57	905.57	905.57	905.57	905.57	1 816.2
4	累计所得税前净现金流量	−1 025.96	−120.39	785.18	1 690.7	2 596.3	3 501.9	4 407.5	5 313	6 218.6	7 124.2	8 029.7	8 935.3	9 840.9	10 746	11 652	13 468
5	调整所得税	226.393	226.392 5	226.393	226.39	226.39	226.39	226.39	226.39	226.39	226.39	226.39	226.39	226.39	226.39	226.39	226.39
6	所得税后净现金流量	679.178	679.177 5	679.178	679.18	679.18	679.18	679.18	679.18	679.18	679.18	679.18	679.18	679.18	679.18	679.18	1 589.8
7	累计所得税后净现金流量	−4 374.45	−3 695.27	−3 016.09	−2 337	−1 657.7	−978.6	−299.4	379.8	1 059	1 738.2	2 417.3	3 096.5	3 775.7	4 454.9	5 134	6 723.8

附表 5　沉沙池方案项目经济效益费用流量

序号	项目	合计	计算期															
			1	2	3	4	5	6	7	8	9	10	11	12	13	14	15	16
1	效益流量	175 141			5 814	5 814	5 814	5 814	5 814	5 814	5 814	5 814	5 814	5 814	5 814	5 814	5 814	5 814
1.1	项目直接效益	174 420			5 814	5 814	5 814	5 814	5 814	5 814	5 814	5 814	5 814	5 814	5 814	5 814	5 814	5 814
1.1.1	工业供水效益	156 000			5 200	5 200	5 200	5 200	5 200	5 200	5 200	5 200	5 200	5 200	5 200	5 200	5 200	5 200
1.1.2	灌溉效益	18 420			614	614	614	614	614	614	614	614	614	614	614	614	614	614
1.2	资产余值回收	720.99																
1.3	项目间接效益	0																
2	费用流量	145 150.9	11 268.4	2 718.9	4 555.41	4 365.8	4 365.8	4 365.8	4 365.8	4 365.8	4 365.8	4 365.8	4 365.8	4 365.8	4 365.8	4 365.8	4 365.8	4 365.8
2.1	期初建设投资	13 987.3	11 268.4	2 718.9														
2.2	期间维持运营投资	0																
2.3	流动资金	189.61			189.61													
2.4	经营费用	130 974			4 365.8	4 365.8	4 365.8	4 365.8	4 365.8	4 365.8	4 365.8	4 365.8	4 365.8	4 365.8	4 365.8	4 365.8	4 365.8	4 365.8
2.5	项目间接费用	0																
3	净效益流量	29 990.08	−11 268.4	−2 718.9	1 258.59	1 448.2	1 448.2	1 448.2	1 448.2	1 448.2	1 448.2	1 448.2	1 448.2	1 448.2	1 448.2	1 448.2	1 448.2	1 448.2

续附表5

序号	项目	计算期															
		17	18	19	20	21	22	23	24	25	26	27	28	29	30	31	32
1	效益流量	5 814	5 814	5 814	5 814	5 814	5 814	5 814	5 814	5 814	5 814	5 814	5 814	5 814	5 814	5 814	6 535
1.1	项目直接效益	5 814	5 814	5 814	5 814	5 814	5 814	5 814	5 814	5 814	5 814	5 814	5 814	5 814	5 814	5 814	5 814
1.1.1	工业供水效益	5 200	5 200	5 200	5 200	5 200	5 200	5 200	5 200	5 200	5 200	5 200	5 200	5 200	5 200	5 200	5 200
1.1.2	灌溉效益	614	614	614	614	614	614	614	614	614	614	614	614	614	614	614	614
1.2	资产余值回收																720.99
1.3	项目间接效益																
2	费用流量	4 365.8	4 365.8	4 365.8	4 365.8	4 365.8	4 365.8	4 365.8	4 365.8	4 365.8	4 365.8	4 365.8	4 365.8	4 365.8	4 365.8	4 365.8	4 365.8
2.1	期初建设投资																
2.2	期间维持运营投资																
2.3	流动资金																
2.4	经营费用	4 365.8	4 365.8	4 365.8	4 365.8	4 365.8	4 365.8	4 365.8	4 365.8	4 365.8	4 365.8	4 365.8	4 365.8	4 365.8	4 365.8	4 365.8	4 365.8
2.5	项目间接费用																
3	净效益流量	1 448.2	1 448.2	1 448.2	1 448.2	1 448.2	1 448.2	1 448.2	1 448.2	1 448.2	1 448.2	1 448.2	1 448.2	1 448.2	1 448.2	1 448.2	21 692

参 考 文 献

[1] 仲伟权. 浅析施工降水的回收利用[J]. 价值工程,2012,31(8):56-57.
[2] 张展羽,蔡守华. 水利工程经济学[M]. 北京:中国水利水电出版社,2005.
[3] 李建峰,刘立国. 工程经济[M]. 北京:中国电力出版社,2009.
[4] 赵国杰. 工程经济与项目评价[M]. 天津:天津大学出版社,1999:4-5.
[5] Vanthoor B H E, Gazquez J C, Magan J J, et al. A methodology for model-based greenhouse design: Part 4, economic evaluation of different greenhouse designs: a Spanish case[J]. Biosystems Engineering, 2012, 111(4):336-349.
[6] Juliana M. Prado, Irede Dalmolin, Natalia D D, Carareto, et al. Supercritical fluid extraction of grape seed: Process scale-up, extract chemical composition and economic evaluation[J]. Journal of food engineering, 2012, 109(2):249-257.
[7] 顾海军. 公共项目经济评价问题研究[D]. 南京:河海大学,2006.
[8] 中华人民共和国水利部. SL 72—2013 水利建设项目经济评价规范[S]. 北京:中国水利水电出版社,2013.
[9] 虞和锡. 工程经济学[M]. 北京:中国计划出版社,2002: 46-62.
[10] 黄有亮. 工程经济学[M]. 南京:东南大学出版社,2006:57-60.
[11] 吴恒安. 实用水利经济学[M]. 北京:水利电力出版社,1988:11-22.
[12] 谢守香. 水利建设项目的经济评价探析[J]. 中国新技术新产品,2011(15):212.
[13] 葛宝山,邬文康. 工程项目评估[M]. 北京:清华大学出版社,2004:10-12.
[14] 徐尚友. 水利基建项目经济评价指标体系及运行管理模式研究[D]. 南京:河海大学,2003.
[15] 刘玉明. 工程经济学[M]. 北京:清华大学出版社,2006:12-14.
[16] Tobias Melchior, Reinhard Madlener. Economic evaluation of IGCC plants with hot gas cleaning[J]. Applied energy, 2012, 97:170-184.
[17] 张铁山. 技术经济学 · 原理 · 方法 · 应用[M]. 北京:清华大学出版社,2008:4-5.
[18] 徐向阳. 实用技术经济学教程[M]. 南京:东南大学出版社,2006:11-12.
[19] 黄建文. 水利工程项目经济评价理论及应用研究[D]. 宜昌:三峡大学,2005.
[20] 张锋. 临清市城南水库项目经济评价研究[D]. 济南:山东大学,2011.
[21] 蒋胜春. 湖南省皂市水利枢纽工程经济评价[D]. 武汉:武汉大学,2004.
[22] 姜春黎. 谢寨灌区续建配套与节水改造工程经济评价[D]. 哈尔滨:哈尔滨工程大学,2010.
[23] 顾强生. 水利经济系统分析与实证研究[D]. 南京:河海大学,2000.
[24] 黄江宁. 探析水利工程经济评价[J]. 中国水运(下半月),2009,9(10):90-91.
[25] Sohn S Y, Kim Y. Economic Evaluation Model for International Standardization of Correlated Technologies[J]. IEEE Transactions on Engineering Management, 2011, 58(2):189-198.
[26] Jamin Koo, Kyungtae Park, Dongil Shin, et al. Economic evaluation of renewable energy systems under varying scenarios and its implications to Korea's renewable energy plan[J]. Applied energy, 2011, 88(6):2254-2260.
[27] 张洪勋. 水利经济的现状及水利产业化发展的动力[D]. 南京:河海大学,1998.

[28] 贾湖．工程经济学[M]．天津:天津大学出版社,2009:13-14.

[29] 方国华．水利工程经济学[M]．北京:中国水利水电出版社,2011:5-9.

[30] M Jawed. Compute aided design of techno-economically optimal dimension of a longwall panel using opportunity cost concept[J]. The Indian mining & amp; engineering journal,1998,37(2):26-32.

[31] T Mitra. Indian aluminium industry at the crossroads[J]. Minerals & amp; Metals Review,1998,24(8):7-25.

[32] 丁红岩．工程经济与管理[M]．天津:天津大学出版社,2003:21-22.

[33] 邓锐．工程项目经济综合评价及风险分析[D]．武汉:武汉大学,2004.

[34] Leland T Blank, Anthony J Tarquin. Engineering Economy[M]. McGraw—Hill series in industrial engineering and management science, 2002:210-215.

[35] 王丽萍．水利工程经济学[M]．北京:中国水利水电出版社,2008: 4-9.

[36] 高锐,侯连权．浅谈水利工程经济评价[J]．民营科技,2012(2):197.

[37] 王少丽,王修贵,瞿兴业,等．灌区沟水再利用泵站工程经济评价与结构模式探讨[J]．农业工程学报,2010,26(7):66-70.

[38] Luo D K, Dai Y J, Xia L Y, et al. Economic evaluation based policy analysis for coalbed methane industry in China[J]. Energy,2011,36(1):360-368.

[39] Kim Y, Kim H S, Jeon H, et al. Economic Evaluation Model for International Standardization of Technology[J]. IEEE Transactions on Instrumentation and Measurement,2009,58(3):657-665.

[40] Min-Yuan Cheng, Yu-Wei Wu, Sheng-Jin Chen, et al. Economic Evaluation Model For Post-earthquake Bridge Repair/rehabilitation: Taiwan Case Studies[J]. Automation in Construction,2009,18(2):204-218.

[41] 魏周龙．水利工程项目的国民经济评价[J]．水利电力机械,2006,28(6):31-32.

[42] 冯峰．河流洪水资源利用效益识别与定量评估研究[D]．大连:大连理工大学,2009.

[43] 吴风平．水利工程中"联合体"项目国民经济评价研究[D]．北京:北京工业大学,2006.

[44] 吴丹．工程项目评价的理论和方法[D]．北京:东南大学,2004.

[45] 张平,孙羽．论经济评价在水利工程行业的重要性[J]．科技传播,2011(6):40,37.

[46] 丛旭．A 酒店投资项目财务评估研究[D]．青岛:中国海洋大学,2011.

[47] 黄少敏．西门水电工程经济分析与研究[D]．武汉:武汉大学,2003.

[48] 马玖东,邱文阁．万家寨水利工程经济评价中的不确定性分析方法研究[J]．华北水利水电学院学报,2003,24(2):78-80.

[49] 涂燕宁,肖焕雄．水电工程经济评价的不确定性及其研究现状[J]．水科学进展,2001,12(1):125-129.

[50] 祁玉清．加强我国经济评价风险分析的思路与途径[J]．经济研究参考,2005(87):8-9.

[51] 李红春,田晓伟．浅析在水利工程经济评价中应注意的几个问题[J]．新农村(黑龙江),2010(5):107.

[52] 国家发展和改革委员会,建设部．建设项目经济评价方法与参数[M]. 3 版．北京:中国计划出版社,2006.

[53] 卢丽荣．论不确定性分析在水利工程经济评价中的应用[J]．水利经济,2003(9):48-49.

[54] 韩红梅．工程投资项目流动资金的估算[J]．化工技术经济,2004,22(3):15-18.

[55] 张新莲．浅谈投资项目中流动资金的估算[J]．山西经济管理干部学院学报,2010,18(3):81-82.

[56] 肖彦．建设项目财务评价中流动资金估算方法的改进与实施[J]．改革与战略,2003(6):61-62.

[57] 王珊珊,臧洌,张志航. C++程序设计教程[M]. 北京:机械工业出版社,2011:3-4.
[58] 唐强平,张怡. Visual C++软件开发实训教程[M]. 西安:西北工业大学出版社,2011:11-22.
[59] 文辉. 经济评价方法与参数(第三版)在坪上应急水利工程中的应用[J]. 科技情报开发与经济,2007,17(12):282-284.
[60] 张荣欣. 综合利用水利工程投资费用分摊方法研究[J]. 中国科技博览,2011(14):259.
[61] 叶杰敏. 浅谈水利工程经济评价中的费用分摊[J]. 广东科技,2012(3):221-222.
[62] 李鹏. 综合利用水利工程投资费用分摊问题研究[D]. 天津:天津大学,2007.
[63] 杨晓宁. 铁路建设项目不确定性分析及经济评价[D]. 济南:山东大学,2006.
[64] 施熙灿.水利工程经济[M].北京:中国水利水电出版社,2005.
[65] 刘秋华.技术经济学[M].北京:机械工业出版社,2010.
[66] 顾圣平.工程经济学[M].北京:中国水利水电出版社,2010.
[67] 国家能源局. DL/T 5441—2010 水电建设项目经济评价规范[S].北京:中国电力出版社,2011.
[68] 中国水利经济研究会.水利建设项目后评价理论与方法[M].北京:中国水利水电出版社,2004.

后 记

本书由编写人员历经2年的艰辛努力终于和读者见面了。在过去的2年中，本书的编写得到了社会很多方面的关心和支持，太原理工大学、山西省水利厅等单位众多的学者、专家给了我们非常大的支持，让我们永记他们为本书的出版付出的辛勤劳动；参考文献对研究工作起着参考、引导作用，在此对诸多的专家、教授及相关的作者一并表示感谢！

只凭作者是无法完成一本书的。虽然我们积累了较为全面的水利工程经济评价的经验，但仍感才疏学浅，难以胜任，好在有一批学有所长、志同道合的年轻同志，如太原理工大学牛月、成一雄、贾亚杰、李鹏犇、孟弯弯、张玉胜、刘慧茹及孙毅等研究生的全身心投入，使我们完成了这项不算轻松的工作，令我备感欣慰。因此，这本书从手稿到最后成书许多人直接或间接地付出了努力，这些人难以尽述。但我们要感谢其中的每一个人，才使本书终于与读者见面了。

作为水利高等教育及科研工作者，凡事都要脚踏实地的去做，不驰于空想，不骛于虚声，而惟以求实求真的态度去实干；以无私无畏的精神去奉献；以超前脱俗的精神去创新；以严谨求精的作风去努力，才能体现效率、效果、效益的真正意义。

2015年5月

山西太原